丛书主编 金雅

中华人生论美学经典悦读书系

梁启超趣味人生论美学文萃

本卷原著 梁启超

本卷选鉴 金雅

朱鹏飞

中国文联出版社

http://www.clapnet.cn

图书在版编目（CIP）数据

梁启超趣味人生论美学文萃 / 金雅主编 . — 北京：
中国文联出版社，2017.6
（中华人生论美学经典悦读书系）
ISBN 978-7-5190-2790-2

Ⅰ . ①梁⋯ Ⅱ . ①金⋯ Ⅲ . ①梁启超（1873–1929）
– 美学思想 – 文集 Ⅳ . B83–092

中国版本图书馆 CIP 数据核字（2017）第 140240 号

梁启超趣味人生论美学文萃

作　　者：金　雅

出 版 人：朱　庆
终 审 人：朱彦玲　　　　　　　　　　复 审 人：王　军
责任编辑：刘　旭　　　　　　　　　　责任校对：傅泉泽
封面设计：孙　璐　卜凌冰　　　　　　责任印制：陈　晨

出版发行：中国文联出版社
地　　址：北京市朝阳区农展馆南里 10 号，100125
电　　话：010-85923043（咨询）85923000（编务）85923020（邮购）
传　　真：010-85923000（总编室），010-85923020（发行部）
网　　址：http://www.clapnet.cn　　　http://www.claplus.cn
E－mai l：clap@clapnet.cn　　　liux@clapnet.cn

印　　刷：廊坊市海涛印刷有限公司
装　　订：廊坊市海涛印刷有限公司
法律顾问：北京天驰君泰律师事务所徐波律师
本书如有破损、缺页、装订错误，请与本社联系调换

开　　本：710×1000　　　　　　　　1/16
字　　数：302 千字　　　　　　　　　印　　张：19.75
版　　次：2018 年 2 月第 1 版　　　　印　　次：2018 年 2 月第 1 次印刷
书　　号：ISBN 978-7-5190-2790-2
定　　价：68.00 元

目录

目 录

导读　人生论美学与中华美学精神

金　雅

一

　　中华文化和哲学具有浓郁的人生精神，关注现实，关怀生存，关爱生命。相比于西方文化的认识论和科学论的主导地位，中华文化和哲学的根底就是人生论的。这种源远流长的深厚传统，也深刻影响了中华美学的情趣韵致。如果说西方美学自古希腊以来就叩问"何为美"的问题，即关注美自身的本体性问题；那么中华美学自先秦以来就叩问"美何为"的问题，即关注美对于人的功用性和价值性问题。

　　中华古典美学有着丰富的人生美学思想和人生审美情韵，但没有自觉系统的理论建构。20世纪上半叶，梁启超、朱光潜、宗白华、丰子恺等在内的一批中国现代美学（育）家，可以说是人生论美学思想最早的倡导者。

　　人生论美学的核心命题是审美艺术人生的关系问题、真善美的关系问题、物我有无出入的关系问题。中国古典美学非常重视美善的关联，涵育了"大美不言"、"尽善尽美"等思想学说，着重从人与自然、与他人的关系视阈，阐发美的伦理尺度。中国现代美学既传承了民族美学的精神，也吸纳了西方美学的滋养，将美善的两维关联拓展到真善美的三维关联。中国现代美学诸大家，包括本丛书所选四家，都是主张真善美的贯通的。即不崇尚西方现代理论美学所崇扬的粹美或唯美，而是崇扬真善美贯通之大美。真善美贯通的大美观，奠定了中华美学的基本美论品格，这也是人生论美学的核心理论基石。这种美论，引领审美逸出自身的小天地，广涵艺术、自然、人生，要求审美主体超越一己的小情和生活的常情，追求诗性之美情，彰显了以远功利而入世的诗性超越旨趣为内核的、既执着深沉又高旷超逸的独特的民族美学精神。

本丛书所选诸文，既是人生论美学的思想经典，又是雅俗共赏的哲诗感悟，既可触可思，亦可品可鉴。好多文章不仅观点深邃精到，且美情蕴溢，美趣横生，文字生动，开合恣肆，没有那种高头讲章板着面孔说话的呆板情状。

二

"趣味"是梁启超美学精神的精髓。梁启超认为，趣味是内发情感和外受环境的"交媾"，是个体、众生、自然、宇宙的"迸合"，也是蕴溢"春意"的"美境"。他说："问人类生活于什么？我便一点不迟疑答道：'生活于趣味'"；"假如有人问我：'你信仰的什么主义？'我便答道：'我信仰的是趣味主义？'有人问我：'你的人生观拿什么做根柢？'我便答道：'拿趣味做根柢？'"；"倘若用化学化分'梁启超'这件东西，把里头所含一种元素名叫'趣味'的抽出来，只怕所剩下仅有个'O'了"。梁启超主张"凡人必常常生活于趣味之中，生活才有价值"。他突破了中西美学和艺术思想中将趣味仅仅作为艺术范畴或审美范畴的界定，而拓展为一种广义的生命意趣，倡扬以趣味来创化和观审自然、艺术、人。他以"'知不可而为'主义"与"'为而不有'主义""'无所为而为'主义""生活的艺术化""美术人"等范畴和命题，来阐发趣味之境和趣味之人。他提出"人类固然不能个个都做供给美术的'美术家'，然而不可不个个都做享用美术的'美术人'"。这个"美术人"，实际上就是趣味的人。梁启超的趣味在根底上就是一种不执成败不计得失的不有之为的纯粹生命实践精神，也是一种内蕴责任、从心畅意、不着功利、超逸自在的人生论美学精神。趣味的实现，在梁启超这里，也就是一种生命的自由舒展，是知情意的和谐，是真善美的贯通，是美情的创化，也是创造与欣赏的统一。

梁启超和王国维、蔡元培并称中国现代美学三大开拓者和奠基人。梁启超的美学以趣味为核心范畴，他也是趣味精神的倡导者和力行者。他的人生可以说是践履趣味精神的活生生的典范。他自己说，每天除了睡觉外，没有一分钟一秒钟不是积极的活动，不仅不觉得疲倦，还总是津津有味，兴会淋漓，顺利成功时有乐趣，曲折层累时也有乐趣，问学教人时有乐趣，写字种花时亦有乐趣。他总结自己的趣味哲学，就是"得做且做"，活泼愉快；而不是"得过且过"，烦闷苦痛。

梁启超的夫人卧病半年，他日日陪伴床榻，一面是"病人的呻吟"和"儿女的涕泪"，一面则择空集古诗词佳句，竟成二三百幅对联。他又让友人亲朋依自己所好拣择，再书之以赠。

梁启超的儿女个个成才，一门出了三个院士。他可以说是天底下最懂得也最擅长子女教育的父亲了，他贯彻的就是趣味教育的准则。他称呼孩子们"达达""忠忠""老白鼻""小宝贝庄庄""宝贝思顺"，算得上 20 世纪初年的萌父了。他的家书亲情浓挚，生动活泼，睿智机趣，境界高洁。如他 1927 年 2 月 16 日写给孩子们的信，就回答了长子思成提出的有用无用的问题，既指出只要人人发挥其长贡献于社会即为有用，又指出用有大用和小用之别，最后强调要"莫问收获，但问耕耘"，实质上就是阐发了他所倡扬的趣味精神。对于孩子们的学业，梁启超既主张学有专精，又不赞成太过单调，鼓励子女在所学专业之外学点文学和人文学。生物学是当时新兴的学科，梁启超希望次女思庄修学此科，但思庄自己喜欢图书馆学，梁启超最终还是尊重了思庄自己的趣好。

1926 年 3 月，梁启超因便血入协和医院诊治，主刀医生竟将左右侧弄错，把右侧好肾切除了。梁启超术后不见好转，友人、学生、家人纷纷要问责协和医院，他自己却豁达处之，不仅写信劝解孩子们，还撰文《我的病和协和医院》发表在《晨报副镌》上，替协和辩解，主张还是要支持西医的引进。这样的气度，没有一些趣味的精神，恐难致达。

中国文论讲"文如其人""言为心声"，梁启超的美学文章也是他整个生命神韵和人格精神的生动写照。他以趣味言美，对艺对人，无不以此为赏。他独具只眼，誉杜甫为"情圣"，认为他的美在于"热肠"和"同情"；陶渊明的美并非追求"隐逸"，而在崇尚"自然"。而论屈原，梁启超赞赏他的美就在"All or nothing"的决绝。他批评中国女性文学，"大半以'多愁多病'为美人模范"，不无幽默地宣称"往后文学家描写女性，最要紧先把美人的健康恢复才好"。

梁启超的趣味范畴，突破了囿于审美论或艺术论的单一视域，而将审美、艺术、人生相涵融。梁启超的趣味范畴，在 20 世纪上半叶产生了重要的影响，朱光潜、丰子恺的美学文章中都有大量运用。作为人生论美学的重要范畴之一，趣味在中华美学精神的传承创化中不容忽视，尤其是这一范畴对情的核心作用的肯定和对美情创化的弘扬，更是彰显了中华美学独特的美论取向和美趣神韵。

三

朱光潜美学思想的核心范畴是"情趣"。他说，"艺术是情趣的活动，艺术的生活也就是情趣丰富的生活"；"所谓人生的艺术化就是人生的情趣化"。

朱光潜的情趣范畴直接受到了梁启超趣味范畴的影响。梁朱渊源颇深。这一点，朱光潜自己多有表述。他曾谈到，自己在"私塾里就酷爱梁启超的《饮冰室文集》"，此书对他"启示一个新天地"；"此后有好多年"，自己是"梁任公先生的热烈的崇拜者"；而且，"就从饮冰室的启示"，"开始对于小说戏剧发生兴趣"。20 世纪 20 年代初，梁启超以"无所为而为主义"亦即不有之为的精神来阐发趣味的范畴，并认为这种主义也就是"生活的艺术化"。30 年代初，朱光潜在《谈美》中集中阐发了情趣的范畴和"人生的艺术化"的命题，认为科学活动（真）、伦理活动（善）、审美活动（美）在最高的层面上是统一的，都是"无所为而为的玩索"，是创造与欣赏、看戏与演戏的统一。朱光潜和梁启超之间既有明显的相通之点，但朱光潜也有自己的发展和特点。如果说，梁启超更重审美人生的伦理品格，强调提情为趣；朱光潜则更重审美人生的艺术情致，重视化情为趣。也可以说，梁启超的"趣味"精神更具崇高之美质，朱光潜的"情趣"精神则更著静柔之旷逸。梁启超是把"无为"转化为不有之"进合"，朱光潜是把"无为"转化为去俗之"玩索"。

朱光潜的《给青年的十二封信》《谈美》《文艺心理学》《诗论》等著作，流播甚广，迄今都是学习美学的入门书。他的文章文字流畅，说理通透，通俗易懂。1925-1933 年，朱光潜留学欧洲，在英法等国学习，先后取得硕士和博士学位。他的《谈美》《文艺心理学》《诗论》等初稿，都在欧洲期间完成。朱自清认为最能代表朱光潜美学特色的是"人生的艺术化"思想。朱自清在《〈谈美〉序》中说："人生的艺术化"是"孟实先生自己最重要的理论。他分人生为广狭两义：艺术虽与'实际人生'有距离，与'整个人生'却并无隔阂；'因为艺术是情趣的表现，而情趣的根源就在人生'"，"孟实先生引读者由艺术走入人生，又将人生纳入艺术之中"，"这样真善美便成了三位一体了"。

朱光潜一生致力于美学的研究和译介，希望将美感的态度推到人生世相，秉承"以出世的精神，做入世的事业"。1924 年，从港大回来的朱光潜，到春晖中学任教，他结识了一批性情相投的好友，尤其欣赏"无世故气，亦无矜持气"的丰子恺和"虽严肃，却不古板不干枯"的朱自清。十年浩劫中，朱光潜被抄家、挨批斗、关牛棚，但他在困境中仍孜孜问学，雅逸洒脱，践行了他自己以情趣为宗旨的人生信条。

朱光潜的《西方美学史》写得平易晓畅，迄今仍是中国人了解学习西方美学最为经典的著作之一，但他最具影响、流播最广的美学著作则首推《谈美》。《谈美》写于 1932 年，被称为《给青年的十二封信》之后的"第十三封信"，也被称为通俗版的"文艺心理学"。实际上，《谈美》就是把审美、艺术、人生串联起来，它的核心宗旨就是让当时的青年，以艺术的精神求人生的美化，即追求"人生的艺术化"。《谈美》正文共 15 篇，第一篇以人与古松的关系为例，分析了实用的、科学的、美感的三种态度，提出了何为美感的问题。接着逐篇切入艺术和审美中的各种具体问题，如距离、移情、快感、联想、想象、灵感、模仿、游戏等，最后终篇为"人生的艺术化"，朱光潜将此命题总结阐发为"慢慢走，欣赏啊"的诗意情趣。这篇文笔优美的美学文章，写得深入浅出，机趣灵动，体现了作者很好的美学修养和高逸的品格胸怀，广为读者喜爱。也正是因为这篇美文，"人生的艺术化"逐渐定型为 20 世纪三、四十年代中国美学、艺术、文化思想中一个重要的理论命题，产生了广泛的影响。

四

宗白华的美学是中国现代美学"哲诗"精神的典范之一。他的美学文章，既是轻松自在的精神散步，又内蕴温暖深沉的诗情哲韵。

朱光潜和宗白华并称中国现代美学的"双峰"。两位大师同年生同年逝，同沐古皖自然人文，同留学欧洲学习哲学和美学，晚年亦同在北京大学任教。他们都学问冠绝，质朴无华，真情真性。20 世纪 50 年代，在北京生活的宗白华常常挎着一个装干粮的挎包，拿着一根竹手杖，挤公共汽车去听戏看展，有时夜深了没有回程车了，他便悠然步行回家。宗白华家里有一尊青玉佛头，他非常喜欢，置于案头，经常把玩，伴其一生。抗战中宗白华曾离家避难，仓促中不忘将佛头先埋入园中枣树下。佛头低眉瞑目，秀美慈祥，朋友们认为宗白华也有神似之韵，戏称之"佛头宗"。宗白华才华横溢，年少成名，20 世纪 30 年代就是中央大学的名教授，当时学术界举足轻重的人物了。但他从不恃才傲物，计较名利。50 年代调到北京大学后，学校给他评了个三级教授，而他的学生都评上二级教授了。宗白华则风神洒脱，坦然处之。

宗白华的美学深味生命之诗情律动。他叩问"小己"和"宇宙"的关系，探研"小我"和"人类"情绪颤动的协和整饬。他提出了一个重要的范畴——生命情调。生命情调在他看来，就是个体生命和宇宙生命的核心，是"至动而有条理""至动而有韵律"的矛盾和谐，是刚健清明、深邃幽旷的"生命在和谐的形式中"，既"是极度的紧张"，也"回旋着力量，满而不溢"。

宗白华的美学从艺术关照生命与宇宙，把四时万物、自然天地融通为一，意在提携"全世界的生命"，"得其环中"而"超以象外"，能空、能舍，能深、能实，"深入生命节奏的核心"，直抵生命的本原和宇宙的真体，超入美境，"给人生以'深度'"。亦正因此，宗白华自豪地说："我们任何一种生活都可以过，因为我们可以由自己给予它深沉永久的意义。"

《歌德之人生启示》作于 1932 年。文章开篇，宗白华就提出了"人生是什么？人生的真相如何？人生的意义何在？人生的目的是何？"这四个"人生最重大、最中心"的问题。全文以歌德的人生为例，作出了生动深刻的诠释。歌德是宗白华最为推崇的伟大诗人之一，文章内蕴热烈激越的情感，又化绚烂为平静，引动象入秩序，文与诗交错，极富美意哲韵。

在早年作品《青年烦闷的解救法》《新人生观问题的我见》中，宗白华就明确提出了"艺术的人生观"的问题，倡导"艺术的人生态度"和大众艺术教育。他的名篇《中国文化的美丽精神往哪里去》《唐人诗歌中所表现的民族精神》《论〈世说新语〉和晋人的美》等，均将审美、艺术、人生相关联。《唐人诗歌中所表现的民族精神》认为文学是民族精神的象征，唐人诗歌体现的正是中华民族铿锵慷慨的民族自信力。《论〈世说新语〉和晋人的美》论析了晋人简约玄澹、超然绝俗的人格个性和美感神韵。《中国文化的美丽精神往哪里去》则指出中国哲人本能地找到了事物的旋律的秘密，即宇宙生生不已的节奏，而端庄流利的艺术就是其象征物，也是我们和生命、和宇宙对话的具体通道。宗白华在此文中说，在"生存竞争剧烈的时代"，我们的"灵魂粗野了，卑鄙了，怯懦了"，"我们丧尽了生活里旋律的美（盲动而无秩序）、音乐的境界（人与人之间充满了猜忌、斗争）"，"这就是说没有了国魂，没有了构成生命意义、文化意义的高等价值"。他惆怅而尖锐地叩问"中国精神应该往哪里去"？

《中国艺术意境之诞生》是宗白华美学思想最为重要的代表作品之一。该文首次发表于 1943 年，1944 年发表增订稿。他在引言中说："历史上向前一步的进展，往往地伴着向后一步的探本穷源"；"现代的中国站在历史的转折点。新的局面必将展开"。在此文中，宗白华指出中国艺术是中国文化最中心最有世界贡献的方面，而意境恰是中国心灵的幽情壮采的表征。研寻意境的特构，正是中国文化的一种自省。他认为，艺术意境从主观感相的模写，活跃生命的传达，到最高灵境的启示，是一个境界层深的创构，也是人类最高心灵的具体化、肉身化。艺术诗心映射着天地诗心，艺术表演着宇宙的创化。中国的艺术意境传达着中国心灵的宇宙情调。

五

丰子恺被誉为"中国现代最像艺术家的艺术家"。他虽以漫画最负盛名，亦广涉音乐、书法、文学等领域，在画乐诗书中自如穿梭，在诸多方面都取得了很高的成就。他的美学思想是以身说法，身体力行，且高度重视艺术教育的人生意义。

丰家祖居浙西石门。在私塾求学时，丰子恺就善描人像，有"小画家"盛名。后拜李叔同为师，深受影响，痴迷美术和音乐。1919 年 11 月，他和姜丹书、周湘、欧阳予倩等共同发起成立"中华美育会"，这是中国美学史上第一个全国性的美学组织。1920 年 4 月，中华美育会会刊《美育》创办出版，这是中国第一本美育学术刊物，丰子恺是编辑之一。

在《美育》创刊号上，丰子恺发表了《画家之生命》，提出画家之生命不在"表形"，其最要者乃"独立之趣味"。何谓趣味，丰子恺力主其要旨在"真率"。他以"成人"和"孩子"，分别指代实用的、功利的、虚伪的，和艺术的、真率的、趣味的。他说："童心，在大人就是一种'趣味'。培养童心，就是涵养趣味。"这个"童心"，是丰子恺对艺术精神和美感意趣的比喻，而不是真的要人去做回小孩子。在丰子恺这里，"儿童""顽童""小人"各有所指。他讲过一个叫华明的儿童的故事。华明一开始是个"毫无爱美之心，敢用小便去摧残雪景"的顽童。但通过和一对酷爱美术的姐弟逢春和如金的交往，提升了自己的艺术情趣和美感修养，逐渐学会了欣赏艺术、生活、自然中多种多样的美。其中讲到有个夏天月夜，华明和俩姐弟一起欣赏月下竹影，并用木炭在水门汀上描画。"月亮渐渐升上来，竹影渐渐与地上描着的木炭线相分离，现出参差不齐的样子来，好象脱了版的印刷"。华明非常珍惜，和大家告别说："明天日里头来看这地上描着的影子，一定更好看。但希望天不要下雨，洗去了我们的'墨竹'"。这与一开始的顽劣形象，判若两人。在丰子恺这里，"顽童"是少不更事，未失天真，他那颗美的"童心"尚未激活，因此需要艺术和美育。但"小人"就不同了，他是自甘沉沦的大人，是"或者为各种'欲'所迷，或者为物质的困难所压迫"的钻进"世网"的"奴隶"，他们的精神世界是顺从、屈服、消沉、诈伪、险恶、卑怯、浅薄、残忍等种种非艺术的品性。"大人化"在丰子恺这里是个贬义词。他把艺术家比喻为"大儿童"，是用"真率"的"童心"来抵御"大人化"的"真艺术家"。丰子恺强调，"真艺术家"即使不画一笔，不吟一字，不唱一句，他的人生也早已是伟大的艺术品，"其生活比有名的艺术家的生活更'艺术'"。

丰子恺的《从梅花说到美》《从梅花说到艺术》《新艺术》《艺术教育的原理》《童心的培养》《艺术与人生》等文，均写得深入浅出，生动易读。抗战期间，他还写了《桂林艺术讲话》（之一、之二、之三），力主"'万物一体'是中华文化思想的大特色"，是"最高的艺术论"，而"中国是最艺术的国家"，我们"必须把艺术活用于生活中"，"美化人类的生活"。"最伟大的艺术家"，就是"以全人类为心的大人格者"。这样的人，在神圣的抗战中，也必至仁有为。他说，美德和技术合成艺术；若误用技术，反而害人。这些思想，都体现了人生论美学家的共同原则，即不将美从鲜活的生活中割裂出去，不主张从理论到理论的封闭的美学路径，而是主张审美艺术人生的统一，倡扬真善美的贯通，引领物我有无出入之超拔。

"知不可而为"主义与"为而不有"主义

今天的讲题是两句很旧的话：一句是"知其不可而为之"。一句是"为而不有"。现在按照八股的作法，把他分作两股讲。

诸君读我的近二十年来的文章，便知道我自己的人生观是拿两样事情做基础：（一）"责任心"，（二）"兴味"。人生观是个人的，各人有各人的人生观。各人的人生观不必都是对的，不必于人人都合宜。但我想：一个人自己修养自己，总须拈出个见解，靠他来安身立命。我半生来拿"责任心"和"兴味"这两样事情做我生活资粮，我觉得于我很是合宜。

我是感情最富的人，我对于我的感情都不肯压抑，听其尽量发展。发展的结果，常常得意外的调和。"责任心"和"兴味"都是偏于感情方面的多，偏于理智方面的很少。

"责任心"强迫把大担子放在肩上是很苦的，"兴味"是很有趣的。二者在表面上恰恰相反，但我常把他调和起来。所以我的生活虽说一方面是很忙乱的，很复杂的；他方面仍是很恬静的，很愉快的。我觉得世上有趣的事多极了。烦闷，痛苦，懊恼，我全没有。人生是可赞美的，可讴歌的，有趣的。我的见解便是：（一）孔子说的"知其不可而为之"和（二）老子的"为而不有"。

"知不可而为"主义、"为而不有"主义和近世欧美通行的功利主义根本反对。功利主义对于每做一件事之先必要问："为什么？"胡适《中国哲学史大纲》上讲墨子的哲学就是要问为什么。"为而不有"主义便爽快的答道："不为什么。"功利主义对于每做一件事之后必要问："有什么效果？""知不可而为"主义便答道："不管他有没有效果。"

今天讲的并不是诋毁功利主义。其实凡是一种主义皆有他的特点，不能以此非彼。从一方面看来，"知不可而为"主义，容易奖励无意识之冲动。"为而不有"主义，容易把精力消费于不经济的地方。这两种主义或者是中国物质文明进步之障碍，也未可知。但在人类精神生活上却有绝大的价值，我们应该发明他享用他。

"知不可而为"主义，是我们做一件事明白知道他不能得着预料的效果，甚至于一无效果，但认为应该做的便热心做去。换一句话说，就是做事时候把成功与失败的念头都撇开一边，一味埋头埋脑的去做。

这个主义如何能成立呢？依我想，成功与失败本来不过是相对的名词。一般人所说的成功不见得便是成功，一般人所说的失败不见得便是失败。天下事有许多从此一方面看说是成功，从别一方面看也可说是失败；从目前看可说是成功，从将来看也可说是失败。比方乡下人没见过电话，你让他去打电话，他一定以为对墙讲话，是没效果的；其实他方面已经得到电话，生出效果了。再如乡下人看见电报局的人在那里乓乓乓乓的打电报，一定以为很奇怪，没效果的；其实我们从他的手里已经把华盛顿会议的消息得到了。照这样看来，成败既无定形，这"可"与"不可"不同的根本先自不能存在了。孔子说："我则异于是，无可无不可。"他这句话似乎是很滑头，其实他是看出天下事无绝对的"可"与"不可"，即无绝对的成功与失败。别人心目中有"不可"这两个字，孔子却完全没有。"知不可而为"本来是晨门批评孔子的话，映在晨门眼帘上的孔子是"知不可而为"，实际上的孔子是"无可无不可而为"罢了。这是我的第一层的解释。

进一步讲，可以说宇宙间的事绝对没有成功，只有失败。成功这个名词，是表示圆满的观念，失败这个名词，是表示缺陷的观念。圆满就是宇宙进化的终点，到了进化终点，进化便休止；进化休止不消说是连生活都休止了。所以平常所说的成功与失败不过是指人类活动休息的一小段落。比方我今天讲演完了，就算是我的成功；你们听完了，就算是你们的成功。

到底宇宙有圆满之期没有，到底进化有终止的一天没有？这仍是人类生活的大悬案。这场官司从来没有解决，因为没有这类的裁判官。据孔子的眼光看来，这是六合以外的事，应该"存而不论"。此种问题和"上帝之有无"是一样不容易解决的。我们不是超人，所以不能解决超人的问题。人不能自举其身，我们又何能拿人生以外的问题来解决人生的问题？人生是宇宙的小段片。孔子不讲超人的人生，只从小段片里讲人生。

人类在这条无穷无尽的进化长途中，正在发脚蹒跚而行。自有历史以来，不过在这条路上走了一点，比到宇宙圆满时候，还不知差几万万年哩！现在我们走的只是像体操教员刚叫了一声"开步走"，就想要得到多少万万年后的成功，岂非梦想？所以谈成功的人不是骗别人，简直是骗自己！

就事业上讲，说什么周公致太平，说什么秦始皇统一天下，说什么释迦牟尼普渡众生。现在我们看看周公所致的太平到底在哪里？大家说是周公的成功，其实是他的失败。"六王毕，四海一"，这是说秦始皇统一天下了，但仔细看看，他所统一的到底在哪里？并不是说他传二世而亡，他的一份家当完了，就算失败，只看从他以后，便有楚汉之争，三国分裂，五胡乱华，唐之藩镇，宋的辽金，就现在说，又有督军之割据，他的统一之功算成了吗？至于释迦牟尼，不但说没普渡了众生，就是当时的印度人，也未全被他普渡。所以世人所说的一般大成功家，实在都是一般大失败家。再就学问上讲，牛顿发明引力，人人都说是科学上的大成功，但自爱因斯坦之相对论出，而牛顿转为失败。其实牛顿本没成功，不过我们没有见到就是了。近两年来欧美学界颂扬爱因斯坦成功之快之大，无比矣！我们没学问，不配批评，只配跟着讴歌，跟着崇拜！但照牛顿的例看来，他也算是失败。所以无论就学问上讲就事实上讲，总一句话说：只有失败的没有成功的。

人在无边的"宇"（空间）中，只是微尘，不断的"宙"（时间）中，只是段片。一个人无论能力多大，总有做不完的事，做不完的便留交后人，这好像一人忙极了，有许多事做不完，只好说"托别人做吧"！一人想包做一切事，是不可能的，不过从全体中抽出几万万分之一点做做而已。但这如何能算是成功？若就时间论，一人所做的一段片，正如"抽刀断水水更流"，也不得叫做成功。

孔子说"死而后已"，这个人死了那个人来继续。所以说继继绳绳，始能成大的路程。天下事无不可，天下事无成功。

然而人生这件事却奇怪的很：在无量数年中，无量数人，所做的无量数事，个个都是不可，个个都是失败，照数学上零加零仍等于零的规律讲，合起来应该是个大失败，但许多的"不可"加起来却是一个"可"，许多的"失败"加起来却是一个"大成功"。这样看来，也可说是上帝生人就是教人做失败事的。你想不失败吗？那除非不做事。但我们的生活便是事，起居饮食也是事，言谈思虑也是事，我们能到不做事的地步吗？要想不做事，除非不做人。佛劝人不做事，便是劝人不做人。如果不能不做人，非做事不可。这样看来，普天下事都是"不可而为"的事，普天下人都是"不可而为"的人。不过孔子是"知不可而为"，一般人是"不知不可而为"罢了。

"不知不可而为"的人，遇事总要计算计算，某事可成功，某事必失败。可成功的便去做，必失败的便躲避。自以为算盘打对了，其实全是自己骗自己，计算的总结与事实绝对不能相应。成败必至事后始能下判断的。若事前横计算竖计算，反减少人做事的勇气。在他挑选趋避的时候，十件事至少有八件事因为怕失败，不去做了。

算盘打得精密的人，看着要失败的事都不敢做，而为势所迫，又不能不勉强去做，故常说："要失败啦！我本来不愿意做，不得已啦！"他有无限的忧疑，无限的惊恐，终日生活在摇荡苦恼里。

算盘打得不精密的人，认为某件事要成功，所以在短时间内欢喜鼓舞的做去，到了半路上忽然发现他的成功希望是空的，或者做到结尾，不能成功的真相已经完全暴露，于是千万种烦恼悲哀都凑上来了。精密的人不敢做，不想做，而又不能不做，结果固然不好。但不精密的人，起初喜欢去做，继后失败了，灰心丧气的不做，比前一类人更糟些。

人生在世界是混混沌沌的，从这种境界里过数十年，那末，生活便只有可悲更无可乐。我们对于"人生"真可以诅咒。为什么人来世上做消耗面包的机器呢？若是怕没人吃面包，何不留以待虫类呢？这样的人生可真没一点价值了。

"知不可而为"的人怎样呢？头一层：他预料的便是失败，他的预算册子上件件都先把"失败"两个字摆在当头，用不着什么计算不计算，拣择不拣择。所以孔子一生一世只是"毋意！毋必！毋固！毋我"！"意"是事前猜度，"必"是先定其成败，"固"是先有成见，"我"是为我。孔子的意思就是说人不该猜度，不该先定事之成败，不该先有成见，不该为着自己。

第二层，我们既做了人，做了人既然不能不生活，所以不管生活是片段也罢，是微尘也罢，只要在这微尘生活段片生活里，认为应该做的，便大踏步的去做，不必打算，不必犹豫。

孔子说："无适也，无莫也，义之与比。"又说："鸟兽不可与同群，吾非斯人之徒欤而谁欤？天下有道，丘不与易也。"这是绝对自由的生活。假设一个人常常打算何事应做，何事不应做，他本来想到街上散步，但一念及汽车撞死人，便不敢散步，他看见飞机很好，也想坐一坐，但一念及飞机摔死人，便不敢坐，这类人是自己禁住自己的自由了。要是外人剥夺自己的自由，自己还可以恢复，要是自己禁住自己的自由，可就不容易恢复了。"知不可而为"主义，是使人将做事的自由大大的解放，不要作无为之打算，自己捆绑自己。

孔子说："智者不惑，仁者不忧，勇者不惧。"不惑就是明白，不忧就是快活，不惧就是壮健。反过来说，惑也，忧也，惧也，都是很苦的。人若生活于此中，简直是过监狱的生活。

遇事先计划成功与失败，岂不是一世在疑惑之中？遇事先怕失败，一面做，一面愁，岂不是一世在忧愁之中？遇事先问失败了怎么样，岂不是一世在恐惧之中？

"知不可而为"的人，只知有失败，或者可以说他用的字典里，从没有成功二字。那末，还有什么可惑可忧可惧呢？所以他们常把精神放在安乐的地方。所以一部《论语》，开宗明义便说"不亦乐乎"！"不亦悦乎"！用白话讲，便是"好呀"！"好呀"！

孔子说："发愤忘食，乐以忘忧，不知老之将至。"可见他作事是自己喜欢的，并非有何种东西鞭策才作的，所以他不觉胡子已白了，还只管在那里做。他将人生观立在"知不可而为"上，所以事事都变成不亦乐乎，不亦悦乎，这种最高尚最圆满的人生，可以说是从"知不可而为"主义发生出来。我们如果能领会这种见解，即令不可至于乐乎悦乎的境地，至少也可以减去许多"惑""忧""惧"，将我们的精神放在安安稳稳的地位上。这样才算有味的生活，这样才值得生活。

第一股做完了，现在做第二股，仍照八股的做法，说几句过渡的话。"为而不有"主义与"知不可而为"主义，可以说是一个主义的两面。"知不可而为"主义可以说是"破妄返真"，"为而不有"主义可以说是"认真去妄"。"知不可而为"主义可使世界从烦闷至清凉，"为而不有"主义可使世界从极平淡上显出灿烂。

"为而不有"这句话，罗素解释的很好。他说，人有两种冲动。（一）占有冲动，（二）创造冲动。这句话便是提倡人类的创造冲动的。他这些学说，诸君谅已熟闻，不必我多讲了。

"为而不有"的意思是不以所有观念作标准，不因为所有观念始劳动。简单一句话，便是为劳动而劳动。这话与佛教说的"无我我所"相通。

常人每做一事，必要报酬，常把劳动当作利益的交换品，这种交换品只准自己独有，不许他人同有，这就叫做"为而有"。如求得金钱、名誉，因为"有"，才去为。有为一身有者，有为一家有者，有为一国有者。在老子眼中看来，无论为一身有，为一家有，为一国有，都算是为而有，都不是劳动的真目的。人生劳动应该不求报酬，你如果问他："为什么而劳动？"他便答道："不为什么。"再问："不为什么为什么劳动？"他便老老实实说："为劳动而劳动，为生活而生活。"

老子说："上人为之而无以为。"韩非子给他解释的很好："生于其心之所不能已，非求其为报也。"简单说来，便是无所为而为。既无所为，所以只好说为劳动而劳动，为生活而生活，也可说是劳动的艺术化、生活的艺术化。

老子还说："既以为人己愈有，既以与人己愈多。"这是说我要帮助人，自己却更有，不致损减。我要给人，自己却更多，不致损减。这话也可作"为而不有"的解释。按实说，老子本来没存"有""无""多""少"的观念，不过假定差别相以示常人罢了。

在人类生活中最有势的便是占有性。据一般人的眼光看来，凡是为人的好像己便无。例如楚汉争天下，楚若为汉，楚便无，汉若为楚，汉便无。韩信张良帮汉高的忙谋皇帝，他们便无。凡是与人的好像已便少。例如我们到瓷器铺子里买瓶子，一个瓶子，他要四元钱，我们只给他三元半，他如果卖了，岂不是少得五角？岂不是既以与人己便少吗？这似乎是和己愈有己愈多的话相反。然自他一方面看来，譬如我今天讲给诸君听，总算与大家了，但我仍旧是有，并没减少。再如教员天天在堂上给大家讲，不特不能减其所有，反可得教学相长的益处。至若弹琴唱歌给人听，也并没损失，且可使弹的唱的更加熟练。文学家，诗人，画家，雕刻家，慈善家，莫不如此。即就打算盘论，帮助人的虽无实利，也可得精神上的愉快。

老子又说："含德之厚，比于赤子，赤子终日号而不嘎，和之至也。"他的意思就是说成人应该和小孩子一样，小孩子天天在那里哭，小孩子并不知为什么而哭，无端的大哭一场，好像有许多痛心的事，其实并不为什么。成人亦然。问他为什么吃？答为饿。问他为什么饿？答为生理上必然的需要。再问他为什么生理上需要？他便答不出了。所以"为什么"是不能问的，如果事事问为什么，什么事都不能做了。

老子说："无为而无不为"，我们却只记得他的上半截的"无为"，把下半截的"无不为"忘掉了。这的确是大错。他的主义是不为什么，而什么都做了，并不是说什么都不做。要是说什么都不做，那他又何必讲五千言的《道德经》呢？

"知不可而为"主义与"为而不有"主义都是要把人类无聊的计较一扫而空，喜欢做便做，不必瞻前顾后。所以归并起来，可以说这两种主义就是"无所为而为"主义，也可以说是生活的艺术化，把人类计较利害的观念，变为艺术的、情感的。

这两种主义的概念，演讲完了。我很希望他发扬光大，推之于全世界。但要实行这种主义须在社会组织改革以后。试看在俄国劳农政府之下，"知不可而为"和"为而不有"的人比从前多得多了。

社会之组织未变，社会是所有的社会，要想打破所有的观念，大非易事，因为人生在所有的社会上，受种种的牵掣，倘有人打破所有的观念，他立刻便缺乏生活的供给。比方做教员的，如果不要报酬，便立刻没有买书的费用。然假使有公共图书馆，教员又何必自己买书呢？中国人常喜欢自己建造花园，然而又没有钱，其势不得不用种种不正当的方法去找钱，这还不是由于中国缺少公共花园的缘故吗？假使中国仿照欧美建设许多极好看极精致的公共花园，他们自然不去另造了。所以必须到社会组织改革之后，对于公众有种种供给时，才能实行这种主义。

虽是这样说法，我们一方面希望求得适宜于这种主义的社会，一方面在所处的混浊的社会中，还得把这种主义拿来寄托我们的精神生活，使他站在安慰清凉的地方。我看这种主义恰似青年修养的一副清凉散。我不是拿空话来安慰诸君，也不是勉强去左右诸君，他的作用着实是如此的。

最后我还要对青年进几句忠告。老子说："宠辱不惊。"这句话最关重要。现在的一般青年或为宠而惊，或为辱而惊。然为辱而惊的大家容易知道，为宠而惊的大家却不易知道。或者为宠而惊的比较为辱而惊的人的人格更为低下也说不定。五四以来，社会上对于青年可算是宠极了，然根底浅薄的人，其所受宠的害，恐怕比受辱的害更大吧。有些青年自觉会做几篇文章，便以为满足，其实与欧美比一比，那算得什么学问，徒增了许多虚荣心罢了。他们在报上出风头，不过是为眼前利害所鼓动，为虚荣心所鼓动，别人说成功，他们便自以为成功，岂知天下没成功的事？这些都是被成败利钝的观念所误了。

古人的这两句话，我希望现在的青年在脑子里多转几转，把他当作失败中的鼓舞，烦闷中的清凉，困倦中的兴奋。

（1921 年 12 月 21 日北京哲学社讲演稿。
原刊《哲学》1922 年 4 月。）

精彩一句：

"知不可而为"主义与"为而不有"主义，都是要把人类无聊的计较一扫而空，喜欢做便做，不必瞻前顾后。所以归并起来，可以说这两种主义就是"无所为而为"主义，也可以说是生活的艺术化，把人类计较利害的观念，变为艺术的、情感的。

金雅品鉴：

本文是任公哲学人生观的集中表述，也是其美学思想的重要观念基石。他没有用唬人的理论概念，而是深入浅出。这类拉家常式的讲演稿，娓娓道来，明白晓畅，内蕴激情，不乏犀利，是任公美学文本的重要形式。

在此文中，任公先抛出了两种主义，一种是源自孔子的"知不可而为"主义，一种是源自老子的"为而不有"主义。任公认为，两者的统一，便是"生活的艺术化"。我将这种主义，称为"不有之为"，其要义就是不执成败不计得失。"不有之为"的人生境界，是倡扬回归生命之初心和本真，也就是任公说的"为劳动而劳动，为生活而生活"，是"劳动的艺术化、生活的艺术化"，它与审美（艺术）活动之纯粹、诗性、超越的境界具有内在的相洽性，也是人生论美学所追求的审美艺术人生相统一的胜境。

本文没有直接提及"趣味"的概念，却是任公趣味主义人生论美学最为重要的文本之一。

人生观与科学

一

张君劢在清华学校演说一篇《人生观》，惹起丁在君做了一篇《玄学与科学》和他宣战。我们最亲爱的两位老友，忽然在学界上变成对垒的两造。我不免也见猎心喜，要把我自己的意见写点出来助兴了。

当未写以前要先声叙几句话。

第一，我不是加在那一造去"参战"，也不是想斡旋两造做"调人"，尤其不配充当"国际法庭的公断人"。我不过是一个观战的新闻记者，把所视察得来的战况随手批评一下便了。读者还须知道，我是对于科学玄学都没有深造研究的人。我所批评的一点不敢自以为是。我两位老友以及其他参战人观战人把我的批评给我一个心折的反驳，我是最欢迎的。

第二，这回战争范围，已经蔓延得很大了，几乎令观战人应接不暇。我为便利起见，打算分项批评。做完这篇之后，打算还跟着做几篇。（一）科学的知识论与所谓"玄学鬼"。（二）科学教育与超科学教育。（三）论战者之态度……等等。但到底作几篇，要看我趣味何如，万一兴尽，也许不作了。

第三，听说有几位朋友都要参战，本来想等读完了各人大文之后再下总批评。但头一件，因技痒起来等不得了。第二件，再多看几篇，也许"崔颢题诗"叫我搁笔，不如随意见到那里说到那里，所以这一篇纯是对于张、丁两君头一次交绥的文章下批评，他们二次彼此答辩的话，只好留待下次。其余陆续参战的文章，我很盼早些出现，或者我也有继续批评的光荣。或者我要说的话被人说去，或者我未写出来的意见已经被人驳倒，那么，我只好不说了。

二

凡辩论先要把辩论对象的内容确定，先公认甲是什么乙是什么，才能说到甲和乙的关系何如，否则一定闹到"驴头不对马嘴"，当局的辩论没有结果，旁观的越发迷惑。我很可惜君劢这篇文章，不过在学校里随便讲演，未曾把"人生观"和"科学"给他一个定义，在君也不过拈起来就驳。究竟他们两位所谓"人生观"，所谓"科学"，是否同属一件东西，不惟我们观战人摸不清楚，只怕两边主将也未必能心心相印哩。我为替读者减除这种迷雾起见，拟先规定这两个名词的内容如下：

（一）人类从心界物界两方面调和结合而成的生活，叫做"人生"。我们悬一种理想来完成这种生活，叫做"人生观"。（物界包含自己的肉体及己身以外的人类乃至己身所属之社会等等。）

（二）根据经验的事实分析综合求出一个近真的公例以推论同类事物，这种学问叫做"科学"。（应用科学改变出来的物质或建设出来的机关等等只能谓之"科学的结果"，不能与"科学"本身并为一谈。）

我解释这两个名词的内容，不敢说一定对。假定拿以上所说做个标准，我的答案便如下：

"人生问题，有大部分是可以——而且必要用科学方法来解决的。却有一小部分——或者还是最重要的部分是超科学的。"因此我对于君劢、在君的主张，觉得他们各有偏宕之处。今且先驳君劢。

君劢既未尝高谈"无生"，那么，无论尊重心界生活到若何程度，终不能说生活之为物能够脱离物界而单独存在。既涉到物界，自然为环境上——时间空间——种种法则所支配，断不能如君劢说的那么单纯，专凭所谓"直觉"的"自由意志"的来片面决定。君劢列举"我对非我"之九项，他以为不能用科学方法解答者，依我看来什有八九倒是要用科学方法解答。他说"忽君主忽民主忽自由贸易忽保护贸易……等等，试问论理学公例何者能证其合不合乎？"其意以为这类问题既不能骤然下一个笼统普遍的断案，便算屏逐在科学范围以外。殊不知科学所推寻之公例乃是：（一）在某种条件之下，会发生某种现象。（二）欲变更某种现象，当用某种条件笼统普遍的断案。无论其不能，即能，亦断非科学之所许。若仿照君劢的论调，也可以说"忽衣裘，忽衣葛，忽附子玉桂，忽大黄芒硝……试问论理学公例何者能证其合不合乎？"然则连衣服饮食都无一定公例可以支配了，天下有这种理吗？殊不知科学之职务不在绝对的普遍的证明衣裘衣葛之孰为合孰为不合，他却能证明某种体气的人在某种温度之下非衣裘或衣葛不可。君劢所列举种种问题，正复如此。若离却事实的基础，劈地凭空说君主绝对好、民主绝对好、自由贸易绝对好、保护贸易绝对好……当然是不可能。却是在某种社会结合之下宜于君主，在某种社会结合之下宜于民主，在某种经济状态之下宜自由贸易，在某种经济状态之下宜保护贸易，……那么，论理上的说明自然是可能，而且要绝对的尊重。君劢于意云何？难道能并此而不承认吗？总之，凡属于物界生活之诸条件，都是有对待的。有对待的自然一部或全部应为"物的法则"之所支配。我们对于这一类生活，总应该根据"当时此地"之事实，用极严密的科学方法，求出一种"比较合理"的生活。这是可能而且必要的。就这点论，在君说"人生观不能和科学分家"，我认为含有一部分真理。

君劢尊直觉尊自由意志我原是赞成的，可惜他应用的范围太广泛而且有错误。他说："……常有所观察也、主张也、希望也、要求也，是之谓人生观。甲时之所以为善者，至乙时则又以为不善而求所以革之。乙时之所以为善者，至丙时又以为不善而求所以革之。……"君劢所用"直觉"这个字，到底是怎样的内容，我还没有十分清楚。照字面看来，总应该是超器官的一种作用。若我猜得不错，那么，他说的"有所观察而甲乙丙时或以为善或以为不善"，便纯然不是直觉的范围。为什么"甲时以为善乙时以为不善"，因为"常有所观察"，因观察而以为不善，跟着生出主张、希望、要求。不观察便罢，观察离得了科学程序吗？"以为善不善"，正是理智产生之结果。一涉理智，当然不能逃科学的支配。若说到自由意志吗？他的适用，当然该有限制。我承认人类所以贵于万物者在有自由意志，又承认人类社会所以日进，全靠他们的自由意志。但自由意志之所以可贵，全在其能选择于善不善之间而自己作主以决从违。所以自由意志是要与理智相辅的。若象君劢全抹杀客观以谈自由意志，这种盲目的自由，恐怕没有什么价值了。（君劢清华讲演所列举人生观五项特征，第一项说人生观为主观的以与客观的科学对立，这话毛病很大。我以为人生观最少也要主观和客观结合才能成立。）

然则我全部赞成在君的主张吗？又不然。在君过信科学万能，正和君劢之轻蔑科学同一错误。在君那篇文章，很象专制宗教家口吻，殊非科学者态度，这是我最替在君可惜的地方。但亦无须一一指摘了。在君说"我们有求人生观统一的义务"。又说"用科学方法求出是非真伪，将来也许可以把人生观统一"。（他把医学的进步来做比喻。）我说，人生观的统一，非惟不可能，而且不必要。非惟不必要，而且有害。要把人生观统一，结果岂不是"别黑白而定一尊"，不许异己者跳梁反侧？除非中世的基督教徒才有这种谬见，似乎不应该出于科学家之口。至于用科学来统一人生观，我更不相信有这回事。别的且不说，在君说"世界上的玄学家一天没有死完，自然一天人生观不能统一"。我倒要问：万能的科学，有没有方法令世界上的玄学家死完？如其不能，即此已可见科学功能是该有限制了。闲话少叙，请归正文。

人类生活，固然离不了理智，但不能说理智包括尽人类生活的全内容。此外还有极重要一部分——或者可以说是生活的原动力，就是"情感"。情感表出来的方向很多。内中最少有两件的的确确带有神秘性的，就是"爱"和"美"。"科学帝国"的版图和威权，无论扩大到什么程度，这位"爱先生"和那位"美先生"依然永远保持他们那种"上不臣天子下不友诸侯"的身分。请你科学家把"美"来分析研究罢，什么线，什么光，什么韵，什么调……任凭你说得如何文理密察，可有一点儿搔着痒处吗？至于"爱"，那更"玄之又玄"了。假令有两位青年男女相约为"科学的恋爱"，岂不令人喷饭？又何止两性之爱呢？父子朋友……间至性，其中不可思议者何限？孝子割股疗亲，稍有常识的也该知道是无益。但他情急起来，完全计较不到这些。程婴、杵臼，代人抚孤，抚成了还要死。田横岛上五百人，死得半个也不剩。这等举动，若用理智解剖起来，都是很不合理的，却不能不说是极优美的人生观之一种。推而上之，孔席不暖，墨突不黔，释迦割臂饲鹰，基督钉十字架替人赎罪。他们对于一切众生之爱，正与恋人之对于所欢同一性质。我们想用什么经验什么轨范去测算他的所以然之故，真是痴人说梦。又如随便一个人对于所信仰的宗教，对于所崇拜的人或主义，那种狂热情绪，旁观人看来，多半是不可解，而且不可以理喻的。然而一部人类活历史，却什有九从这种神秘中创造出来。从这方面说，却用得着君劢所谓主观所谓直觉所谓综合而不可分析……等等话头。想用科学方法支配他，无论不可能，即能，也把人生弄成死的没有价值了。

我把我极粗浅极凡庸的意见总括起来，是：

"人生关涉理智方面的事项，绝对要用科学方法来解决。关涉情感方面的事项，绝对的超科学。"

我以为君劢和在君所说，都能各明一义。可惜排斥别方面太过，都弄出语病来。我还信他们不过是"语病"。他们本来的见解，也许和我没有什么大分别哩。

以上批评"人生观与科学"的话，暂此为止。改天还想讨论别的问题。

（1923 年 5 月 23 日作。

原刊《晨报副镌》1923 年 5 月 29 日。）

精彩一句：

人类生活，固然离不了理智，但不能说理智包括尽人类生活的全内容。此外还有极重要一部分——或者可以说是生活的原动力，就是"情感"。情感表出来的方向很多。内中最少有两件的的确确带有神秘性的，就是"爱"和"美"。

金雅品鉴：

本文讨论人生观问题，与上文《"知不可而为"主义与"为而不有"主义》可以互读。

任公说，人的生活包括心界物界两方面，所以人生观也要主观与客观相结合、科学与情感相交融。

人生观是任公美学观的根基。任公坚信人生观中有发自情感的神秘的东西。这个东西是什么？他并不认为要定于一尊。以他自己论，就是"知不可而为"主义与"为而不有"主义相统一的趣味主义。这个趣味主义的内核是情感，达到美趣的关键是至诚。我们可以从任公的许多文章和文字中，读到这一点。

任公倡扬之美，实即至情至诚至趣。于生命无处不在，于人生无可替代。

趣味教育与教育趣味

一

假如有人问我："你信仰的甚么主义？"我便答道："我信仰的是趣味主义。"有人问我："你的人生观拿什么做根柢？"我便答道："拿趣味做根柢。"我生平对于自己所做的事，总是做得津津有味，而且兴会淋漓；什么悲观咧厌世咧这种字面，我所用的字典里头，可以说完全没有。我所做的事，常常失败——严格的可以说没有一件不失败——然而我总是一面失败一面做。因为我不但在成功里头感觉趣味，就在失败里头也感觉趣味。我每天除了睡觉外，没有一分钟一秒钟不是积极的活动。然而我绝不觉得疲倦，而且很少生病。因为我每天的活动有趣得很，精神上的快乐，补得过物质上的消耗而有余。

趣味的反面，是干瘪，是萧索。晋朝有位殷仲文，晚年常郁郁不乐，指着院子里头的大槐树叹气，说道："此树婆娑，生意尽矣。"一棵新栽的树，欣欣向荣，何等可爱！到老了之后，表面上虽然很婆娑，骨子里生意已尽，算是这一期的生活完结了。殷仲文这两句话，是用很好的文学技能，表出那种颓唐落寞的情绪。我以为这种情绪，是再坏没有的了。无论一个人或一个社会，倘若被这种情绪侵入弥漫，这个人或这个社会算是完了，再不会有长进。何止没长进？什么坏事，都要从此产育出来。总而言之，趣味是活动的源泉。趣味干竭，活动便跟着停止。好像机器房里没有燃料，发不出蒸汽来，任凭你多大的机器，总要停摆。停摆过后，机器还要生锈，产生许多毒害的物质哩。人类若到把趣味丧失掉的时候，老实说，便是生活得不耐烦，那人虽然勉强留在世间，也不过行尸走肉。倘若全个社会如此，那社会便是痨病的社会，早已被医生宣告死刑。

二

"趣味教育"这个名词，并不是我所创造，近代欧美教育界早已通行了。但他们还是拿趣味当手段，我想进一步，拿趣味当目的。请简单说一说我的意见。

第一，趣味是生活的原动力，趣味丧掉，生活便成了无意义。这是不错。但趣味的性质，不见得都是好的。譬如好嫖好赌，何尝不是趣味？但从教育的眼光看来，这种趣味的性质，当然是不好。所谓好不好，并不必拿严酷的道德论做标准。既已主张趣味，便要求趣味的贯彻。倘若以有趣始以没趣终，那么趣味主义的精神，算完全崩落了。《世说新语》记一段故事："祖约性好钱，阮孚性好屐，世未判其得失。有诣约，见正料量财物，客至屏当不尽，余两小簏，以著背后，倾身障之，意未能平。诣孚，正见自蜡屐，因叹曰：'未知一生当着几纲屐。'意甚闲畅，于是优劣始分。"这段话，很可以作为选择趣味的标准。凡一种趣味事项，倘或是要瞒人的，或是拿别人的苦痛换自己的快乐，或是快乐和烦恼相间相续的，这等统名为下等趣味。严格说起来，他就根本不能做趣味的主体。因为认这类事当趣味的人，常常遇着败兴，而且结果必至于俗语说的"没兴一齐来"而后已，所以我们讲趣味主义的人，绝不承认此等为趣味。人生在幼年青年期，趣味是最浓的，成天价乱碰乱进；若不引他到高等趣味的路上，他们便非流入下等趣味不可。没有受过教育的人，固然容易如此。教育教得不如法，学生在学校里头找不出趣味，然而他们的趣味是压不住的，自然会从校课以外乃至校课反对的方向去找他的下等趣味。结果，他们的趣味是不能贯彻的，整个变成没趣的人生完事。我们主张趣味教育的人，是要趁儿童或青年趣味正浓而方向未决定的时候，给他们一种可以终生受用的趣味。这种教育办得圆满，能够令全社会整个永久是有趣的。

第二，既然如此，那么教育的方法，自然也跟着解决了。教育家无论多大能力，总不能把某种学问教通了学生，只能令受教的学生当着某种学问的趣味，或者学生对于某种学问原有趣味，教育家把他加深加厚。所以教育事业，从积极方面说，全在唤起趣味，从消极方面说，要十分注意，不可以摧残趣味。摧残趣味有几条路。头一件是注射式的教育。教师把课本里头东西叫学生强记。好像嚼饭给小孩子吃，那饭已经是一点儿滋味没有了，还要叫他照样的嚼几口，仍旧吐出来看。那么，假令我是个小孩子，当然会认吃饭是一件苦不可言的事了。这种教育法，从前教八股完全是如此，现在学校里形式虽变，精神却还是大同小异，这样教下去，只怕永远教不出人才来。第二件是课目太多。为培养常识起见，学堂课目固然不能太少。为恢复疲劳起见，每日的课目固然不能不参错掉换。但这种理论，只能为程度的适用，若用得过分，毛病便会发生。趣味的性质，是越引越深。想引得深，总要时间和精力比较的集中才可。若在一个时期内，同时做十来种的功课，走马看花，应接不暇，初时或者惹起多方面的趣味，结果任何方面的趣味都不能养成。那么，教育效率，可以等于零。为什么呢？因为受教育受了好些时，件件都是在大门口一望便了，完全和自己的生活不发生关系，这教育不是白费吗？第三件是拿教育的事项当手段。从前我们学八股，大家有句通行话说他是敲门砖，门敲开了自然把砖也抛却，再不会有人和那块砖头发生起恋爱来。我们若是拿学问当作敲门砖看待，断乎不能有深入而且持久的趣味。我们为什么学数学，因为数学有趣所以学数学；为什么学历史，因为历史有趣所以学历史；为什么学画画、学打球，因为画画有趣、打球有趣所以学画画、学打球。人生的状态，本来是如此，教育的最大效能，也只是如此。各人选择他趣味最浓的事项做职业，自然一切劳作，都是目的，不是手段，越劳作越发有趣。反过来，若是学法政用来作做官的手段，官做不成怎么样呢？学经济用来做发财的手段，财发不成怎么样呢？结果必至于把趣味完全送掉。所以教育家最要紧教学生知道是为学问而学问，为活动而活动。所有学问，所有活动，都是目的，不是手段。学生能领会得这个见解，他的趣味，自然终生不衰了。

三

以上所说，是我主张趣味教育的要旨。既然如此，那么在教育界立身的人，应该以教育为唯一的趣味，更不消说了。一个人若是在教育上不感觉有趣味，我劝他立刻改行，何必在此受苦？既已打算拿教育做职业，便要认真享乐，不辜负了这里头的妙味。

孟子说："君子有三乐，而王天下不与存焉。"那第三种就是："得天下英才而教育之"。他的意思是说教育家比皇帝还要快乐。他这话绝不是替教育家吹空气，实际情形，确是如此。我常想，我们对于自然界的趣味，莫过于种花。自然界的美，像山水风月等等，虽然能移我情，但我和他没有特殊密切的关系，他的美妙处，我有时便领略不出。我自己手种的花，他的生命和我的生命简直并合为一，所以我对着他，有说不出来的无上妙味。凡人工所做的事，那失败和成功的程度都不能预料，独有种花，你只要用一分心力，自然有一分效果还你，而且效果是日日不同，一日比一日进步。教育事业正和种花一样。教育者与被教育者的生命是并合为一的。教育者所用的心力，真是俗语说的"一分钱一分货"，丝毫不会枉费。所以我们要选择趣味最真而最长的职业，再没有别样比得上教育。

现在的中国，政治方面，经济方面，没有哪件说起来不令人头痛。但回到我们教育的本行，便有一条光明大路，摆在我们前面。从前国家托命，靠一个皇帝，皇帝不行，就望太子，所以许多政论家——像贾长沙一流都最注重太子的教育。如今国家托命是在人民，现在的人民不行，就望将来的人民。现在学校里的儿童青年，个个都是"太子"，教育家便是"太子太傅"。据我看，我们这一代的太子，真是"富于春秋典学光明"，这些当太傅的，只要"鞠躬尽瘁"，好生把他培养出来，不愁不眼见中兴大业。所以别方面的趣味，或者难得保持，因为到处挂着"此路不通"的牌子，容易把人的兴头打断；教育家却全然不受这种限制。

教育家还有一种特别便宜的事，因为"教学相长"的关系，教人和自己研究学问是分离不开的，自己对于自己所好的学问，能有机会终身研究，是人生最快乐的事，这种快乐，也是绝对自由，一点不受恶社会的限制。做别的职业的人，虽然未尝不可以研究学问，但学问总成了副业了。从事教育职业的人，一面教育，一面学问，两件事完全打成一片。所以别的职业是一重趣味，教育家是两重趣味。

孔子屡屡说："学而不厌，诲人不倦。"他的门生赞美他说："正唯弟子不能及也。"一个人谁也不学，谁也不诲，人所难者确在不厌不倦。问他为什么能不厌不倦呢？只是领略得个中趣味，当然不能自已。你想：一面学，一面诲人，人也教得进步了，自己所好的学问也进步了，天下还有比他再快活的事吗？人生在世数十年，终不能一刻不活动，别的活动，都不免常常陷在烦恼里头，独有好学和好诲人，真是可以无入而不自得，若真能在这里得了趣味，还会厌吗？还会倦吗？孔子又说："知之者不如好之者，好之者不如乐之者。"诸君都是在教育界立身的人，我希望更从教育的可好可乐之点，切实体验，那么，不惟诸君本身得无限受用，我们全教育界也增加许多活气了。

（1922 年 4 月 10 日直隶教育联合研究会讲演稿。
原刊《梁任公学术讲演集》第一辑，商务印书馆 1922 年版。）

精彩一句：

假如有人问我："你信仰的甚么主义？"我便答道："我信仰的是趣味主义。"有人问我："你的人生观拿什么做根柢？"我便答道："拿趣味做根柢。"

金雅品鉴：

本文以"趣味"为关键词。全文3400多字，"趣味"一词共出现58次，频率很高。文章开宗明义，表明自己是个趣味主义者。文中概括了趣味的性质、特点、标准，以及趣味教育的方法。任公认为趣味是一种精神上的快乐，强调好趣味乃具生意活力，纯粹而始终，富妙味领略。

作为中国近现代史上最具影响力的人物之一，任公一生既精彩纷呈，亦大起大落。他始终身体力行趣味主义。用他自己的话说，生平对于自己所做的事，总是做得津津有味，而且兴会淋漓；不但在成功里头感觉趣味，就在失败里头也感觉趣味；精神上的快乐，补得过物质上的消耗而有余。任公可谓"不问收获，只问耕耘"的彻头彻尾的趣味主义者。

学问之趣味

我是个主张趣味主义的人：倘若用化学化分"梁启超"这件东西，把里头所含一种原素名叫"趣味"的抽出来，只怕所剩下仅有个"0"了。我以为，凡人必常常生活于趣味之中，生活才有价值。若哭丧着脸挨过几十年，那么，生命便成沙漠，要来何用？中国人见面最喜欢用的一句话："近来作何消遣？"这句话我听着便讨厌。话里的意思，好像生活得不耐烦了，几十年日子没有法子过，勉强找些事情来消他遣他。一个人若生活于这种状态之下，我劝他不如早日投海！我觉得天下万事万物都有趣味，我只嫌二十四点钟不能扩充到四十八点，不够我享用。我一年到头不肯歇息，问我忙什么？忙的是我的趣味。我以为这便是人生最合理的生活。我常常想运动别人也学我这样生活。

凡属趣味，我一概都承认他是好的。但怎么样才算"趣味"，不能不下一个注脚。我说："凡一件事做下去不会生出和趣味相反的结果的，这件事便可以为趣味的主体。"赌钱趣味吗？输了怎么样？吃酒趣味吗？病了怎么样？做官趣味吗？没有官做的时候怎么样？……诸如此类，虽然在短时间内像有趣味，结果会闹到俗语说的"没趣一齐来"，所以我们不能承认他是趣味。凡趣味的性质，总要以趣味始以趣味终。所以能为趣味之主体者，莫如下列的几项：一，劳作；二，游戏；三，艺术；四，学问。诸君听我这段话，切勿误会以为我用道德观念来选择趣味。我不问德不德，只问趣不趣。我并不是因为赌钱不道德才排斥赌钱，因为赌钱的本质会闹到没趣，闹到没趣便破坏了我的趣味主义，所以排斥赌钱。我并不是因为学问是道德才提倡学问，因为学问的本质能够以趣味始以趣味终，最合于我的趣味主义条件，所以提倡学问。

学问的趣味，是怎么一回事呢？这句话我不能回答。凡趣味总要自己领略，自己未曾领略得到时，旁人没有法子告诉你。佛典说的："如人饮水，冷暖自知。"你问我这水怎样的冷，我便把所有形容词说尽，也形容不出给你听，除非你亲自嗑一口。我这题目——学问之趣味，并不是要说学问如何如何的有趣味，只要如何如何便会尝得着学问的趣味。

诸君要尝学问的趣味吗？据我所经历过的有下列几条路应走。

第一，"无所为"（为读去声）。趣味主义最重要的条件是"无所为而为"。凡有所为而为的事，都是以别一件事为目的而以这件事为手段。为达目的起见勉强用手段，目的达到时，手段便抛却。例如学生为毕业证书而做学问，著作家为版权而做学问，这种做法，便是以学问为手段，便是有所为。有所为虽然有时也可以为引起趣味的一种方便，但到趣味真发生时，必定要和"所为者"脱离关系。你问我"为什么做学问"？我便答道："不为什么。"再问，我便答道："为学问而学问"，或者答道："为我的趣味。"诸君切勿以为我这些话掉弄虚机，人类合理的生活本来如此。小孩子为什么游戏？为游戏而游戏。人为什么生活？为生活而生活。为游戏而游戏，游戏便有趣；为体操分数而游戏，游戏便无趣。

第二，不息。"鸦片烟怎样会上瘾？""天天吃。""上瘾"这两个字，和"天天"这两个字是离不开的。凡人类的本能，只要那部分搁久了不用，他便会麻木会生锈。十年不跑路，两条腿一定会废了。每天跑一点钟，跑上几个月，一天不得跑时，腿便发痒。人类为理性的动物，"学问欲"原是固有本能之一种，只怕你出了学校便和学问告辞，把所有经管学问的器官一齐打落冷宫，把学问的胃弄坏了，便山珍海味摆在面前，也不愿意动筷子。诸君啊！诸君倘若现在从事教育事业或将来想从事教育事业，自然没有问题，很多机会来培养你学问胃口。若是做别的职业呢？我劝你每日除本业正当劳作之外，最少总要腾出一点钟，研究你所嗜好的学问。一点钟哪里不消耗了？千万别要错过，闹成"学问胃弱"的症候，白白自己剥夺了一种人类应享之特权啊！

第三，深入的研究。趣味总是慢慢的来，越引越多，像那吃甘蔗，越往下才越得好处。假如你虽然每天定有一点钟做学问，但不过拿来消遣消遣，不带有研究精神，趣味便引不起来。或者今天研究这样明天研究那样，趣味还是引不起来。趣味总是藏在深处，你想得着，便要入去。这个门穿一穿，那个窗户张一张，再不会看见"宗庙之美，百官之富"，如何能有趣味？我方才说"研究你所嗜好的学问"，嗜好两个字很要紧。一个人受过相当的教育之后，无论如何，总有一两门学问和自己脾胃相合，而已经懂得大概可以作加工研究之预备的，请你就选定一门作为终身正业（指从事学者生活的人说）或作为本业劳作以外的副业（指从事其他职业的人说），不怕范围窄，越窄越便于聚精神，不怕问题难，越难越便于鼓勇气。你只要肯一层一层的往里面追，我保你一定被他引到"欲罢不能"的地步。

第四，找朋友。趣味比方电，越摩擦越出。前两段所说，是靠我本身和学问本身相摩擦，但仍恐怕我本身有时会停摆，发电力便弱了，所以常常要仰赖别人帮助。一个人总要有几位共事的朋友，同时还要有几位共学的朋友。共事的朋友，用来扶持我的职业；共学的朋友和共玩的朋友同一性质，都是用来摩擦我的趣味。这类朋友，能够和我同嗜好一种学问的自然最好，我便和他打伙研究。即或不然——他有他的嗜好，我有我的嗜好，只要彼此都有研究精神，我和他常常在一块或常常通信，便不知不觉把彼此趣味都摩擦出来了。得着一两位这种朋友，便算人生大幸福之一。我想只要你肯找，断不会找不出来。

我说的这四件事，虽然像是老生常谈，但恐怕大多数人都不曾会这样做。唉！世上人多么可怜啊！有这种不假外求不会蚀本不会出毛病的趣味世界，竟自没有几个人肯来享受！古书说的故事"野人献曝"，我是尝冬天晒太阳的滋味尝得舒服透了，不忍一人独享，特地恭恭敬敬的来告诉诸君。诸君或者会欣然采纳吧？但我还有一句话：太阳虽好，总要诸君亲自去晒，旁人却替你晒不来。

（1922 年 8 月 6 日东南大学讲演稿。

原刊《时事新报·学灯》1922 年 8 月 12 日。）

精彩一句：

学问的本质能够以趣味始以趣味终，最合于我的趣味主义条件。

金雅品鉴：

在这篇文章里，任公提出劳作、游戏、艺术、学问四种活动，都属人生趣味之主体。他尤为推崇学问，认为学问最合趣味之性质。从他个人经历来说，由从政到问学，体现了以学问为最高趣味的路向。文章讨论了如何才能达成学问的趣味。任公概括了自己所走的四条路，一是为学问而学问，二是每天不息做学问，三是深入研究追学问，四是找到共学的朋友。

任公绝笔于《辛稼轩先生年谱》。1928 年 10 月 12 日，年谱编写到辛弃疾 61 岁。此年，朱熹去世，辛前往吊唁，作文以寄哀思。任公写道："全文已佚，惟本传录存四句云：'所不朽者，垂万世名，孰为公死，凛凛犹生。'""生"为任公所著最后一字。此后，一病不起，次年初逝世。任公精彩的一生，终于其最为推崇的趣味之学问。恰如他自己所说，倘若用化学化分"梁启超"这件东西，把里头所含一种原素名叫"趣味"的抽出来，只怕所剩下仅有个"0"了。

美术与生活

　　诸君！我是不懂美术的人，本来不配在此讲演。但我虽然不懂美术，却十分感觉美术之必要。好在今日在座诸君，和我同一样的门外汉谅也不少。我并不是和懂美术的人讲美术，我是专要和不懂美术的人讲美术。因为人类固然不能个个都做供给美术的"美术家"，然而不可不个个都做享用美术的"美术人"。

　　"美术人"这三个字是我杜撰的，谅来诸君听着很不顺耳。但我确信"美"是人类生活一要素——或者还是各种要素中之最要者，倘若在生活全内容中把"美"的成分抽出，恐怕便活得不自在甚至活不成！中国向来非不讲美术——而且还有很好的美术，但据多数人见解，总以为美术是一种奢侈品，从不肯和布帛菽粟一样看待，认为生活必需品之一。我觉得中国人生活之不能向上，大半由此。所以今日要标"美术与生活"这题，特和诸君商榷一回。

　　问人类生活于什么？我便一点不迟疑答道："生活于趣味。"这句话虽然不敢说把生活全内容包举无遗，最少也算把生活根芽道出。人若活得无趣，恐怕不活着还好些，而且勉强活也活不下去。人怎样会活得无趣呢？第一种，我叫他做石缝的生活。挤得紧紧的没有丝毫开拓余地；又好像披枷带锁，永远走不出监牢一步。第二种，我叫他做沙漠的生活。干透了没有一毫润泽，板死了没有一毫变化；又好像蜡人一般，没有一点血色，又好像一株枯树，庾子山说的"此树婆娑，生意尽矣"。这种生活是否还能叫做生活，实属一个问题。所以我虽不敢说趣味便是生活，然而敢说没趣便不成生活。

趣味之必要既已如此，然则趣味之源泉在哪里呢？依我看有三种。

第一，对境之赏会与复现。人类任操何种卑下职业，任处何种烦劳境界，要之总有机会和自然之美相接触——所谓水流花放，云卷月明，美景良辰，赏心乐事。只要你在一刹那间领略出来，可以把一天的疲劳忽然恢复，把多少时的烦恼丢在九霄云外。倘若能把这些影像印在脑里头令他不时复现，每复现一回，亦可以发生与初次领略时同等或仅较差的效用。人类想在这种尘劳世界中得有趣味，这便是一条路。

第二，心态之抽出与印契。人类心理，凡遇着快乐的事，把快乐状态归拢一想，越想便越有味；或别人替我指点出来，我的快乐程度也增加。凡遇着苦痛的事，把苦痛倾筐倒箧吐露出来，或别人能够看出我苦痛替我说出，我的苦痛程度反会减少。不惟如此，看出说出别人的快乐，也增加我的快乐；替别人看出说出苦痛，也减少我的苦痛。这种道理，因为各人的心都有个微妙的所在，只要搔着痒处，便把微妙之门打开了。那种愉快，真是得未曾有，所以俗话叫做"开心"。我们要求趣味，这又是一条路。

第三，他界之冥构与蓦进。对于现在环境不满，是人类普通心理，其所以能进化者亦在此。就令没有什么不满，然而在同一环境之下生活久了，自然也会生厌。不满尽管不满，生厌尽管生厌，然而脱离不掉他，这便是苦恼根源。然则怎样救济法呢？肉体上的生活，虽然被现实的环境捆死了，精神上的生活，却常常对于环境宣告独立。或想到将来希望如何如何，或想到别个世界例如文学家的桃源、哲学家的乌托邦、宗教家的天堂净土如何如何，忽然间超越现实界闯入理想界去，便是那人的自由天地。我们欲求趣味，这又是一条路。

这三种趣味，无论何人都会发动的。但因各人感觉机关用得熟与不熟，以及外界帮助引起的机会有无多少，于是趣味享用之程度，生出无量差别。感觉器官敏则趣味增，感觉器官钝则趣味减；诱发机缘多则趣味强，诱发机缘少则趣味弱。专从事诱发以刺戟各人器官不使钝的有三种利器：一是文学，二是音乐，三是美术。

今专从美术讲：美术中最主要的一派，是描写自然之美，常常把我们所曾经赏会或像是曾经赏会的都复现出来。我们过去赏会的影子印在脑中，因时间之经过渐渐淡下去，终必有不能复现之一日，趣味也跟着消灭了。一幅名画在此，看一回便复现一回，这画存在，我的趣味便永远存在。不惟如此，还有许多我们从前不注意赏会不出的，他都写出来指导我们赏会的路，我们多看几次，便懂得赏会方法，往后碰着种种美境，我们也增加许多赏会资料了，这是美术给我们趣味的第一件。

美术中有刻画心态的一派，把人的心理看穿了，喜怒哀乐，都活跳在纸上。本来是日常习见的事，但因他写得唯妙唯肖，便不知不觉间把我们的心弦拨动，我快乐时看他便增加快乐，我苦痛时看他便减少苦痛，这是美术给我们趣味的第二件。

美术中有不写实境实态而纯凭理想构造成的。有时我们想构一境，自觉模糊断续不能构成，被他都替我表现了。而且他所构的境界种种色色有许多为我们所万想不到；而且他所构的境界优美高尚，能把我们卑下平凡的境界压下去。他有魔力，能引我们跟着他走，闯进他所到之地。我们看他的作品时，便和他同住一个超越的自由天地，这是美术给我们趣味的第三件。

要而论之，审美本能，是我们人人都有的。但感觉器官不常用或不会用，久而久之，麻木了。一个人麻木，那人便成了没趣的人。一民族麻木，那民族便成了没趣的民族。美术的功用，在把这种麻木状态恢复过来，令没趣变为有趣。换句话说，是把那渐渐坏掉了的爱美胃口，替他复原，令他常常吸受趣味的营养，以维持增进自己的生活康健。明白这种道理，便知美术这样东西在人类文化系统上该占何等位置了。

以上是专就一般人说。若就美术家自身说，他们的趣味生活，自然更与众不同了。他们的美感，比我们锐敏若干倍，正如《牡丹亭》说的"我常一生儿爱好是天然"。我们领略不着的趣味，他们都能领略。领略够了，终把些唾余分赠我们。分赠了我们，他们自己并没有一毫破费，正如老子说的"既以为人己愈有，既以与人己愈多"。假使"人生生活于趣味"这句话不错，他们的生活真是理想生活了。

今日的中国,一方面要多出些供给美术的美术家,一方面要普及养成享用美术的美术人。这两件事都是美术专门学校的责任。然而该怎样的督促赞助美术专门学校叫他完成这责任,又是教育界乃至一般市民的责任。我希望海内美术大家和我们不懂美术的门外汉各尽责任做去。

（1922 年 8 月 13 日上海美术专门学校讲演稿。原刊《时事新报·学灯》1922 年 8 月 15 日。）

精彩一句:

人类固然不能个个都做供给美术的"美术家",然而不可不个个都做享用美术的"美术人"。

金雅品鉴:

本文是任公最为人熟知的美学文章之一,也是其人生论美学思想最为重要的文本之一。文中首次提出了"美术人"的概念,和人人成为"美术人"的命题。"美术人"与"美术家"相对举,后者是以美术为职业的专门人才,前者是指具有艺术审美素养的大众。文章将"美"——"趣味"——"美术人"逻辑勾连在一起,具体探讨了领略自然、敞开心门、冥构超越的趣味之源,并结合美术活动予以了论析。

美术与科学

稍为读过西洋史的人，都知道现代西洋文化，是从文艺复兴时代演进而来。现代文化根柢在哪里？不用我说，大家当然都知道是科学。然而文艺复兴主要的任务和最大的贡献，却是在美术。从表面看来，美术是情感的产物，科学是理性的产物。两件事很像不相容，为什么这位暖和和的阿特先生，会养出一位冷冰冰的赛因士儿子？其间因果关系，研究起来很有兴味。

美术所以能产生科学，全从"真美合一"的观念发生出来，他们觉得真即是美，又觉得真才是美，所以求美先从求真入手。文艺复兴的太祖高皇帝雷安那德·达温奇——就是画最有名的耶稣晚餐图那个人，谅来诸君都知道了，达温奇有几件故事，很有趣而且有价值。当时意大利某村乡，新发见希腊人雕刻的一尊温尼士女神裸体像，举国若狂的心醉其美，不久被基督教徒说是魔鬼，把他涂了脸凿了眼睛断了手脚丢在海里去了。达温奇和他几位同志，悄悄的到处发掘，又掘着第二尊。有一晚，他们关起大门，在那里赏玩他们的新发见品，被基督教徒侦探着，一大群人声势汹汹的破门而入。入进去看见达温奇干什么呢？他拿一根软条的尺子在那里量那石像的尺寸部位，一双眼对着那石像出神，简直像没有看见众人一般，把众人倒楞了。当时在场的人，有一位古典派美术家老辈梅尔拉，不以达温奇的举动为然。告诉他道："美不是从计算产生出来的呀。"达温奇要理不理的，许久才答道："不错，但我非知道我所要知的事情不肯干休。"有一回傍晚时候，天气十分惨淡，有一位年高望重的天主教神父，当众讲演，说："世界末日快到了，基督立刻来审判我们了，赶紧忏悔啊，赶紧皈依啊。"说得肉飞神动，满场听众受了刺激，哭咧，叫咧，打噤咧，磕头咧，闹得一团糟。达温奇有位高足弟子也在场，也被群众情感的浪卷去，觉得自己跟着这位魔鬼先生学，真是罪人，也叫起"耶稣救命"来，猛回头看见他先生却也在那边。在那边干什么呢？左手拿块画板，右手拿管笔，一双眼钉在那位老而且丑的神父脸上，正在画他呢。这两件故事，诸君听着好玩么？诸君啊，不要单作好玩看待，须知这便是美术和科学交通的一条秘密隧道。诸君以为达温奇光是一位美术家吗？不不，他还是一位大科学家，近代的生物学，是他"筚路蓝缕"的开辟出来。倘若生物学家有道统图，要推他当先圣周公，达尔文不过先师孔子罢了。他又会造飞机，又会造铁甲车船，现有他自己给米兰公爵的书信为证。诸君啊，你想当美术家吗？你想知道惊天动地的美术品怎样出来吗？请看达温奇。

我说了半天，还没有说到美术科学相沟通的本题，现在请亮开来说罢。密斯忒阿特、密斯忒赛因士，他们哥儿俩，有一位共同的娘，娘什么名字？叫做密斯士奈渣，翻成中国话，叫做"自然夫人"。问美术的关键在哪里？限我只准拿一句话回答，我便毫不踌躇的答道："观察自然。"问科学的关键在哪里？限我只准拿一句话回答，我也毫不踌躇的答道："观察自然。"向来我们人类，虽然和"自然"耳鬓厮磨，但总是"鱼相忘于江湖"的样子，一直到文艺复兴以后，才算把这位积年老伙计认识了。认识过后，便一口咬住，不肯放松，硬要在他身上还出我们下半世的荣华快乐。哈哈！果然他老人家葫芦里法宝，被我们搜出来了，一件是美术，一件是科学。

认识自然，不是容易的事，第一件要你肯观察，第二件还要你会观察。粗心固然观察不出，不能说仔细便观察得出。笨伯固然观察不出，弄聪明有时越发观察不出。观察的条件，头一桩，是要对于所观察的对象有十二分兴味，用全副精神注在他上头，像庄子讲的承蜩丈人"虽天地之大万物之多，而惟吾蜩翼之知"。第二椿要取纯客观的态度，不许有丝毫主观的僻见搀在里头，若有一点，所观察的便会走了样子了。达温奇还有一幅名画叫做莫那利沙。莫那利沙，就是达温奇爱恋的美人。相传画那一点微笑，画了四年。他自己说，虽然恋爱极热，始终却是拿极冷酷的客观态度去画他。要而言之，热心和冷脑相结合是创造第一流艺术品的主要条件。换个方面看来，岂不又是科学成立的主要条件吗？

真正的艺术作品，最要紧的是描写出事物的特性，然而特性各各不同，非经一番分析的观察工夫不可。莫泊三的先生教他作文，叫他看十个车夫，作十篇文来写他，每篇限一百字。晚餐图里头的基督，何以确是基督，不是基督的门徒，十二门徒中，何以彼得确是彼得，不是约翰，约翰确是约翰，不是犹大，犹大确是犹大，不是非卖主的余人。这种本领，全在同中观异，从寻常人不会注意的地方，找出各人情感的特色。这种分析精神，不又是科学成立的主要成分吗？

美术家的观察，不但以周遍精密的能事，最重要的是深刻。苏东坡述文与可论画竹的方法，说道："画竹必先得成竹于胸中。执笔熟视，乃见其所欲画者。急起从之，振笔直遂，以追其所见，如兔起鹘落，少纵则逝矣。"这几句话，实能说出美术的秘钥，美术家雕画一种事物，总要在未动工以前，先把那件事物的整个实在完全摄取，一攫攫住他的生命，霎时间和我的生命并合为一。这种境界，很含有神秘性。虽然可以说是在理性范围以外，然而非用锐入的观察法一直透入深处，也断断不能得这种境界。这种锐入观察法，也是促进科学的一种助力。

美术的任务，自然是在表情，但表情技能的应用，须有规律的组织，令各部分互相照应，相传五代时蜀主孟昶，藏一幅吴道子画钟馗，左手捉一个鬼，用右手第二指挖那鬼的眼睛。孟昶拿来给当时大画家黄筌看，说道：若用拇指，似更有力，请黄筌改正他。黄筌把画带回家去，废寝忘餐的看了几日，到底另画一本进呈。孟昶问他为什么不改，黄筌答道："道子所画，一身气力色貌，都在第二指，不在拇指，若把他改，便不成一件东西了。我这别本，一身气力，却都在拇指。"吴黄两幅画，可惜现在都失传，不能拿来比勘。但黄筌这番话，真是精到之极。我们看欧洲的名画名雕，也常常领略得一二。试想，画一个人，何以能全身气力，都赶到一个指头上，何以内行的人，一看便看得出来，那别部分的配置照应，当然有很严正的理法藏在里头，非有极明晰极致密的科学头脑恐怕画也画不成，看也看不到，这又是美术和科学不能分离的证据。

现在国内有志学问的人，都知道科学之重要，不能不说是学界极好的新气象，但还有一种误解，应该匡正，一般人总以为研究科学，必要先有一个极大的化验室，各种仪器具备，才能着手。化验室仪器，为研究科学最利便的工具，自无待言，但以为这种设备没有完成以前，就绝对的不能研究科学，那可大错了。须知仪器是科学的产物，科学不是仪器的产物。若说没有仪器便没有科学，试想欧洲没有仪器以前，科学怎么会跳出来？即如达温奇的时代，可有什么仪器呀，何以他能成为科学家不祧之祖？须知科学最大能事，不外善用你的五官和脑筋。五官脑筋，便是最复杂最灵妙的仪器。老实说一句，科学根本精神，全在养成观察力。养成观察力的法门，虽然很多，我想，没有比美术再直捷了，因为美术家所以成功，全在观察"自然之美"。怎样才能看得出自然之美？最要紧是观察"自然之真"。能观察自然之真，不惟美术出来，连科学也出来了。所以美术可以算得科学的金钥匙。

我对于美术科学都是门外汉，论理很不该饶舌，但我从历史上看来，觉得这两桩事确有"相得益彰"的作用。贵校是唯一的国立美术学校，他的任务，不但在养成校内一时的美术人才，还要把美育的基础，筑造得巩固，把美育的效率，发挥得加大。校中职教员学生诸君，既负此绝大责任，那么，目前的修养和将来的传述，都要从远者大者着想。我希望诸君，常常提起精神，把自己的观察力养得十分致密十分猛利十分深刻，并把自己体验得来的观察方法，传与其人，令一般人都能领会都能应用。孟子说："能与人规矩，不能使人巧。"遵用好的方法，能否便成一位大艺术家，这是属于"巧"的方面，要看各人的天才，就美术教育的任务说，最要紧是给被教育的人一个"规矩"，像中国旧话说的"可以意会，不可以言传"，那么，任凭各人乱碰上去也罢了，何必立这学校？若是拿几幅标本画临摹临摹，便算毕业，那么一个画匠犹为之，又何必借国家之力呢？我想国立美术学校的精神旨趣，当然不是如此，是要替美术界开辟出一条可以人人共由之路，而且令美术和别的学问可以相沟通相浚发。我希望中国将来有"科学化的美术",有"美术化的科学"。我这种希望的实现,就靠贵校诸君。

（1922 年 4 月 15 日北京美术学校讲演稿。
原刊《梁任公学术讲演集》第一辑,商务印书馆 1922 年版。）

精彩一句:

热心和冷脑相结合是创造第一流艺术品的主要条件。

金雅品鉴:

这篇文章讨论的是美与真的关系。中国古典美学强调美与善的统一,最有名的是孔子"尽善尽美"的命题。中国现代美学的理论意识,直接受到西方经典美学的影响,特别是康德知（真）情（美）意（善）三维构架的思辨体系。本文讨论的"真美合一"的命题,显现出中国美学由古典走向现代的轨迹。

文章没有简单看待美与真的关系,而是着意于寻找美术和科学融通的秘密隧道。任公提出,艺术活动应观察在前,但须兴味和专注助之;描写事物特性为要,关键须抓住各人情感的特色;周遍精密不可缺少,更重要的是深刻。那么,如何才能深刻?任公举了文与可论画竹的方法,必先成竹于胸,再振笔直遂,一气呵成。

任公认为,艺术创造的至境,很含有神秘性;须艺术家在未动工以前,先把那件事物的整个实在完全摄取,一攫攫住它的生命,霎时间和主体自己的生命迸合为一;这是在理性范围之外,透入深处。

全文虽是在讲求美先从求真入手,但始终没有离开情感与生命。文章结尾,任公提出,希望中国将来有"科学化的美术",有"美术化的科学"。

敬业与乐业

　　我这题目，是把《礼记》里头"敬业乐群"和《老子》里头"安其居乐其业"那两句话断章取义造出来。我所说是否与《礼记》《老子》原意相合，不必深求；但我确信"敬业""乐业"四个字，是人类生活不二法门。

　　本题主眼，自然是在"敬"字"乐"字。但必先有业，才有可敬可乐的主体，理至易明。所以在讲演正文以前，先要说说有业之必要。

　　孔子说："饱食终日，无所用心，难矣哉！"又说："群居终日，言不及义，好行小慧，难矣哉！"孔子是一位教育大家，他心目中没有什么人不可教诲，独独对于这两种人便摇头叹气说道："难！难！"可见人生一切毛病都有药可医，惟有无业游民，虽大圣人碰着他，也没有办法。

　　唐朝有一位名僧百丈禅师，他常常用两句格言教训弟子，说道："一日不做事，一日不吃饭。"他每日除上堂说法之外，还要自己扫地、擦桌子、洗衣服，直到八十岁日日如此。有一回他的门生想替他服劳，把他本日应做的工悄悄地都做了，这位言行相顾的老禅师，老实不客气，那一天便绝对的不肯吃饭！

　　我征引儒门佛门这两段话，不外证明人人都要正当职业，人人都要不断的劳作。倘若有人问我："百行什么为先？万恶什么为首？"我便一点不迟疑答道："百行业为先，万恶懒为首。"没有职业的懒人，简直是社会上蛀米虫，简直是"掠夺别人勤劳结果"的盗贼。我们对于这种人，是要彻底讨伐，万不能容赦的。有人说：我并不是不想找职业，无奈找不出来。我说：职业难找，原是现代全世界普通现象，我也承认。这种现象应该如何救济，别是一个问题，今日不必讨论。但以中国现在情形论，找职业的机会，依然比别国多得多。一个精力充满的壮年人，倘若不是安心躲懒，我敢信他一定能得相当职业。今日所讲，专为现在有职业及现在正做职业上预备的人——学生——说法，告诉他们对于自己现有的职业应采何种态度。

第一要敬业。敬字为古圣贤教人做人最简易直捷的法门，可惜被后来有些人说得太精微，倒变了不适实用了。惟有朱子解得最好，他说"主一无适便是敬"。用现在的话讲：凡做一件事便忠于一件事，将全副精力集中到这事上头，一点不旁骛，便是敬。业有什么可敬呢？为什么该敬呢？人类一面为生活而劳动，一面也是为劳动而生活。人类既不是上帝特地制来充当消化面包的机器，自然该各人因自己的地位和才力，认定一件事去做。凡可以名为一件事的，其性质都是可敬。当大总统是一件事，拉黄包车也是一件事。事的名称，从俗人眼里看来有高下。事的性质，从学理上解剖起来并没有高下。只要当大总统的人信得过我可以当大总统才去当，实实在在把总统当作一件正经事来做；拉黄包车的人信得过我可以拉黄包车才去拉，实实在在把拉车当作一件正经事来做；便是人生合理的生活。这叫做职业的神圣。凡职业没有不是神圣的，所以凡职业没有不是可敬的。惟其如此，所以我们对于各种职业，没有什么分别拣择。总之人生在世是要天天劳作的，劳作便是功德，不劳作便是罪恶。至于我该做哪一种劳作呢？全看我的才能何如境地何如。因自己的才能境地做一种劳作做到圆满，便是天地间第一等人。

怎样才能把一种劳作做到圆满呢？唯一的秘诀就是忠实，忠实从心理上发出来的便是敬。《庄子》记痀偻丈人承蜩的故事，说道："虽天地之大，万物之多，而惟吾蜩翼之知。"凡做一件事，便把这件事看作我的生命，无论别的什么好处，到底不肯牺牲我现做的事来和他交换。我信得过我当木匠的做成一张好桌子，和你们当政治家的建设成一个共和国家同一价值。我信得过我当挑粪的把马桶收拾得干净，和你们当军人的打胜一支压境的敌军同一价值。大家同是替社会做事，你不必羡慕我，我不必羡慕你。怕的是我这件事做得不妥当，便对不起这一天里头所吃的饭。所以我做事的时候，丝毫不肯分心到事外。曾文正说："坐这山，望那山，一事无成。"我从前看见一位法国学者著的书，比较英、法两国国民性，他说："到英国人公事房里头，只看见他们埋头执笔做他的事，到法国人公事房里头，只看见他们衔着烟卷像在那里出神。英国人走路，眼注地上，像用全副精神注在走路上。法国人走路，总是东张西望，像不把走路当一回事。"这些话比较得是否确切，姑且不论，但很可以为敬业两个字下注脚。若果如他们所说，英国人便是敬，法国人便是不敬。一个人对于自己的职业不敬，从学理方面说，便亵渎职业之神圣；从事实方面说，一定把实情做糟了，结果自己害自己。所以敬业主义，于人生最为必要，又于人生最为有利。庄子说："用志不纷，乃凝于神。"孔子说："素其位而行，不愿乎其外。"我说的敬业，不外这些道理。

第二要乐业。"做工好苦呀！"这种叹气的声音，无论何人都会常在口边流露出来。但我要问他："做工苦，难道不做工就不苦吗？"今日大热天气，我在这里喊破喉咙来讲，诸君扯直耳朵来听，有些人看着我们好苦。翻过来，倘若我们去赌钱去吃酒，还不是一样的淘神费力？难道又不苦？须知苦乐全在主观的心，不在客观的事。人生从出胎的那一秒钟起到咽气的那一秒钟止，除了睡觉以外，总不能把四肢五官都搁起不用。只要一用，不是淘神，便是费力，劳苦总是免不掉的。会打算盘的人只有从劳苦中找出快乐来。我想天下第一等苦人，莫过于无业游民，终日闲游浪荡，不知把自己的身子和心子摆在哪里才好，他们的日子真难过。第二等苦人，便是厌恶自己本业的人，这件事分明不能不做，却满肚子里不愿意做，不愿意做逃得了吗？到底不能，结果还是皱着眉头哭丧着脸做去，这不是专门自己替自己开玩笑吗？我老实告诉你一句话：凡职业都是有趣味的，只要你肯继续做下去，趣味自然会发生。为什么呢？第一，因为凡一件职业，总有许多层累曲折，倘能身入其中，看他变化进展的状态，最为亲切有味。第二，因为每一职业之成就，离不了奋斗。一步一步的奋斗前去，从刻苦中得快乐，快乐的分量加增。第三，职业的性质，常常要和同业的人比较骈进，好像赛球一般，因竞胜而得快乐。第四，专心做一职业时，把许多游思妄想杜绝了，省却无限闲烦恼。孔子说："知之者不如好之者，好之者不如乐之者。"人生能从自己职业中领略出趣味，生活才有价值。孔子自述生平，说道："其为人也，发愤忘食，乐以忘忧，不知老之将至云尔。"这种生活，真算得人类理想的生活了。

我生平最受用的有两句话，一是"责任心"，二是"趣味"。我自己常常力求这两句话之实现与调和，又常常把这两句话向我的朋友强聒不舍。今天所讲，敬业即是责任心，乐业即是趣味。我深信人类合理的生活总该如此；我盼望诸君和我同一受用。

（1922 年 8 月 14 日上海中华职业学校讲演稿。
原刊《时事新报·学灯》1922 年 8 月 18 日。）

精彩一句：

人生能从自己职业中领略出趣味，生活才有价值。

金雅品鉴：

本文讨论劳作与人的理想生活的关系问题。任公明确讲，敬业与乐业，是人类生活的不二法门。文章说的道理很浅白，但读过的人，应有深深的触动。

劳作是任公界定的四大人生趣味主体之一，也是人人都必然涉及的趣味主体。任公认为，人类合理的和理想的生活，必须解决劳作如何真正转化为趣味的问题。他提出的解决路径是，须先敬其，然后乐其。

文章中有许多特别简朴又深邃的哲言。如：人类不是上帝特地制来充当消化面包的机器；凡职业没有不是神圣的；因自己的才能境地做一种劳作做到圆满，便是天地间第一等人；我信得过我当木匠的做成一张好桌子，和你们当政治家的建设成一个共和国家同一价值；天下第一等苦人，莫过于无业游民，终日闲游浪荡，不知把自己的身子和心子摆在哪里才好；第二等苦人，便是厌恶自己本业的人，这件事分明不能不做，却满肚子里不愿意做。

　　文章的结论是，凡职业都是有趣味的，看你是否能坚持并得以领略。文中列举了职业的四种具体趣味：一是职业之曲折进展之趣，二是职业之奋斗前行之趣，三是职业之骈进竞胜之趣，四是职业之专心致志之趣。

为学与做人

　　诸君，我在南京讲学将近三个月了。这边苏州学界里头，有好几回写信邀我。可惜我在南京是天天有功课的，不能分身前来。今天到这里，能够和全城各校诸君聚在一堂，令我感激得很。但有一件，还要请诸君原谅，因为我一个月以来，都带着些病，勉强支持，今天不能作很长的讲演，恐怕有负诸君期望哩。

　　问诸君："为甚么进学校？"我想人人都会众口一辞的答道："为的是求学问。"再问："你为什么要求学问？""你想学些什么？"恐怕各人的答案就很不相同，或者竟自答不出来了。诸君啊，我请替你们总答一句罢："为的是学做人！"你在学校里头学的什么数学、几何、物理、化学、生理、心理、历史、地理、国文、英语，乃至什么哲学、文学、科学、政治、法律、经济、教育、农业、工业、商业等等，不过是做人所需要的一种手段，不能说专靠这些便达到做人的目的。任凭你把这些件件学得精通，你能够成个人不能成个人还是别问题。

　　人类心理，有知、情、意三部分。这三部分圆满发达的状态，我们先哲名之为"三达德"——智，仁，勇。为什么叫做"达德"呢？因为这三件事是人类普通道德的标准。总要三件具备才能成一个人。三件的完成状态怎么样呢？

孔子说："知者不惑，仁者不忧，勇者不惧。"所以教育应分为知育、情育、意育三方面。——现在讲的智育、德育、体育，不对。德育范围太笼统，体育范围太狭隘。——知育要教到人不惑，情育要教到人不忧，意育要教到人不惧。教育家教学生，应该以这三件为究竟；我们自动的自己教育自己，也应该以这三件为究竟。

怎么样才能不惑呢？最要紧是养成我们的判断力。想要养成判断力，第一步，最少须有相当的常识。进一步，对于自己要做的事须有专门智识。再进一步，还要有遇事能断的智慧。假如一个人连常识都没有，听见打雷，说是雷公发威；看见月蚀，说是虾蟆贪嘴。那么，一定闹到什么事都没有主意，碰着一点疑难问题，就靠求神问卜看相算命去解决。真所谓"大惑不解"，成了最可怜的人了。学校里小学中学所教，就是要人有了许多基本的常识，免得凡事都暗中摸索。但仅仅有这点常识还不够。我们做人，总要各有一件专门职业。这门职业，也并不是我一人破天荒去做，从前已经许多人做过。他们积了无数经验，发见出好些原理原则，这就是专门学识。我打算做这项职业，就应该有这项专门学识。例如我想做农吗？怎样的改良土壤，怎样的改良种子，怎样的防御水旱病虫……等等，都是前人经验有得成为学识的。我们有了这种学识，应用他来处置这些事，自然会不惑；反是则惑了。做工做商……等等都各各有他的专门学识，也是如此。我想做财政家吗？何种租税可以生出何样结果，何种公债可以生出何样结果……等等，都是前人经验有得成为学识的。我们有了这种学识，应用他来处置这些事，自然会不惑；反是则惑了。教育家军事家……等等都各各有他的专门学识，也是如此。我们在高等以上学校所求的智识，就是这一类。但专靠这种常识和学识就够吗？还不能。宇宙和人生是活的不是呆的，我们每日所碰见的事理是复杂的变化的不是单纯的印板的。倘若我们只是学过这一件才懂这一件，那么，碰着一件没有学过的事来到跟前，便手忙脚乱了。所以还要养成总体的智慧才能得有根本的判断力。这种总体的智慧如何才能养成呢？第一件，要把我们向来粗浮的脑筋，着实磨练他，叫他变成细密而且踏实。那么，无论遇着如何繁难的事，我都可以彻头彻尾想清楚他的条理，自然不至于惑了。第二件，要把我们向来昏浊的脑筋，着实将养他，叫他变成清明。那么，一件事理到跟前，我才能很从容很莹澈的去判断他，自然不至于惑了。

以上所说常识学识和总体的智慧，都是智育的要件。目的是教人做到知者不惑。

怎么样才能不忧呢？为什么仁者便会不忧呢？想明白这个道理，先要知道中国先哲的人生观是怎么样。"仁"之一字，儒家人生观的全体大用都包在里头。"仁"到底是什么？很难用言语说明。勉强下个解释，可以说是"普遍人格之实现"。孔子说："仁者人也。"意思说是人格完成就叫做"仁"。但我们要知道：人格不是单独一个人可以表见的，要从人和人的关系上看出来。所以仁字从二人，郑康成解他做"相人偶"。总而言之，要彼我交感互发，成为一体，然后我的人格才能实现。所以我们若不讲人格主义，那便无话可说。讲到这个主义，当然归宿到普遍人格。换句话说：宇宙即是人生，人生即是宇宙，我的人格，和宇宙无二无别。体验得这个道理，就叫做"仁者"。然则这种仁者为甚么就会不忧呢？大凡忧之所从来，不外两端，一曰忧成败，二曰忧得失。我们得着"仁"的人生观，就不会忧成败。为什么呢？因为我们知道宇宙和人生是永远不会圆满的，所以《易经》六十四卦，始"乾"而终"未济"。正为在这永远不圆满的宇宙中，才永远容得我们创造进化。我们所做的事，不过在宇宙进化几万万里的长途中，往前挪一寸两寸，哪里配说成功呢？然则不做怎么样呢？不做便连这一寸两寸都不往前挪，那可真真失败了。"仁者"看透这种道理，信得过只有不做事才算失败，肯做事便不会失败。所以《易经》说："君子以自强不息。"换一方面来看，他们又信得过凡事不会成功的，几万万里路挪了一两寸，算成功吗？所以《论语》说："知其不可而为之。"你想，有这种人生观的人，还有什么成败可忧呢？再者，我们得着"仁"的人生观，便不会忧得失。为什么呢？因为认定这件东西是我的，才有得失之可言。连人格都不是单独存在，不能明确的画出这一部分是我的，那一部分是人家的。然则哪里有东西可以为我所得？既已没有东西为我所得，当然也没有东西为我所失。我只是为学问而学问，为劳动而劳动，并不是拿学问劳动等等做手段来达某种目的——可以为我们"所得"的。所以老子说："生而不有，为而不恃"；"既以为人己愈有，既以与人己愈多"。你想，有这种人生观的人，还有什么得失可忧呢？总而言之，有了这种人生观，自然会觉得"天地与我并生，而万物与我为一"，自然会"无入而不自得"。他的生活，纯然是趣味化艺术化。这是最高的情感教育，目的教人做到仁者不忧。

怎么样才能不惧呢？有了不惑不忧功夫，惧当然会减少许多了。但这是属于意志方面的事。一个人若是意志力薄弱，便有很丰富的智识，临时也会用不着，便有很优美的情操，临时也会变了卦。然则意志怎么才会坚强呢？头一件须要心地光明。孟子说："浩然之气，至大至刚。行有不慊于心，则馁矣。"又说："自反而不缩，虽褐宽博，吾不惴焉；自反而缩，虽千万人，吾往矣。"俗语说得好："生平不做亏心事，夜半敲门也不惊。"一个人要保持勇气，须要从一切行为可以公开做起，这是第一著。第二件要不为劣等欲望之所牵制。《论语》记："子曰：吾未见刚者。或对曰：申枨。子曰：枨也欲，焉得刚？"一被物质上无聊的嗜欲东拉西扯，那么，百炼刚也会变为绕指柔了。总之一个人的意志，由刚强变为薄弱极易，由薄弱返到刚强极难。一个人有了意志薄弱的毛病，这个人可就完了。自己作不起自己的主，还有什么事可做？受别人压制，做别人奴隶，自己只要肯奋斗，终须能恢复自由。自己的意志做了自己情欲的奴隶，那么，真是万劫沉沦，永无恢复自由的余地，终生畏首畏尾，成了个可怜人了。孔子说："和而不流，强哉矫；中立而不倚，强哉矫；国有道，不变塞焉，强哉矫；国无道，至死不变，强哉矫。"我老实告诉诸君说罢，做人不做到如此，决不会成一个人。但做到如此真是不容易，非时时刻刻做磨练意志的工夫不可。意志磨练得到家，自然是看着自己应做的事，一点不迟疑，扛起来便做，"虽千万人吾往矣"。这样才算顶天立地做一世人，绝不会有藏头躲尾左支右绌的丑态。这便是意育的目的，要教人做到勇者不惧。

我们拿这三件事作做人的标准。请诸君想想，我自己现时做到哪一件——哪一件稍为有一点把握。倘若连一件都不能做到，连一点把握都没有，嗳哟，那可真危险了！你将来做人恐怕就做不成。讲到学校里的教育吗？第二层的情育第三层的意育，可以说完全没有，剩下的只有第一层的知育。就算知育罢，又只有所谓常识和学识，至于我所讲的总体智慧靠来养成根本判断力的，却是一点儿也没有。这种"贩卖智识杂货店"的教育，把他前途想下去，真令人不寒而慄！现在这种教育，一时又改革不来，我们可爱的青年，除了他更没有可以受教育的地方。诸君啊！你到底还要做人不要？你要知道危险呀！非你自己抖擞精神想方法自救，没有人能救你呀！

诸君啊！你千万别要以为得些断片的智识，就算是有学问呀。我老实不客气告诉你罢，你如果做成一个人，智识自然是越多越好；你如果做不成一个人，智识却是越多越坏。你不信吗？试想想全国人所唾骂的卖国贼某人某人，是有智识的呀，还是没有智识的呢？试想想全国人所痛恨的官僚政客——专门助军阀作恶鱼肉良民的人，是有智识的呀，还是没有智识的呢？诸君须知道啊：这些人当十几年前在学校的时代，意气横厉，天真烂漫，何尝不和诸君一样？为什么就会堕落到这样田地呀？屈原说的："何昔日之芳草兮，今直为此萧艾也！岂其有他故兮，莫好修之害也。"天下最伤心的事，莫过于看着一群好好的青年，一步一步的往坏路上走。诸君猛醒啊！现在你所厌所恨的人，就是你前车之鉴了。

诸君啊！你现在怀疑吗？沉闷吗？悲哀痛苦吗？觉得外边的压迫你不能抵抗吗？我告诉你：你怀疑和沉闷，便是你因不知才会惑。你悲哀痛苦，便是你因不仁才会忧。你觉得你不能抵抗外界的压迫，便是你因不勇才有惧。这都是你的知情意未经过修养磨练，所以还未成个人。我盼望你有痛切的自觉啊！有了自觉，自然会自动。那么，学校之外，当然有许多学问，读一卷经，翻一部史，到处都可以发见诸君的良师呀！

诸君啊！醒醒罢！养足你的根本智慧，体验出你的人格人生观，保护好你的自由意志。你成人不成人，就看这几年哩！

（1922 年 12 月 27 日苏州学生联合会讲演稿。
原刊《晨报副镌》1923 年 1 月 15 日。）

精彩一句：

宇宙即是人生，人生即是宇宙，我的人格，和宇宙无二无别。体验得这个道理，就叫做"仁者"。

金雅品鉴：

本文的核心是讨论学习和成人的关系问题。文章尖锐指出，求学问的目的是学做人。学问件件精通，不等于即能成人。

任公说，你如果做成一个人，智识自然是越多越好；你如果做不成一个人，智识却是越多越坏。成不成人的基本标准，是知、情、意三部分须圆满发达，即三件具备才能成一个人。教育乃教人教己，知育是要教到人不惑，情育是要教到人不忧，意育是要教到人不惧。

文章具体提出：智育须洞透常识——智识——智慧三个层层递进的层次。情育须体得宇宙人生始"乾"而终"未济"的道理，在不忧成败不执得失中，达成为学问而学问、为劳动而劳动的趣味化、艺术化的境界。意育须导人心地光明，不为劣等欲望所制。

文章痛斥时下教育之情育意育的缺位，剩下的知育也只有常识和智识，而缺乏智慧的涵育。任公慨叹：这种"贩卖智识杂货店"的教育，把它前途想下去，真令人不寒而栗！以任公之诤言，观今日之教育，仍足令人警醒！

甚么是"我"

奇怪！谁不知道我就是我？要你来问？你这个题目就好生不通呀。

诸君别忙，听我说来。当初有人问我这句话，我何尝不是拿手指着鼻子冲口而出的答应道"我就是我"。后来经多少年仔细看来，从前我叫做"我"的，渐渐觉得不像是"我"，从前不叫做"我"的，倒有些很像是"我"。把我越闹越糊涂起来，跟着就烦闷起来了。所以如今要拿这不通的题目，向诸君请教请教。

寻常人叫做"我"的，自然是指这肉体。这肉体到底是我不是呢？佛世尊说的好："我今此身，四大和合。发毛爪齿皮肉筋骨髓脑垢色，皆归于地。唾涕脓血津液涎沫痰泪精气大小便利，皆归于水。暖气归火，动转归风。四大各离，今者妄身当在何处？"诸君别要因为我是信仰佛教的人笑我说话总带些宗教臭味。其实这种道理，拿极普通极粗浅的科学，都可以证明。如今中小学校稍肯用功的学生，哪一个不知道人身是数十种原质和合而成；哪一个不知道人身内有无量无数细胞，个个细胞，都有他的知觉运动；哪一个不知道我们身上的骨肉精血新陈代谢，现时身上所含物质，不到一个来复便蜕换净尽，全然变了一种新物质。这样看来，我们若是拿这一层皮包着几十斤肉的那件东西叫做是我，那么几十种原质便可以变成几十个我，几万万的细胞便可以变成几万万个我，一个来复以前的我，便全然不是一个来复以后的我，说来说去，还不是把这个我闹得没有了吗？两三岁的小孩，他每每把他的鞋咧帽咧衣服咧玩具咧，看着和他的眼耳口鼻手足一样，认成他的我体之一部分。到长大了，智识渐开扩，观念渐明了，才能将身体和身体的附属物生出一种分别来。但再想深一层，那将身体的附属物认做我的固然可怜，就是将身体认做我的也何尝不可笑。这皮囊里头几十斤肉，原不过是我几十年间借住的旅馆。那四肢五官，不过是旅馆里头应用的器具。自然另外还有个住旅馆的人使用器具的人，这个总算是我。那旅馆和器具，不是我，只是物。《孟子》里头有"物交物则引之而已矣"这两句话，最说得好。他上一个"物"字指的是身外之物，下一个"物"字就指的是五官四体。（他上文说：耳目之官不思而蔽于物。故知下"物"字即指耳目之官了。）这蠢蠢然几十斤重的一件物，何尝是我来。因为我们一向硬说他是我，所以尽着奉承他袒护他。因为他的肮脏，倒带累了我的纯洁。因为他的快乐，倒作成了我的苦恼。这就是我中国古书说的"小人役于物"，亦即是佛经说的"认贼为子"，也即是和那小孩子把鞋帽玩物等等认做我的差不多一般见识。我们从今以后再不要上当说他是我了。但他既然不是我，我却跑到哪里去了呢？

因甚么有这"我"字，不是"人"字的对待名词吗？没有别人，怎显得出有我？可见"我自己"和"别人"这两个观念，分明是对抗的了。但说也奇怪，无论甚么人，口里心里，常常拿别人当做"我"。你不信吗，我们口里头不但有一个"我"字，还有"我们"这两个字。这"我们"两个字，便是拉了别人来做"我"的一部分。好像没有添入别人，这个"我"就不能圆满。是不是呢？但讲到"我们"这范围可就广了。两个人也算"我们"，一家八口，也算"我们"，和几十几百人偶然凑集在一处，也算"我们"，合几千万人在一个学问的或宗教的或慈善的或政治的团体里头，也算"我们"，合几万万人在一个国家里头，也算"我们"，乃至合全世界所有人类，也算"我们"，乃至和过去几千年以前的人，和将来几千年以后的人，也算"我们"。"我"的观念和"别人"的观念，不消说是显然有分别。却是"我"的观念和"我们"的观念，要清清楚楚画个界限，可就难了。譬如说我身我家我国，这些是属于"我的"呢，还是属于"我们的"呢？身自然可以说是我的身，家便不能不说是我们的家，国便不能不说是我们的国。又如说我妻我子，妻自然该说是我的妻，子便不能不说是我们的子。若要严格的讲，单是我才叫做我，"我们"便不叫做我。这"我"字的范围，那就迫窄得很，恐怕就要变成"无我"了。其实人人心目中的"我"字，并非从这等狭义的解释。"我们"就是"我"，却是一般人向来所公认。试把最浅近的例来说明：刚才所讲我妻我子两个观念，谁能说他有轻重亲疏的分别。不惟如是，就是我身我家这两个观念，在普通一般人心中，也并未尝有甚么轻重亲疏的分别。这样说来，"我"字的意义，并非不许有别人添在里头，而且十有九非把别人添在里头不可。这却甚么缘故呢？

唉！真真叫我烦闷！真真叫我惊疑！我这宝贝似的几十斤肉，从前一口咬定说他是我。算来算去，的确不是我了。摆在面前这许多人，分明是个别人。忽然和他一个拼起来变成个"我"，忽然和他几个拼起来变成个"我"，忽然和他几十几百几千几万几万万个拼起来变成个"我"，忽然和普天之下往古来今所有的人都拼起来变成个"我"。这是从何说起，到底世界上还有这个"我"没有呢？若说还有，毕竟甚么样才叫做"我"呢？

诸君见谅，小子学识浅陋，实在还够不上彻底解释这个问题，但我想这个"我"字，本来是和客观对待生出来主观的一种抽象名词。既已属于主观的，自然各人各人的主观不同，各人心中"我"字的意义，自然该千差万别。所以小孩的"我"，和成人的"我"，截然两样。俗人的"我"，和豪杰的"我"，和圣贤的"我"，截然两样。"我"的分量大小，和那人格的高下，文化的浅深，恰恰成个比例。譬如最劣等的人，他简直光拿皮囊里几十斤肉当做"我"，余外都不算是我，所以他的行为，就成了一种极端利己主义，甚么罪恶都做出来。稍高等的，他的"我"便扩大了，就要拉别人来做"我"的一部分。即如最普通的妇人，他会把他儿子看成和他一样，儿子欢喜他便欢喜，儿子苦痛他便苦痛，儿子病他愿意替他病，儿子死他愿意替他死。这儿子不是显然别一个人吗？却是普天下做母亲的，向来就没有把儿子当作"他"，只是将儿子和自己拼起来合成一个"我"。据伦理学的普通学说，都说有利我利他两种道德。那母亲爱护儿子，你说是利他呀还是利我呢？其实还是利我，不过"我"的范围放大便了。他为甚么会把他这"我"的范围放大呢？并不是靠甚么教育，更没有丝毫勉强，因为我的分量，本来不是孤丁丁的一个肉体就可以圆满的，总要拉别人来做

"我"的一部分，这个"我"才觉得舒帖。那孝子为甚么孝父母，因为他实实在在把父母和自己拼成了一个"我"。兄弟夫妇为甚么亲爱，因为兄和弟、夫和妇实实在在拼成了一个"我"。寻常人为甚么个个都会爱家，因为他实实在在觉得这家变成了一个"我"，将这家剔去，他觉得他的"我"便不完全了。有教育的国民，为甚么个个都会爱国，因为他实实在在觉得这国变成了一个"我"，将这国剔去，他觉得他的"我"便不完全了。再进一层讲到绝顶高尚的道德。孟子说的"禹思天下有溺者犹己溺，稷思天下有饥者犹己饥"，佛菩萨说的"有一众生不成佛者我誓不成佛"，须知这并不是大言欺人，他实实在在觉得天下众生都变成了一个"我"，像母亲看待儿子一般，有同命一体不可离的关系，便要不爱他，能够不爱吗？我们听见国民一体、众生一体这些话，总觉得大而无当，以为各人分明有各人的别体，如何能把他合成一体，殊不知母子一体，家人一体，都是眼面前有凭有据的事实。这还不是把两个或几个的别体合成一体吗？有何奇特？两个或几个别体合得来，为甚么几千几万个别体就合不来呢？其实拼合许多人才成个"我"，乃是"真我"的本来面目。为甚么呢？因为这个"我"本来是个超越物质界以外的一种精神记号。这种精神，本来是普遍的。这一个人的"我"和那一个人的"我"，乃至和其他同时千千万万人的"我"，乃至和往古来今无量无数人的"我"，性质本来是同一。不过因为有皮囊里几十斤肉那件东西把他隔开，便成了这是我的"我"，那是他的"我"。然而这几十斤肉隔不断的时候，实到处发现，碰著机会，这同性质的此"我"彼"我"，便拼合起来。于是于原有的旧"小我"之外，套上一层新的"大我"。再加扩充，再加拼合，又套上一层更大的"大我"。层层扩大的套上去，一定要把横尽处空竖尽来劫的"我"合为一体，这才算完全无缺的"真我"，这却又可以叫做"无我"了。孟子说的"万物皆尽于我"，佛说的"一切众生同一佛性"，就是这个道理。

然则"甚么是我"这问题到底怎么解答呢？我还是依著诸君所说的答道"我就是我"。若再要我下一转语来，我便答道"无我就是我"。

（原刊《时事新报·学灯》1918年12月20日。）

精彩一句：

拼合许多人才成个"我"，乃是"真我"的本来面目。

金雅品鉴：

任公论美，乃为大美。这种美论，是任公美学思想最核心最具特色的观念，也是中华人生论美学的理论基石和区别于西方经典理论美学的学理基础之一。

美学与哲学密不可分。中西美学观念的不同，源自哲学观念的差别。中华美学的大美观，不以美论美，也不局限于从艺术谈美，而是将审美、艺术、人生相统一，它的哲学基础始自知、情、意的勾连，终至真、善、美的交融。所以，人生论美学的视野是由艺术通向人生的，它在人生、艺术、审美中自由出入，以艺术和审美来洞明人生。

本文将哲思的目光落在"我"上，以"我"之洞透，化生命之境，蕴大美之致。文章提出了"我"和"我们"、小孩的"我"和成人的"我"、俗人的"我"和豪杰的"我"、圣贤的"我"的对举辨析，从"小我"到"真我"、"大我"、"无我"，层层递进勾连，最终得出了"无我就是我"的结论。这篇文章虽以"我"入论，但其旨趣，与本书首篇《"知不可而为"主义与"为而不有"主义》，实有异曲同工之妙。

惟心

境者心造也。一切物境皆虚幻，惟心所造之境为真实。同一月夜也，琼筵羽觞，清歌妙舞，绣帘半开，素手相携，则有余乐。劳人思妇，对影独坐，促织鸣壁，枫叶绕船，则有余悲。同一风雨也，三两知己，围炉茅屋，谈今道故，饮酒击剑，则有余兴。独客远行，马头郎当，峭寒侵肌，流潦妨毂，则有余闷。"月上柳梢头，人约黄昏后"，与"杜宇声声不忍闻，欲黄昏，雨打梨花深闭门"，同一黄昏也，而一为欢愍，一为愁惨，其境绝异。"桃花流水杳然去，别有天地非人间"，与"人面不知何处去，桃花依旧笑春风"，同一桃花也，而一为清净，一为爱恋，其境绝异。"舳舻千里，旌旗蔽空，酾酒临江，横槊赋诗"，与"浔阳江头夜送客，枫叶荻花秋瑟瑟。主人下马客在船，举酒欲饮无管弦"，同一江也，同一舟也，同一酒也，而一为雄壮，一为冷落，其境绝异。然则天下岂有物境哉，但有心境而已。戴绿眼镜者所见物一切皆绿，戴黄眼镜者所见物一切皆黄。口含黄连者所食物一切皆苦，口含蜜饴者所食物一切皆甜。一切物果绿耶果黄耶果苦耶果甜耶？一切物非绿非黄非苦非甜，一切物亦绿亦黄亦苦亦甜，一切物即绿即黄即苦即甜。然则绿也黄也苦也甜也，其分别不在物而在我。故曰三界惟心。

有二僧因风飏刹幡，相与对论。一僧曰风动，一僧曰幡动，往复辨难无所决。六祖大师曰：非风动，非幡动，仁者心自动。任公曰：三界惟心之真理，此一语道破矣。天地间之物一而万万而一者也。山自山，川自川，春自春，秋自秋，风自风，月自月，花自花，鸟自鸟，万古不变，无地不同。然有百人于此，同受此山此川此春此秋此风此月此花此鸟之感触，而其心境所现者百焉。千人同受此感触，而其心境所现者千焉。亿万人乃至无量数人同受此感触，而其心境所现者亿万焉，乃至无量数焉。然则欲言物境之果为何状，将谁氏之从乎？仁者见之谓之仁，智者见之谓之智，忧者见之谓之忧，乐者见之谓之乐。吾之所见者，即吾所受之境之真实相也。故曰惟心所造之境为真实。

然则欲讲养心之学者，可以知所从事矣。三家村学究，得一第，则惊喜失度，自世胄子弟视之何有焉？乞儿获百金于路，则挟持以骄人，自富豪家视之何有焉？飞弹掠面而过，常人变色，自百战老将视之何有焉？一箪食，一瓢饮，在陋巷，人不堪其忧，自有道之士视之何有焉？天下之境，无一非可乐可忧可惊可喜者，实无一可乐可忧可惊可喜者。乐之忧之惊之喜之，全在人心。所谓"天下本无事，庸人自扰之"。境则一也，而我忽然而乐，忽然而忧，无端而惊，无端而喜，果胡为者？如蝇见纸窗而竞钻，如猫捕树影而跳掷，如犬闻风声而狂吠，扰扰焉送一生于惊喜忧乐之中，果胡为者？若是者谓之知有物而不知有我。知有物而不知有我，谓之我为物役，亦名曰心中之奴隶。

是以豪杰之士，无大惊，无大喜，无大苦，无大乐，无大忧，无大惧。其所以能如此者，岂有他术哉？亦明三界唯心之真理而已，除心中之奴隶而已。苟知此义，则人人皆可以为豪杰。

（1899 年作。原刊《清议报》1900 年 3 月 1 日第 37 册。）

精彩一句：

知有物而不知有我，谓之我为物役，亦名曰心中之奴隶。

金雅品鉴:

任公是一个高度重视主观能动作用的思想家。本文的标题就是"惟心",由"境者心造"入,"除心中之奴隶"出。

任公说,一切物境皆虚幻,惟心所造之境为真实。以心为创造之本源,第一、二、三段,均为此举证。这个观点,有人赞同,有人反对。若以哲学的唯物唯心论,应该归入唯心一脉了。

此文影响甚广。但大多读者只以此来论艺术审美的特点特征,少有看到任公是由艺术境界到人生境界,最后是谈要超越"知有物而不知有我"的"我为物役"的状态。这才是全文的眼。也正是在这一点上,此文亦是人生论美学的妙文之一。

烟士披里纯（INSPIRATION）

人常欲语其胸中之秘密，或有欲语而语之者，或有欲勿语而语之者，虽有有心无心之差别，而要之胸中之秘密，决不长隐伏于胸中，不显于口，则显于举动，不显于举动，则显于容貌。《记》曰：夫微之显，诚之不可掩如此乎？吁！可畏哉！盖人有四肢五官，皆所以显人心中之秘密，即肢官者，人心之间谍也，告白也，招牌也，其额蹙蹙，其容悴悴者，虽强为欢笑，吾知其有忧；其笑在涡，其轩在眉者，虽口说无聊，吾知其有乐。盖其胸中之秘密，有欲自抑而不能抑，直透出此等之机关以表白于大庭广众者。述怀何必三寸之舌？写情何必七寸之管？乃至眼之一闪，颜之一动，手之一触，体之一运，无一而非导隐念述幽怀之绝大文章也。

西儒哈弥儿顿曰："世界莫大于人，人莫大于心。"谅哉言乎！而此心又有突如其来，莫之为而为，莫之致而至者。若是者我自忘其为我，无以名之，名之曰："烟士披里纯"（INSPIRATION）。"烟士披里纯"者，发于思想感情最高潮之一刹那顷，而千古之英雄豪杰、孝子烈妇、忠臣义士以至热心之宗教家、美术家、探险家，所以能为惊天地泣鬼神之事业，皆起于此一刹那顷，为此"烟士披里纯"之所鼓动。故此一刹那间不识不知之所成就，有远过于数十年矜心作意以为之者。尝读《史记·李广列传》云："广出猎，见草中石，以为虎。射之，中石，没羽。视之，石也。因复更射之，终不能复入石矣。"由此观之，射石没羽，非李将军平生之惯技，不过此一刹那间，如电如火，莫或使之，若或使之，曰惟"烟士披里纯"之故。马丁·路得云："我于怒时，最善祈祷，最善演说。"至如玄奘法师之一钵一锡，越葱岭，犯毒瘴，以达印度；哥仑布之一帆一楫，凌洪涛，赌生命，以寻美洲；俄儿士蔑之唱俚谣，弹琵琶，以乞食于南欧；摩西之斗蛮族，逐水草，以徘徊于沙漠；虽所求不同，所成不同，而要之皆一旦为"烟士披里纯"所感动所驱使，而求达其目的而已。卢骚尝自书其《忏悔记》后曰："余当孤筇单步旅行于世界之时，未尝知我之为我，凡旅行中所遇百事百物，皆一一鼓舞发挥我之思想，余体动，余心亦因之而动。余惟饥而食，饱而行，当时所存于余之心目中者，惟始终有一新天国，余日日思之，日日求之而已。而余一生之得力，实在于此。"云云。呜呼！以卢骚心力之大，所谓放火于欧洲亿万人心之火种，而其所成就，乃自行脚中之"烟士披里纯"得来！"烟士披里纯"之动力，诚不可思议哉！

世之历史家议论家往往曰：英雄笼络人。而其所谓笼络者，用若何之手段，若何之言论，若何之颜色，一若有一定之格式，可以器械造而印板行者。果尔，则其术既有定，所以传习其术者亦必有定，如就冶师而学锻冶，就土工而学抟埴。果尔，则习其术以学为英雄，固自易易。果尔，则英雄当车载斗量，充塞天壤，而彼刻画英雄之形状，传述英雄之伎俩者，何以自身不能为英雄？噫嘻！英雄之果为笼络人与否，吾不能知之。借曰笼络，而其所谓笼络者，决非假权术，非如器械造而印板行，盖必有所谓"烟士披里纯"者，其接于人也，如电气之触物，如磁石之引铁，有欲离而不能离者焉。赵瓯北《二十二史札记》论刘备曰："观其三顾诸葛，咨以大计，独有傅岩爱立之风。关张赵云，自少结契，终身奉以周旋，即羁旅奔逃，寄人篱下，无寸土可以立业，而数人者患难相随，别无贰志，此固数人者之忠义，而备亦必有深结其隐微而不可解者矣。"岂惟刘备？虽曹操，虽孙权，虽华盛顿，虽拿破仑，虽哥郎威儿，虽格兰斯顿，莫不皆然。彼寻常人刻画英雄之行状，下种种呆板之评论者，恰如冬烘学究之批评古文；以自家之胸臆，立一定之准绳，一若韩柳诸大家作文，皆有定规，若者为双关法，若者为单提法，若者为抑扬顿挫法，若者为波澜擒纵法，自识者视之，安有不喷饭者耶？彼古人岂尝执笔学为如此之文哉？其气充乎其中，而溢乎其貌，动乎其言，而见乎其文，而不自知也。曰惟"烟士披里纯"之故。

然则养此"烟士披里纯"亦有道乎？曰："烟士披里纯"之来也如风，人不能捕之；其生也如云，人不能攫之。虽然，有可以得之之道一焉，曰至诚而已矣。更详言之，则捐弃百事，而专注于一目的，忠纯专一，终生以事之也。《记》曰："至诚所感，金石为开。"精神一到，何事不成？西儒姚哥氏有言："妇人弱也，而为母则强。"（ WOMAN IS WEAK, BUT MOTHER IS STRONG。）夫弱妇何以能为强母？唯其爱儿至诚之一念，则虽平日娇不胜衣，情如小鸟，而以其儿之故，可以独往独来于千山万壑之中，虎狼吼咻，魍魉出没，而无所于恐，无所于避。盖至诚者，人之真面目而通于神明者也。当生死呼吸之顷，弱者忽强，愚者忽智，无用者忽而有用。失火之家，其主妇运千钧之笥，若拾芥然。法国奇女若安，以眇眇一田舍，青春之弱质，而能退英国十万之大军。曰惟"烟士披里纯"之故。

使人之处世也，常如在火宅，如在敌围，则"烟士披里纯"日与相随，虽百千阻力，何所可畏？虽擎天事业，何所不成？孟子曰："至诚而不动者未之有也。不诚未有能动者也。"书此铭诸终生，以自警戒，自鞭策，且以告天下之同志者。

（1899 年作。原刊《清议报》1900 年 12 月 1 日。）

精彩一句：

述怀何必三寸之舌？写情何必七寸之管？乃至眼之一闪，颜之一动，手之一触，体之一运，无一而非导隐念述幽怀之绝大文章也。

金雅品鉴：

INSPIRATION，任公音译为"烟士披里纯"，英文原义为"灵感"。任公既认心为创造之源，则"烟士披里纯"的意义就非常重要了，这是思想感情最高潮之一刹那顷，唯其，才有心之差别心之秘密。任公说，"烟士披里纯"来如风，生如云，想得到它，只有二字，"至诚"而已。任公把"至诚"视为人之真面目而通于神明者也。所以，"烟士披里纯"者，虽不识不知，却能为惊天地泣鬼神之事业；虽非术非技，却令人有欲离而不能离者。

对于灵感的研究，一直是艺术的重要课题。任公说，强调艺术的种种行状、准绳、定规，只有令人喷饭而已。艺术的奥义，就是充乎其中，溢乎其貌，动乎其言，见乎其文，而不自知的"烟士披里纯"。

教育家的自家田地

今天在座诸君，多半是现在的教育家或是将来要在教育界立身的人，我想把教育这门职业的特别好处，和怎样的自己受用法，向诸君说说。所以题目叫做"教育家的自己田地"。

孔子屡次自白，说自己没有别的过人之处，不过是"学而不厌，诲人不倦"。他的门生公西华听了这两句话便赞叹道："正惟弟子不能及也。"我们从小就读这章书，都以为两句平淡无奇的话，何以见得便是一般人所不能及呢？我年来积些经验，把这章书越读越有味，觉得学不难，不厌却难；诲人不难，不倦却难。孔子特别过人处和他一生受用处，的确就在这两句话。

不厌不倦，是孔子人生哲学第一要件。"子路问政，……请益，子曰：毋倦。""子张问政，子曰：居之无倦，行之以忠。"《易经》第一个卦孔子做的象辞说："天行健，君子以自强不息。"你看他只是教人对于自己的职业忠实做去，不要厌倦。要像天体运行一般，片刻不停，为什么如此说呢？因为依孔子的观察，生命即是活动，活动即是生命，活动停止，便是生命停止。然而活动要有原动力——像机器里头的蒸汽，人类活动的蒸汽在哪里呢，全在各人自己心理作用，——对于自己所活动的对境感觉趣味，用积极的话语来表他，便是"乐"，用消极的话语来表他，便是"不厌不倦"。

厌倦是人生第一件罪恶，也是人生第一件苦痛。厌倦是一种想脱离活动的心理现象，换一句话说，就是不愿意劳作。你想，一个人不是上帝特制出来充当消化面包的机器，可以一天不劳作吗？只要稍为动一动不愿意劳作的念头，便是万恶渊薮，一面劳作，一面不愿意，拿孔子的话翻过来说："居之倦，则行之必不能以忠。"不忠实的劳作，不惟消失了劳作效率，而且可以生出无穷弊害，所以说厌倦是人生第一件罪恶。换个方面看，无论何等人，总要靠劳作来维持自己生命，任凭你怎样的不愿意，劳作到底免不掉。免是免不掉，愿是不愿意，天天皱着眉哭着脸去做那不愿做的苦工，岂不是活活的把自己关在第十八层地狱？所以说厌倦是人生第一件苦痛。

诸君听我这番话，谅来都承认不厌倦是做人第一要件了。但怎样才能做到呢？厌倦是一种心理现象，然而心理却最是不可捉摸的东西。天天自己劝自己说不要厌呀，不要倦呀，他真是厌倦起来，连自己也没有法想。根本救治法，要从自己劳作中看出快乐——看得像雪一般亮，信得像铁一般坚。那么，自然会兴会淋漓的劳作去，停一会都受不得，哪里还会厌倦？再拿孔子的话来说："知之者不如好之者，好之者不如乐之者。"一个人对于自己劳作的对境，能够"好之乐之"，自然会把厌倦根子永断了，从劳作中得着快乐，这种快乐，别人要帮也帮不来，要抢也抢不去，我起他一个名叫做"自己田地"。

无论做何种职业的人，都各各有他的自己田地，但要问哪一块田地最广最大最丰富，我想再没有能比得上教育家的了。教育家日日做的终身做的不外两件事，一是学，二是诲人。学是自利，诲人是利他。人生活动目的，除却自利利他两项外更有何事，然而操别的职业的人，往往这两件事当场冲突——利得他人便不利自己，利得自己便不利他人。就令不冲突，然而一种活动同时具备这两方面效率者，实在不多。教育这门职业却不然，一面诲人，一面便是学，一面学，一面便拿来诲人，两件事并作一件做，形成一种自利利他不可分的活动。对于人生目的之实现，再没有比这种职业更为接近更为直捷的了。

学是多么快活啊！小孩子初初学会走，他那一种得意神情，真是不可以言语形容。我们当学生时代——不问小学到大学，每天总新懂得些从前不懂的道理，总新学会做些从前不会做的事，便觉得自己生命内容日日扩大，天下再愉快的事没有了。出到社会做事之后，论理，人人都有求智识的欲望，谁还不愿意继续学些新学问？无奈所操职业，或者与学问性质不相容，只好为别的事情把这部分欲望牺牲掉了。这种境况，别人不知如何，单就我自己讲，也曾经过许多回，每回都觉得无限苦痛。人类生理心理的本能，凡那部分久废不用，自然会渐趋麻木，许久不做学问的人，把学问的胃口弄弱了，便许多智识界的美味在前也吃不进去，人生幸福，算是剥夺了一大半。教育家呢，他那职业的性质，本来是拿学问做本钱，他赚来的利钱也都是学问，他日日立于不能不做学问的地位，把好学的本能充分刺激，他每日所劳作的工夫，件件都反映到学问，所以他的学问只有往前进，没有往后退。试看，古今中外学术上的发明，一百件中至少有九十件成于教育家之手。为什么呢？因为学问就是他的本业。诸君啊，须知发明无分大小，发明地球绕日原理固算发明，发明一种教小孩子游戏方法也算发明。教育家日日把他所做的学问传授给别人，当其传授时候，日日积有新经验。我信得过，只要肯用心，发明总是不断。试想，自己发明一种新事理，这个快活还了得，恐怕真是古人说得"南面王无以易"哩，就令暂时没有发明，然而能够日日与学问相亲，吸受新知来营养自己智识的食胃，也是人生最幸福的生活。这种生活，除了教育家恐怕没有充分享受的机会吧。

海人又是多么快活啊！自己手种一丛花卉，看着他发芽，看着他长叶，看着他含蕾，看着他开花，天天生态不同，多加一分培养工夫，便立刻有一分效验呈现。教学生正是这样，学生变化的可能性极大，你想教他怎么样，自然会怎么样，只要指一条路给他，他自然会往前跑。他跑的速率，常常出你意外，他们天真烂漫，你有多少情分到他，他自然有多少情分到你，只有加多，断无减少——有人说，学校里常常闹风潮赶教习，学生们真是难缠。我说，教习要闹到被学生赶，当然只有教习的错处没有学生的错处，总是教习先行失了信用，或是品行可议，或是对学生不亲切，或是学问交代不下，不然断没有被赶之理。因为凡学生都迷信自己的先生，算是人类通性，先生把被迷信的资格丧掉，全由自取，不能责备学生，——教学生是只有赚钱不会蚀本的买卖。做官吗？做生意吗？自己一厢情愿要得如何如何的结果，多半不能得到，有时还和自己所打的算盘走个正反对。教学生绝对不至有这种事，只有所得结果超过你原来的希望。别的事业，拿东西给了人便成了自己的损失，教学生绝不含有这种性质，正是老子说的："既以为人己愈有，既以与人己愈多。"越发把东西给人给得多，自己得的好处越发大，这种便宜勾当，算是被教育家占尽了。

自古相传的一句通行话："人生行乐耳"。这句话倘若解释错了应用错了，固然会生出许多毛病，但这句话的本质并没有错，而且含有绝对的真理。试问人生不该以快乐为目的，难道该以苦痛为目的吗？但什么叫做"快乐"，不能不加以说明。第一，要继续的快乐。若每日捱许多时候苦才得一会的乐，便不算继续。第二，要彻底的快乐。若现在快乐伏下将来苦痛根子，便不算彻底。第三，要圆满的快乐。若拿别人的苦痛来换自己的快乐，便不算圆满。教育家特别便宜处，第一，快乐就藏在职业的本身，不必等到做完职业之后找别的事消遣才有快乐，所以能继续。第二，这种快乐任凭你尽量享用不会生出后患，所以能彻底。第三，拿被教育人的快乐来助成自己的快乐，所以能圆满。乐哉教育！乐哉教育！

东边邻舍张老三，前年去当兵，去年做旅长，今年做师长，买了几多座洋房，讨了几多位姨太太。西边邻舍李老四，前年去做议员，去年做次长，今年做总长，天天燕窝鱼翅请客，出门一步都坐汽车。我们当教育家的，中学吗，百来块钱薪水，小学呢，十来二十块，每天上堂要上几点钟，讲得不好还要挨骂，回家来吃饭只能吃个半饱。苦哉教育！苦哉教育！不错，从物质生活看来，他们真是乐，我们真是苦了。但我们要想一想，人类生活，只有物质方面完事吗？燕窝鱼翅，或者真比粗茶淡饭好吃，吃的时候果然也快活，但快活的不是我，是我的舌头。我操多少心弄把戏，还带着将来担惊受怕，来替这两寸来大的舌头当奴才，换他一两秒钟的快活，值得吗？绫罗绸缎挂在我身上，和粗布破袍有什么分别，不过旁人看着漂亮些，这是图我快活呀，还是图旁人快活呢？须知凡物质上快活，性质都是如此，这种快活，其实和自己渺不相干，自己只有赔上许多苦恼，我们真相信"行乐主义"的人，就要求精神上的快活。孔子的"饭疏食饮水，曲肱而枕之，乐亦在其中"，颜子的"一箪食，一瓢饮，在陋巷……不改其乐"，并非骗人的话，也并不带一毫勉强，他们住在"教育快活林"里头，精神上正在高兴到了不得。那些舌头和旁人眼睛的玩意儿，他们有闲工夫管到吗？诸君啊，这个快活林正是你自己所有的财产，千万别要辜负了。

说是这样说，但是"知之非艰行之惟艰"。厌倦的心理，仍不时袭击我们，抵抗不过，便被他征服。不然，何至公西华说"不能及"呢？我如今再告诉诸君一个切实防卫方法。你想诲人不倦吗？只要学不厌，自然会诲人不倦。一点新学说都不讲求，拿着几年前商务印书馆编的教科书上堂背诵一遍完事，今日如此，明日如此，今年如此，明年也如此，学生们听着个个打盹，先生如何能不倦？当先生的常常拿"和学生赛跑"的精神去做学问，教那一门功课，教一回自己务要得一回进步，天天有新教材，年年有新教法，怎么还会倦？你想学不厌吗？只要诲人不倦，自然会学不厌。把功课当作无可奈何的敷衍，学生听着有没有趣味有没有长进一概不管，那么，当然可以不消自己更求什么学问。既已把诲人当作一件正经事，拿出良心去干，那么，古人说的"教然后知困"，一定会发见出自己十几年前在师范学校里听的几本陈腐讲义不够用，非拼命求新学问，对付不来了，怎么还会厌？还有一个更简便的法子，只要你日日学，自然不厌，只要你日日诲人，自然不倦。趣味这样东西，总是愈引愈深，最怕是尝不着甜头，尝着了一定不能自已。像我们不会打球的人，看见学生们大热天打得满身臭汗，真不知道他所为何来？只要你接连打了一个月，怕你不上瘾？所以真肯学的人自然不厌，真肯诲人的人自然不倦。这又可以把孔子的话颠倒过来说，总要"行之以忠"，当然会"居之无倦"了。

诸君都是有大好田地的人，我希望再不要"舍其田而芸人之田"，好好的将自己田地打理出来，便一生受用不尽。

（1922 年 8 月 5 日东南大学讲演稿。
原刊《梁任公学术讲演集》第一辑，商务印书馆 1922 年版。）

精彩一句：

人类活动的蒸汽在哪里呢？全在各人自己心理作用，——对于自己所活动的对境感觉趣味。

金雅品鉴：

这篇文章谈的是教育的话题，实质却是讨论如何从教育的劳作中领略人生趣味的问题。任公说，教育是人生之乐事。因为教学相长的性质，可从根本上解决人的得失之较。耕好教育之田地，可以实现持续、彻底、圆满的快乐三义。

文中提及了"对境"的概念，这是任公人生论美学的专有名词之一，值得我们注意。中国文论从唐以来，就普遍使用"意境"和"境界"的概念，主要是指文学艺术作品中情景交融、虚实相生的形象。"对境"则是任公对人生活动中主客交融的特定情境的描述。因为"对境"的存在，人生活动也是韵味无穷，可以品味赏鉴的。

乐

第二节讲孔子正诗正乐，可见孔子原是一位大音乐家了。他不但自己嗜好，还拿来做他学堂里的必修科目。他如此重乐，有什么理由呢？《乐记》一篇，发挥得最透彻。《乐记》下乐的定义，说道：

"夫乐者，乐也，人情之所不能免也。乐必发于声音，形于动静。……性术之变，尽于此矣。"

这是说明乐之本质，就是人类好快乐的本性。这种本性发表在声音动静上头，叫做音乐。又说：

"凡音之起，由人心生也。人心之动，物使之然也。感于物而动，故形于声；声相应，故生变；变成方，谓之音；比音而乐之及干戚羽旄，谓之乐。"

这一段说音乐的起源，由于心物交感，是从心理学上寻出音乐的基础。又说：

"乐者……其本在人心之感于物也。是故其哀心感者，其声噍以杀；其乐心感者，其声啴以缓；其喜心感者，其声发以散；其怒心感者，其声粗以厉；其敬心感者，其声直以廉；其爱心感者，其声和以柔。六者非性也，感于物而后动。"

"夫民有血气心知之性，而无哀乐喜怒之常。应感起物而动，然后音乐形焉。是故志微噍杀之音作，而民思忧；啴谐慢易繁文简节之音作，而民康乐；粗厉猛起奋末广贲之音作，而民刚毅；廉直劲正庄诚之音作，而民肃敬；宽裕内好顺成和动之音作，而民慈爱；流辟邪散狄成涤滥之音作，而民淫乱。"

"凡音者，生人心者也。……治世之音安以乐，其政和；乱世之音怨以怒，其政乖；亡国之音哀以思，其民困。声音之道，与政通矣。"

这三段，前一段是发明音乐生于人心的道理，后两段是发明音乐生人心的道理。就一方面看，音乐是由心里的交感产生出来的，所以某种心感触，便演出某种音乐；就别方面看，音乐是能转移人的心理的，所以某种音乐流行，便造成某种心理。而这种心理的感召，不是个人的，是社会的，所以音乐关系到国家治乱，民族兴亡。所以做社会教育事业的人，非从这里下工夫不可。这种议论，自秦汉以后，竟没有人懂。若不是近来和欧美接触，我们还说是谬悠夸大之谈哩。

《乐记》这篇书，原是七十子后学者所记，并非孔子亲说。《荀子》里头有《乐论》篇，说得大同小异，但稍为简略。或者这篇书，竟是荀子作的，亦未可定。但这种学理总是孔门传授下来的，所以我们可以认他做孔子学说的一部分。

正乐是孔子一生大事业，今日乐谱都已失传，更从何处论起？但我们可以想见孔门礼教乐教，实有相反相成之妙。《记》中说："礼节民心，乐和民性。"礼的功用，在谨严收敛；乐的功用，在和悦发舒。两件合起来，然后陶养人格，日起有功。《记》又说：

"乐以治心，礼以治躬。心中斯须不和不乐，则鄙诈之心入之矣；外貌斯须不庄不敬，则易慢之心入之矣。"

读此，可以知孔门把礼乐当必修科的用意了。就论体育上，乐的功用，也不让于礼，因为古人乐必兼舞。《记》又说：

"诗，言其志也；歌，咏其声也；舞，动其容也。三者本于心，然后乐器从之。是故情深而文明，气盛而化神。"

舞的俯仰疾徐，和歌的抑扬抗坠，不独涵养性灵，而且与身体极有益，这也是礼乐交相为用的事。

我想孔子若在今日当教育总长，一定要像法国样子，将教育部改为教育美术部，把国立剧场和国立学校看得一样的重。他若在社会上当个教育家，一定是改良戏曲，到处开音乐会，忙个不了。他的态度如此，所以那位专讲实用主义的墨子，看着莫名其妙，说他教人贪顽废事，做出三篇《非乐》的大文来骂他，却那里懂得孔子人格教育的精意呢！

（作于 1920 年，节选自《孔子》，标题为编者所加。收入《饮冰室合集》第 8 册，中华书局 1936 年版。）

精彩一句：

乐之本质，就是人类好快乐的本性。

金雅品鉴：

任公思想的国学渊源，儒道佛三家兼有，其中以儒为本。他始终是积极健进的。

本文讨论孔子的乐教思想。认为孔子乐教思想的精义在于，把乐生于人心又生人心这两个方面统一起来，充分发挥音乐本身的情之特质，以正乐为基础，用优秀的音乐直抵人心，涵养人格。

文章还提出诗、乐、歌、舞的相辅相成，身体与心灵的互为相益，礼乐的交相为用。

人生论美学家都重视和弘扬美育与艺术教育，因为他们讨论审美和艺术问题，最终都要指向人和人生，以人自身和人生的美化为最高目标。任公也不例外。

孔子之情的生活

　　凡理智发达的人，头脑总是冷静的，往往对于世事，作一种冷酷无情的待遇，而且这一类人，生活都会单调性，凡事缺乏趣味。孔子却不然。他是个最富于同情心的人，而且情感很易触动。子食于有丧者之侧，未尝饱也；子见齐衰者，虽狎必变，凶服必式之。可见他对于人之死亡，无论识与不识，皆起恻隐，有时还像神经过敏。朋友死，无所归。子曰："于我殡。"孔子之卫，遇旧馆人之丧，入而哭之，一哀而出涕。颜渊死，子哭之恸。这些地方，都可证明孔子是一位多血多泪的人。孔子既如此一往情深，所以哀民生之多艰，日日尽心，欲图救济。当时厌世主义盛时，《论语》所载避地避世的人很不少。那长沮说："滔滔者，天下皆是也。而谁与易之？"孔子却说："鸟兽不可与同群，吾非斯人之徒与而谁与？天下有道，丘不与易也。"可见孔子栖栖惶惶，不但是为义务观念所驱，实从人类相互间情感发生出热力来。那晨门虽和孔子不同道，他说"是知其不可而为之者与"，实能传出孔子心事。像《论语》所记那一班隐者，理智方面都很透亮，只是情感的发达，不及孔子（像屈原一流情感又过度发达了）。

孔子对于美的情感极旺盛，他论韶武两种乐，就拿尽美和尽善对举。一部《易传》，说美的地方甚多（如乾之以美利利天下，如坤之美在其中）。他是常常玩领自然之美，从这里头，得着人生的趣味。所以他说："天何言哉？四时行焉，百物生焉。天何言哉！"说："知者乐水，仁者乐山。"前节讲的孔子赞《易》全是效法自然，就是这个意思。曾点言志，说"浴乎沂，风乎舞雩，咏而归"。孔子喟然叹曰："吾与点也。"为什么叹美曾点，为他的美感，能唤起人趣味生活。孔子这种趣味生活，看他笃嗜音乐，最能证明。在齐闻韶，闹到三月不知肉味，他老先生不是成了戏迷吗？子于是日哭，则不歌。可见他除了有特别哀痛时，每日总是曲子不离口了。子与人歌而善，必使反之而后和之，可见他最爱与人同乐。孔子因为认趣味为人生要件，所以说："不亦说乎？不亦乐乎？"说"乐以忘忧"，说"知之者不如好之者，好之者不如乐之者"。一个"乐"字，就是他老先生自得的学问。我们从前以为他是一位干燥无味方严可惮的道学先生，谁知不然。他最喜欢带着学生游泰山游舞雩，有时还和学生开玩笑呢！（夫子莞尔而笑……前言戏之耳！）《论语》说："子温而厉，威而不猛，恭而安"，正是表现他的情操恰到好处。

（作于 1920 年，节选自《孔子》，标题为编者所加。收入《饮冰室合集》第 8 册，中华书局 1936 年版。）

精彩一句：

凡理智发达的人，头脑总是冷静的，往往对于世事，作一种冷酷无情的待遇，而且这一类人，生活都会单调性，凡事缺乏趣味。

金雅品鉴：

本文节选自《孔子》一文的《孔子之人格》一节，全节讨论了孔子知情意三者和谐的人格特征。此节选部分专述孔子的情感特征。

我们大部分人的一般观念里，孔子是个很讲原则很理智的人。但在任公的笔下，孔子也是个情感很丰富很生动很有趣的人。任公讲，孔子很富有同情心，很敏感，很多血多泪，很一往情深。但孔子的情感不是盲目的情感，而是美的情感，既有热力，又蕴理智，懂美善之相济，具张弛之合度。

老子的精神

五千言的《老子》，最少有四千言是讲"道"的作用，但内中有一句话可以包括一切。就是：

"常无为而无不为。"

这句话书中凡三见，此外互相发明的话还很多，不必具引。这句话直接的注解，就是卷首那两句："常无，欲以观其妙。常有，欲以观其徼。"常无，就是常无为；常有，就是无不为。

为什么要常无为呢？老子说：

"三十幅共一毂，当其无，有车之用。埏埴以为器，当其无，有器之用。凿户牖以为室，当其无，有室之用。故有之以为利，无之以为用。"

上文说过，《老子》书中的"无"字，许多当作"空"字解，这处正是如此。寻常人都说空是无用的东西，老子引几个譬喻，说，车轮若没有中空的圆洞，车便不能转动。器皿若无空处，便不能装东西。房子若没有空的门户窗牖，便不能出入不能流通空气。可见空的用处大着哩。所以说："无之以为用。"老子主张无为，那根本的原理就在此。

老子喜欢讲无为，是人人知道的，可惜往往把无不为这句话忘却，便弄成一种跛脚的学说，失掉老子的精神了。怎么才能一面无为，一面又无不为呢？

老子说：

"是以圣人处无为之事，行不言之教。万物作焉而不辞，生而不有，为而不恃，功成而弗居。夫唯弗居，是以不去。"

又说：

"明白四达，能无知乎？生之畜之，生而不有，为而不恃，长而不宰，是谓玄德。"

又说：

"万物恃之以生而不辞，功成而不居，衣养万物而不为主。"

作而不辞，生而不有，为而不恃，长而不宰（即衣养万物而不为主），功成而不居。这几句话，除上文所引三条外，书中文句大同小异的还有两三处。老子把这几句话三翻四覆来讲，可见是他的学说最重要之点了。这几句话的精意在哪里呢？诸君知道，现在北京城里请来一位英国大哲罗素先生天天在那里讲学吗，罗素最佩服老子这几句话，拿他自己研究所得的哲理来证明。他说："人类的本能，有两种冲动，一是占有的冲动，一是创造的冲动。占有的冲动是要把某种事物，据为己有。这些事物的性质，是有限的，是不能相容的。例如经济上的利益，甲多得一部分，乙丙丁就减少得一部分。政治上权力，甲多占一部分，乙丙丁就丧失了一部分。这种冲动发达起来，人类便日日在争夺相杀中，所以这是不好的冲动，应该裁抑的。创造的冲动正和他相反，是要某种事物创造出来，公之于人。这些事物的性质，是无限的，是能相容的。例如哲学、科学、文学、美术、音乐，任凭各人有各人的创造，愈多愈好，绝不相妨。创造的人，并不是为自己打算什么好处，只是将自己所得者传给众人，就觉得是无上快乐。许多人得了他的好处，还是莫名其妙，连他自己也莫名其妙。这种冲动发达起来，人类便日日进化，所以这是好的冲动，应该提倡的。"罗素拿这种哲理做根据，说老子的"生而不有，为而不恃，长而不宰"，是专提倡创造的冲动，所以老子的哲学，是最高尚而且最有益的哲学。

我想罗素的解释很对。老子还说：

"天之道，损有余而补不足。人之道则不然，损不足以奉有余。孰能有余以奉天下？唯有道者。是以圣人为而不恃，功成而不处。"

损有余而补不足，说的是创造的冲动，是把自己所有的来帮助人。损不足以奉有余，说的是占有的冲动，是抢了别人所有的归自己。老子说："什么人才能把自己所有的来贡献给天下人？非有道之士不能了。"老子要想奖励这种"为人类贡献"的精神，所以在全书之末用四句话作结。说道：

"既以为人己愈有，既以与人己愈多。天之道利而不害，圣人之道为而不争。"

这几句话，极精到又极简明。我们若是专务发展创造的本能，那么，他的结果，自然和占有的截然不同。譬如我拥戴别人做总统做督军，他做了却没有我的分，这是"既以为人己便无"了。我把自己的田地房产送给人，送多少自己就少去多少，这是"既以与人己便少"了。凡属于"占有冲动"的物事，那性质都是如此。至于创造的冲动却不然，老子、孔子、墨子给我们许多名理学问，他自己却没有损到分毫。诸君若画出一幅好画给公众看，谱出一套好音乐给公众听，许多人得了你的好处，你的学问还因此进步，而且自己也快活得很，这不是"既以为人己愈有，既以与人己愈多"吗？老子讲的"无不为"就是指这一类。虽是为实同于无为，所以又说："为无为则无不治。"

篇末一句的"为而不争"，和前文讲了许多"为而不有"，意思正一贯。凡人要把一种物事据为己有，所以有争，"不有"自然是"不争"了。老子又说："上仁为之而无以为。"韩非子解释他，说是："生于心之所不能已也，非求其报也。"（《解老篇》）无求报之心，正是"无所为而为之"，还有甚么争呢？老子看见世间人实在争得可怜，所以说：

"天之道不争而善胜。"

"夫唯不争故无尤。"

"上善若水。水善利万物而不争。"

"江海所以能为百谷王者，以其善下之。……以其不争，故天下莫与之争。"

"不自见，故明。不自是，故彰。不自伐，故有功。不自矜，故长。夫唯不争，故天下莫能与之争。"

然则有什么方法叫人不争呢？最要紧是明白"不有"的道理，老子说：

"天长地久。天地所以能长且久者，以其不自生，故能长生。是以圣人后其身而身先，外其身而身存。非以其无私耶？"

老子提倡这无私主义，就是教人将"所有"的观念打破，懂得"后其身外其身"的道理，还有什么好争呢？老子所以教人破名除相，复归于无名之朴，就是为此。

诸君听了老子这些话，总应该联想起近世一派学说来，自从达尔文发明生物进化的原理，全世界思想界起一个大革命，他在学问上的功劳，不消说是应该承认的。但后来把那"生存竞争优胜劣败"的道理，应用在人类社会学上，成了思想的中坚，结果闹出许多流弊。这回欧洲大战，几乎把人类文明都破灭了，虽然原因很多，达尔文学说，不能不说有很大的影响。就是中国近年，全国人争权夺利像发了狂，这些人虽然不懂什么学问，口头还常引严又陵译的《天演论》来当护符呢，可见学说影响于人心的力量最大，怪不得孟子说"生于其心，害于其政，发于其政，害于其事"了。欧洲人近来所以好研究老子，怕也是这种学说的反动罢。

老子讲的"无为而无不为"、"为之而无以为"这些学说，是拿他的自然主义做基础产生出来。老子以为，自然的法则，本来是如此，所以常常拿自然界的现象来比方。如说："天之道利而不害"，"天之道不争而善胜"，"天之道损有余而补不足"。又说："上善若水"。都讲的是自然状态和"道"的作用很相合，教人学他。在人类里头，老子以为小孩子和自然状态比较的相近，我们也应该学他，所以说："专气致柔，能婴儿乎"？又说："常德不离，复归于婴儿"。又说："我独泊兮其未兆，如婴儿之未孩"。又说："圣人皆孩之"。然则小孩子的状态怎么样呢？老子说：

"含德之厚，比于赤子。……骨弱筋柔而握固。……精之至也。……终日号而不嘎，和之至也。"

小孩子的好处，就是天真烂漫，无所为而为。你看他整天张着嘴在那里哭，像是有多少伤心事，到底有没有呢？没有。这就是"无为"。并没有伤心，却是哭得如此热闹，这就是"无为而无不为"。老实讲，就是一个"无所为"。这"无所为主义"最好。孔子的席不暇暖，墨子的突不得黔，到底所为何来？孔子、墨子若会打算盘，只怕我们今日便没有这种宝贵的学说来供研究了。所以老子又说："众人皆有以，而我独顽似鄙。"说的是"别人都有所为而为之，我却是像顽石一般，什么利害得丧的观念都没有"。老子的得力处就在此。所以他说："以辅万物之自然而不敢为。"又说："功成事遂，百姓皆谓我自然。"

老子以为自然状态应该如此，他既主张"道法自然"，所以要效法它。于是拿这种理想推论到政术。说道：

"古之善为道者，非以明民，将以愚之。民之难治，以其智多。故以智治国，国之贼；不以智治国，国之福。"

又说：

"小国寡民，使有什伯之器而不用，使民重死而不远徙。虽有舟舆，无所乘之。虽有甲兵，无所陈之。使人复绳结而用之，甘其食，美其服，安其居，乐其俗。邻国相望，鸡犬之声相闻，民至老死，不相往来。"

我们试评一评这两段话的价值，"非以明民，将以愚之"这两句，很为后人所诟病，因为秦始皇、李斯的"愚黔首"，都从这句话生出来，岂不是老子教人坏心术吗？其实老子何至如此？他是个"为而不有"的人，为什么要愚弄别人呢？须知他并不是光要愚人，连自己也愚在里头。他不说的"我独顽似鄙"、"我独如婴儿之未孩"吗？他以为从分别心生出来的智识总是害多利少，不如捐除了他。所以说："以智治国，国之贼；不以智治国，国之福"。这分明说，不独被治的人应该愚，连治的人也应该愚了。然则他这话对不对呢？我说，对不对暂且不论，先要问做得到做不到？小孩子可以变成大人，大人却不会再变成小孩子。想人类由愚变智有办法，想人类由智变愚没有办法。人类既已有了智识，只能从智识方面，尽量的浚发，尽量的剖析，叫他智识不谬误，引到正轨上来，这才算顺人性之自然，"法自然"的主义，才可以贯彻。老子却要把智识封锁起来，这不是违反自然吗？孟子说："大人不失其赤子之心。"须知所谓"泊然如婴儿"这种境界，只有像老子这样伟大人物才能做到，如何能责望于一般人呢？像"小国寡民"那一段，算得老子理想上之"乌托邦"。这种乌托邦好不好，是别问题。但问有什么方法能令他出现，则必以人民皆愚为第一条件。这是办得到的事吗？所以司马迁引了这一段，跟着就驳他，说道："神农以前吾不知矣，若至《诗》《书》所述，虞、夏以来，耳目欲极声色之好，口欲穷刍豢之味，身安逸乐，而心矜夸势能之荣，使俗之渐民久矣。虽户说以眇论，终不能化。"（《史记·货殖列传》）这是说老子的理想决然办不到，驳得最为中肯。老子的政术论所以失败，根本就是这一点。失败还不算，倒反叫后人盗窃他的文句，做专制的护符，这却是老子意料不到的了。

老子书中许多政术论，犯的都是这病，所以后人得不着他用处，但都是"术"的错误，不是"理"的错误。像"不有"、"不争"这种道理，总是有益社会的，总是应该推行的，但推行的方法，应该拿智识做基础。智识愈扩充，愈精密，真理自然会实践。老子要人灭了智识，冥合真理，结果恐怕适得其反哩。

老子教人用功最要紧的两句话，说是：

"为学日益，为道日损。"

他的意思说道："若是为求智识起见，应该一日一日地添些东西上去。若是为修养身心起见，应该把所有外缘逐渐减少他。"这种理论的根据在哪里呢？他说：

"五色令人目盲；五音令人耳聋；五味令人口爽；驰骋畋猎，令人心发狂；难得之货，令人行妨。"

这段话对不对呢？我说完全是对的。试举一个例：我们的祖宗晚上点个油灯，两根灯草，也过了几千年了。近来渐渐用起煤油灯，渐渐用起电灯，从十几支烛光的电灯加到几十支几百支，渐渐大街上当招牌上的电灯，装起五颜六色来，渐渐又忽燃忽灭的在那里闪。这些都是我们视觉渐钝的原因，又是我们视觉既钝的结果。初时因为有了亮灯，把目力漫无节制的乱用，渐渐的消耗多了。用惯亮灯之后，非照样的亮，不能看见。再过些日子，照样的亮也不够了，还要加亮，加——加——加——加到无了期。总之因为视觉钝了之后，非加倍刺激，不能发动他的本能。越刺激越钝，越钝越刺激，原因结果，相为循环。若照样闹下去，经过几代遗传，非"令人目盲"不可。此外五声五味，都同此理。近来欧美人患神经衰弱病的，年加一年，烟酒等类麻醉兴奋之品，日用日广，都是靠他的刺激作用。文学、美术、音乐，都是越带刺激性的越流行，无非神经疲劳的反响。越刺激，疲劳越甚，像吃辣椒吃鸦片的人，越吃量越大。所以有人说，这是病的社会状态，这是文明破灭的征兆。虽然说得太过，也不能不算含有一面真理。老子是要预防这种病的状态，所以提倡"日损"主义。又说：

"治人事天莫若啬。"

韩非子解这"啬"字最好，他说：

"视强则目不明，听甚则耳不聪，思虑过度则智识乱。……啬之者，爱其精神，啬其智识也。……众人之用神也躁，躁则多费，多费谓之侈。圣人之用神也静，静则少费，少费谓之啬。……神静而后和多，和多而后计得，计得而后能御万物。"（《解老篇》）

这话很能说明老子的精意，老子说："去甚去奢去泰。"说："见素抱朴，少私寡欲。"说："致虚极，守静笃。"都是教人要把精神用之于经济的，节一分官体上的嗜欲，得一分心境上的清明。所以又说：

"祸莫大于不知足，咎莫大于欲得，故知足之足常足矣。"

凡官体上的嗜欲，那动机都起于占有的冲动，就是老子所谓"欲得"。既已常常欲得，自然常常不会满足，岂不是自寻烦恼？把精神弄得很昏乱，还能够替世界上做事吗？所以老子"少私寡欲"的教训，不当专从消极方面看他，还要从积极方面看他。他又说："知人者智，自知者明，胜人者有力，自胜者强。"自知自胜两义，可算得老子修养论的入门了。

常人多说老子是厌世哲学，我读了一部《老子》，就没有看见一句厌世的语。他若是厌世，也不必著这五千言了。老子是一位最热心热肠的人，说他厌世的，只看见"无为"两个字，把底下"无不为"三个字读漏了。

《老子》书中最通行的话，像那"不敢为天下先"、"知其雄，守其雌，为天下谿。知其白，守其黑，为天下谷"、"将欲歙之，必固张之。将欲弱之，必固强之"，都很像是教人取巧，就老子本身论，像他那种"为而不有，长而不宰"的人，还有什么巧可取？不过，这种话不能说他没有流弊，将人类的机心揭得太破，未免教猱升木了。

老子的大功德，是在替中国创出一种有统系的哲学。他的哲学，虽然草创，但规模很宏大，提出许多问题供后人研究。他的人生观，是极高尚而极适用。庄子批评他，说道："以本为精，以末为粗，以有积为不足，澹然独与神明居。……常宽容于物，不削于人，可谓至极，关尹老聃乎？古之博大真人哉！"这几句话可当得老子的像赞了！

（1920 年作，节选自《老子哲学》，标题为编者所加。
原刊《哲学》1921 年 5 月、8 月第 1-2 期。）

精彩一句：

老子喜欢讲无为，是人人知道的，可惜往往把无不为这句话忘却，便弄成一种跛脚的学说，失掉老子的精神了。

金雅品鉴：

本文节选自《老子哲学》，标题为编者所加，取自此段节选中原文。在中国古代哲学家中，任公最推崇的是孔子和老子，他的趣味主义人生观的重要来源就是孔子的"知不可而为"精神和老子的"为而不有"精神。

本节选中，任公对老子"为而不有"的人生观进行了总结和解读，采用了一分为二的辩证态度。任公强调，"为而不有"的实质，就是"有"与"无"的对立统一，就是"无为"和"无不为"的对立统一，既须不有不争，又不厌世消极。

任公指出，学习老子，要明其精而得其神，去其术而就其理，全面通透而勿执一端。老子的修养是自知而自胜，去官能之嗜欲而得心神之明强。

治国学的两条大路

梁先生在宁讲学数月，每次讲稿均先期手自编定。此次因离宁在即，应接少暇，故本讲稿仅成其上篇，下篇则由竞芳笔记，谨附识。

诸君！我对于贵会，本来预定讲演的题目，是"古书之真伪及其年代"。中间因为有病，不能履行原约。现在我快要离开南京了，那个题目不是一回可以讲完，而且范围亦太窄。现在改讲本题，或者较为提纲挈领，于诸君有益罢。

我以为研究国学有两条应走的大路：

一，文献的学问。应该用客观的科学方法去研究。

二，德性的学问。应该用内省的和躬行的方法去研究。

第一条路，便是近人所讲的"整理国故"这部分事业。这部分事业最浩博最繁难而且最有趣的，便是历史。我们是有五千年文化的民族。我们一家里弟兄姊妹们，便占了全人类四分之一。我们的祖宗世世代代在"宇宙进化线"上头不断的做他们的工作。我们替全人类积下一大份遗产，从五千年前的老祖宗手里一直传到今日没有失掉。我们许多文化产品，都用我们极优美的文字记录下来。虽然记录方法不很整齐，虽然所记录的随时散失了不少，但即以现存的正史、别史、杂史、编年、纪事本末、法典、政书、方志、谱牒，以至各种笔记、金石刻文等类而论，十层大楼的图书馆也容不下。拿历史家眼光看来，一字一句，都藏有极可宝贵的史料。又不独史部书而已，一切古书，有许多人见为无用者，拿他当历史读，都立刻变成有用。章实斋说"六经皆史"，这句话我原不敢赞成，但从历史家的立脚点看，说"六经皆史料"，那便通了。既如此说，则何只六经皆史？也可以说诸子皆史，诗文集皆史，小说皆史，因为里头一字一句都藏有极可宝贵的史料，和史部书同一价值。我们家里头这些史料，真算得世界第一个丰富矿穴。从前仅用土法开采，采不出什么来，现在我们懂得西法了，从外国运来许多开矿机器了。这种机器是什么？是科学方法。我们只要把这种方法运用得精密巧妙而且耐烦，自然会将这学术界无尽藏的富源开发出来，不独对得起先人，而且可以替世界人类恢复许多公共产业。

这种方法之应用，我在我去年所著的《历史研究法》和前两个月在本校所讲的《历史统计学》里头，已经说过大概。虽然还有许多不尽之处，但我敢说这条路是不错的，诸君倘肯循着路深究下去，自然也会发出许多支路，不必我细说了。但我们要知道，这个矿太大了，非分段开采不能成功，非一直开到深处不能得着宝贝。我们一个人一生的精力，能够彻底开通三几处矿苗，便算了不得的大事业。因此我们感觉着有发起一个"合作运动"之必要，合起一群人在一个共同目的共同计划之下，各人从其性之所好以及平时的学问根柢，各人分担三两门做"窄而深"的研究，拼着一二十年工夫下去，这个矿或者可以开得有点眉目了。

此外和史学范围相出入或者性质相类似的文献学还有许多，都是要用科学方法研究去。例如：

（一）文字学　我们的单音文字，每一个都含有许多学问意味在里头。若能用新眼光去研究，做成一部《新说文解字》，可以当作一部民族思想变迁史或社会心理进化史读。

（二）社会状态学　我国幅员广漠，种族复杂。数千年前之初民的社会组织，与现代号称最进步的组织，同时并存。试到各省区的穷乡僻壤，更进一步入到苗子番子居住的地方，再拿《二十四史》里头《蛮夷传》所记的风俗来参证，我们可以看见现代社会学者许多想象的事项，或者证实，或者要加修正。总而言之，几千年间一部竖的进化史，在一块横的地平上可以同时看出，除了我们中国以外恐怕没有第二个国了。我们若从这方面精密研究，真是最有趣味的事。

（三）古典考释学　我们因文化太古，书籍太多，所以真伪杂陈，很费别择，或者文义艰深，难以索解。我们治国学的人，为节省后人精力而且令学问容易普及起见，应该负一种责任，将所有重要古典，都重新审定一番，解释一番。这种工作，前清一代的学者已经做得不少。我们一面凭借他们的基础，容易进行，一面我们因外国学问的触发，可以有许多补他们所不及。所以从这方面研究，又是极有趣味的事。

（四）艺术鉴评学　我们有极优美的文学美术作品。我们应该认识他的价值，而且将赏鉴的方法传授给多数人，令国民成为"美化"。这种工作，又要另外一帮人去做。我们里头有性情近于这一路的，便应该以此自任。

以上几件，都是举其最重要者。其实文献学所包含的范围还有许多，就以上所讲的几件，剖析下去，每件都有无数的细目。我们做这类文献学问，要悬着三个标准以求到达。

第一求真　凡研究一种客观的事实，须先要知道他"的确是如此"，才能判断他"为什么如此"。文献部分的学问，多属过去陈迹，以讹传讹失其真相者甚多。我们总要用很谨严的态度，仔细别择，把许多伪书和伪事剔去，把前人的误解修正，才可以看出真面目来。这种工作，前清"乾嘉诸老"也曾努力做过一番，有名的清学正统派之考证学便是。但依我看来，还早得很哩。他们的工作，算是经学方面做得最多，史学子学方面便差得远，佛学方面却完全没有动手呢。况且我们现在做这种工作，眼光又和先辈不同，所凭借的资料也比先辈们为多。我们应该开出一派"新考证学"，这片大殖民地，很够我们受用咧。

第二求博　我们要明白一件事物的真相，不能靠单文孤证便下武断。所以要将同类或有关系的事情网罗起来贯串比较，愈多愈妙。比方做生物学的人，采集各种标本，愈多愈妙。我们可以用统计的精神作大量观察。我们可以先立出若干种"假定"，然后不断的搜罗资料，来测验这"假定"是否正确。若能善用这些法门，真如韩昌黎说的"牛溲马勃，败鼓之皮，兼收并蓄，待用无遗"，许多前人认为无用的资料，我们都可以把他废物利用了。但求博也有两个条件。荀子说："好一则博"；又说："以浅持博。"我们要做博的功夫，只能择一两件专门之业为自己性情最近者做去，从极狭的范围内生出极博来。否则件件要博，便连一件也博不成。这便是好一则博的道理。又，满屋散钱，穿不起来，虽多也是无用。资料越发丰富，则驾驭资料越发繁难，总须先求得个"一以贯之"的线索，才不至"博而寡要"。这便是以浅持博的道理。

第三求通　好一固然是求学的主要法门，但容易发生一种毛病，这毛病我替他起个名叫做"显微镜生活"。镜里头的事物看得纤悉周备，镜以外却完全不见。这样子做学问，也常常会判断错误。所以我们虽然专门一种学问，却切不要忘却别门学问和这门学问的关系；在本门中，也常要注意各方面相互之关系。这些关系，有许多在表面上看不出来的，我们要用锐利眼光去求得他。能常常注意关系，才可以成通学。

以上关于文献学，算是讲完，两条路已言其一。此外则为德性学。此学应用内省及躬行的方法来研究，与文献学之应以客观的科学方法研究者绝不同。这可说是国学里头最重要的一部分，人人应当领会的。必走通了这一条路，乃能走上那一条路。

近来国人对于知识方面，很是注意，整理国故的名词，我们也听得纯熟，诚然整理国故，我们是认为急务。不过若是谓除整理国故外，遂别无学问，那却不然。我们的祖宗遗于我们的文献宝藏，诚然足以傲世界各国而无愧色，但是我们最特出之点，仍不在此。其学为何？即人生哲学是。

欧洲哲学上的波澜，就哲学史家的眼光看来，不过是主智主义与反主智主义两派之互相起伏。主智者主智，反主智者即主情、主意。本来人生方面，也只有智、情、意三者。不过欧人对主智，特别注重；而于主情，主意，亦未能十分贴近人生。盖欧人讲学，始终未以人生为出发点。至于中国先哲则不然，无论何时代何宗派之著述，凤皆归纳于人生这一途，而于西方哲人精神萃集处之宇宙原理、物质公例等等，倒都不视为首要。故《荀子·儒效》篇曰："道，仁之隆也。……非天之道，非地之道，人之所以道也。"儒家既纯以人生为出发点，所以以"人之所以为道"为第一位，而于天之道等等，悉以置诸第二位。而欧西则自希腊以来，即研究他们所谓的形而上学，一天到晚，只在那里高谈宇宙原理，凭空冥索，终少归宿到人生这一点。苏格拉底号称西方的孔子，很想从人生这一方面做工夫，但所得也十分幼稚。他的弟子柏拉图，更不晓得循着这条路去发挥，至全弃其师传，而复研究其所谓天之道。亚里斯多德出，于是又反趋于科学。后人有谓道源于亚里斯多德的话，其实他也不过仅于科学方面，有所创发，离人生毕竟还远得很。迨后斯端一派，大概可与中国的墨子相当，对于儒家，仍是望尘莫及。一到中世纪，欧洲全部，统成了宗教化。残酷的罗马与日耳曼人，悉受了宗教的感化，而渐进于迷信。宗教方面，本来主情意的居多，但是纯以客观的上帝来解决人生，终竟离题尚远。后来再一个大反动，便是"文艺复兴"，遂一变主情主意之宗教，而代以理智。近代康德之讲范畴，范围更过于严谨，好像我们的临"九宫格"一般。所以他们这些，都可说是没有走到人生的大道上去。直到詹姆士、柏格森、倭铿等出，才感觉到非改走别的路不可，很努力的从体验人生上做去，也算是把从前机械的唯物的人生观，拨开几重云雾。但是果真拿来与我们儒家相比，我可以说仍然幼稚。

总而言之，西方人讲他的形而上学，我们承认有他独到之处。换一方面，讲客观的科学，也非我们所能及。不过最奇怪的，是他们讲人生也用这种方法，结果真弄到个莫名其妙。譬如用形而上学的方法讲人，是绝不想到从人生的本体来自证，却高谈玄妙，把冥冥莫测的上帝来对喻。再如用科学的方法讲，尤为妙极。试问人生是什么？是否可以某部当几何之一角，三角之一边？是否可以用化学的公式来化分化合，或是用几种原质来造成？再如达尔文之用生物进化说来讲人生，征考详博，科学亦莫能摇动，总算是壁垒坚固；但是果真要问他人之所以异于禽兽者安在？人既自猿进化而来，为什么人自人而猿终为猿？恐怕他也不能给我们以很有理由的解答。总之，西人所用的几种方法，仅能够用之以研究人生以外的各种问题。人决不是这样机械易懂的。欧洲人却始终未彻悟到这一点，只盲目的往前做，结果造成了今日的烦闷，彷徨莫知所措。盖中世纪时，人心还能依赖着宗教过活。及乎今日，科学昌明，赖以醉麻人生的宗教，完全失去了根据。人类本从下等动物蜕化而来，哪里有什么上帝创造？宇宙一切现象，不过是物质和他的运动，还有什么灵魂？来世的天堂，既不可凭，眼前的利害，复日相肉搏。怀疑失望，都由之而起，真正是他们所谓的世纪末了。

以上我等看西洋人何等可怜！肉搏于这种机械唯物的枯燥生活当中，真可说是始终未闻大道！我们不应当导他们于我们祖宗这一条路上去吗？以下便略讲我们祖宗的精神所在。我们看看是否可以终生受用不尽，并可以救他们西人物质生活之疲敝？

我们先儒始终看得知行是一贯的，从无看到是分离的。后人多谓知行合一之说，为王阳明所首倡，其实阳明也不过是就孔子已有的发挥。孔子一生为人，处处是知行一贯。从他的言论上，也可以看得出来。他说"学而不厌"，又说"为之不厌"，可知"学"即是"为"，"为"即是"学"。盖以知识之扩大，在人努力的自为，从不像西人之从知识方法而求知识。所以王阳明曰："知而不行，是谓不知。"所以说这类学问，必须自证，必须躬行，这却是西人始终未看得的一点。

又儒家看得宇宙人生是不可分的。宇宙绝不是另外一件东西，乃是人生的活动。故宇宙的进化，全基于人类努力的创造。所以《易经》曰："天行健，君子以自强不息。"又看得宇宙永无圆满之时，故易卦六十四，始"乾"而以"未济"终。盖宇宙"既济"，则乾坤已息，还复有何人类？吾人在此未圆满的宇宙中，只有努力的向前创造。这一点，柏格森所见的，也很与儒家相近。他说宇宙一切现象，乃是意识流转所构成，方生已灭，方灭已生，生灭相衔，方成进化。这些生灭，都是人类自由意识发动的结果。所以人类日日创造，日日进化。这意识流转，就唤作精神生活，是要从内省直觉得来的。他们既知道变化流转，就是宇宙真相，又知道变化流转之权，操之在我。所以孔子曰："人能弘道，非道弘人。"儒家既看清了以上各点，所以他的人生观，十分美渥，生趣盎然。人生在此不尽的宇宙当中，不过是蜉蝣朝露一般，向前做得一点是一点，既不望其成功，苦乐遂不系于目的物，完全在我，真所谓"无入而不自得"。有了这种精神生活，再来研究任何学问，还有什么不成？那么，或有人说，宇宙既是没有圆满的时期，我们何不静止不作？好吗？其实不然。人既为动物，便有动作的本能，穿衣吃饭，也是要动的。既是人生非动不可，我们就何妨就我们所喜欢做的、所认为当做的做下去？我们最后的光明，固然是远在几千万年几万万年之后，但是我们的责任，不是叫一蹴而就地达到目的地，是叫我们的目的地，日近一日。我们的祖宗，尧、舜、禹、汤、孔、孟，……在他们的进行中，长的或跑了一尺，短的不过跑了数寸，积累而成，才有今日。我们现在无论是一寸半分，只要往前跑，才是。为现在及将来的人类受用，这都是不可逃的责任。

孔子曰："士不可以不弘毅。任重而道远。仁以为己任，不亦重乎？死而后已，不亦远乎？"所以我们虽然晓得道远之不可致，还是要努力的到死而后已。故孔子是"知其不可而为之者"。正为其知其不可而为，所以生活上才含着春意。若是不然，先计较他可为不可为，那么，情志便系于外物，忧乐便关乎得失，或竟因为计较利害的原故，使许多应做的事，反而不做。这样，还哪里领略到生活的乐趣呢？

再其次，儒家是不承认人是单独可以存在的。故"仁"的社会，为儒家理想的大同社会。"仁"字，从二人。郑玄曰："仁，相人偶也。"（《礼记注》）非人与人相偶，则"人"的概念不能成立。故孤行执异，绝非儒家所许。盖人格专靠各个自己，是不能完成。假如世界没有别人，我的人格，从何表现？譬如全社会都是罪恶，我的人格受了传染和压迫，如何能健全？由此可知人格是个共同的，不是孤零的。想自己的人格向上，唯一的方法，是要社会的人格向上。然而社会的人格，本是各个自己化合而成。想社会的人格向上，唯一的方法，又是要自己的人格向上。明白了这个，力和环境提携，便成进化的道理。所以孔子教人"己欲立，而立人。己欲达，而达人"。所谓立人达人，非立达别人之谓，乃立达人类之谓。彼我合组成人类，故立达彼，即是立达人类。立达人类，即是立达自己。更用"取譬"的方法，来体验这个达字，才算是"仁之方"。其他《论语》一书，讲仁字的，屡见不一见。儒家何其把仁字看得这么重要呢？即上面所讲的，儒家学问，专以研究"人之所以道"为本。明乎仁，人之所以为道自见。孟子曰："仁也者，人也。合而言之，道也。"盖仁之概念，与人之概念相函。人者，通彼我而始得名。彼我通，乃得谓之仁。知乎人与人相通，所以我的好恶，即是人的好恶。我的精神中，同时也含有人的精神。不徒是现世的人为然，即如孔孟远在二千年前，他的精神，亦浸润在国民脑中不少。可见彼我相通，虽历百世不变。儒家从这一方面看得至深且切，而又能躬行实践。"无终食之间违仁"，这种精神，影响于国民性者至大。即此一份家业，我可以说真是全世界唯一无二的至宝。这绝不是用科学的方法，可以研究得来的，要用内省的工夫，实行体验，体验而后，再为躬行实践。养成了这副美妙的仁的人生观，生趣盎然的向前进，无论研究什么学问，管许是兴致勃勃。孔子曰"仁者不忧"，就是这个道理。不幸汉以后这种精神便无人继续的弘发，人生观也渐趋于机械。八股制兴，孔子的真面目日失。后人日称"寻孔颜乐处"，究竟孔颜乐处在哪里？还是莫名其妙。我们既然诵法孔子，应该好好保存这分家私——美妙的人生观——才不愧是圣人之徒啊！

此外我们国学的第二源泉，就是佛教。佛，本传于印度，但是盛于中国。现在大乘各派，五印全绝。正法一派，全在中国。欧洲人研究佛学的甚多，梵文所有的经典，差不多都翻出来。但向梵文里头求大乘，能得多少？我们自创的宗派，更不必论了。像我们的禅宗，真可算得应用的佛教，世间的佛教的确是印度以外才能发生，的确是表现中国人的特质，叫出世法与入世法并行不悖。他所讲的宇宙精微的确还在儒家之上。说宇宙流动不居，永无圆满，可说是与儒家相同。曰："一众生不成佛，我誓不成佛"，即孔子立人达人之意。盖宇宙最后目的，乃是求得一大人格实现之圆满相，绝非求得少数个人超拔的意思。儒佛所略不同的，就是一偏于现世的居多，一偏于出世的居多。至于他的共同目的，都是愿世人精神方面，完全自由。现在自由二字，误解者不知多少。其实人类外界的束缚，他力的压迫，终有方法解除。最怕的是"心为形役"，自己做自己的奴隶。儒佛都用许多的话来教人，想叫把精神方面的自缚，解放净尽，顶天立地，成一个真正自由的人。这点，佛家弘发得更为深透，真可以说佛教是全世界文化的最高产品。这话，东西人士，都不能否认。此后全世界受用于此的正多，我们先人既辛苦的为我们创下这份产业，我们自当好好的承受。因为这是人生唯一安身立命之具，有了这种安身立命之具，再来就性之所近的，去研究一种学问，那么，才算尽了人生的责任。

诸君听了我这夜的演讲，自然明白我们中国文化，比世界各国并无逊色。那一般沉醉西风，说中国一无所有的人，自属浅薄可笑。《论语》曰："人虽欲自绝，其何伤于日月乎？多见其不知量也！"这边的诸同学，从不对于国学轻下批评，这是很好的现象。自然，我也闻听有许多人讽刺南京学生守旧，但是只要旧的是好，守旧又何足病诟？所以我很愿此次的讲演，更能够多多增进诸君以研究国学的兴味！

（1923 年 1 月 9 日南京东南大学国学研究会讲演稿，李竞芳记录。原刊《时事新报·学灯》1923 年 1 月 23 日。）

精彩一句：

正为其知其不可而为，所以生活上才含着春意。

金雅品鉴：

本文将国学与西学进行了比较，认为西学的优长在科学论和形上学，而国学的优长在人生论。文章指出，人生哲学是国学最特出之点，是祖宗遗于我们的宝藏，足傲世界各国而无愧色。

文章把儒学与佛学并提为国学的两大源泉，分析了两学蕴含的人生智慧。任公说，儒学的智慧，在涵育美渥趣盎的仁的人生观；其实质是超越得失忧乐，立人达人；关键是要将个体人类融通为一。故必君子健行弘毅，方可致之。佛学的智慧，在出世入世不悖，从而解放个体的精神自缚，涵成真正自由之人。任公以为，这两种人生哲学，既不能用西方形上学的冥冥上帝来对喻，也不能靠西方科学的方法来机械论证或化分。任公提出了体验与躬行并进的人生之途。在这生动有味的人生中，生活的春意不期而得，是为人生之至境，乃成人生之美趣。

什么是文化

"什么是文化？"这个定义真是不容易下。因为这类抽象名词，都是各家学者各从其所抽之象而异其概念，所以往住发生聚讼。何况"文化"这个概念，原是很晚出的。从翁特 Wundt 和立卡儿特 Rickert 以后，才算成立。他的定义，只怕还没有讨论到彻底哩。我现在也不必征引辨驳别家学说，径提出我的定义来，是："文化者，人类心能所开积出来之有价值的共业也。""共业"两个字，用的是佛家术语。"业"是什么呢？我们所有一切身心活动，都是一刹那一刹那的飞奔过去，随起随灭，毫不停留。但是每活动一次，他的魂影便永远留在宇宙间，不能磨灭。勉强找个比方，就像一个老宜兴茶壶，多泡一次茶，那壶的内容便生一次变化。茶吃完了，茶叶倒去了，洗得干干净净，表面上看来什么也没有，然而茶的"精"渍在壶内，第二次再泡新茶，前次渍下的茶精便起一番作用，能令茶味更好。茶之随泡随倒随洗，便是活动的起灭，渍下的茶精便是业。茶精是日渍日多，永远不会消失的，除非将壶打碎。这叫做业力不灭的公例。在这种不灭的业力里头，有一部分我们叫他做"文化"。（这个比方自然不能确切，因为拿死的茶壶比活的人，如何会对呢？不过为学者容易构成观念起见，找个近似的做引线罢了。）

茶壶是死的，呆的，各归各的，这个壶渍下的茶精，不能通到那个壶。人类不然，活的，整个的，相通的。一个人的活动，势必影响到别人，而且跑得像电子一般快，立刻波荡到他所属的社会乃至人类全体活动流下来的魂影，本人渍得最深，大部分遗传到他的今生他生或他的子孙，永不磨灭，是之谓"别业"。还有一部分，像细雾一般，霏洒在他所属的社会乃至全宇宙，也是永不磨灭，是之谓"共业"，又叫做业力周遍的公例。文化是共业范围内的东西。因为通不到旁人的"别业"，便与组织文化的网子无关了。但还有一点应当注意，共业是实在的，整个的。虽然可以说是由许多别业融化而成，但决不是把许多别业加起来凑成。

文化是共业之一部，但共业之全部并非都是文化。文化非文化，当以有无价值为断。然则价值又是什么呢？凡事物之"自然而然如此"或"不能不如此"者，则无价值之可评。即评，也是白评。可以如此可以不如此，而我们认为应该如此，这是经我们评定选择之后，才发生出来的价值。认为应该如此，就做到如此，便是我们得着的价值。由此言之，必须人类自由意志选择，且创造出来的东西才算有价值。自由意志所无如之何的东西，我们便没有法子说出他的价值。我们拿价值有无做标准来看宇宙间事物，可以把他们划然分为两系：一是自然系，二是文化系。自然系是因果法则所支配的领土，文化系是自由意志所支配的领土。

人类活动，有一部分是与文化系无关的。依我的见解，人类活动之方式及其所属系统，应表示如下：

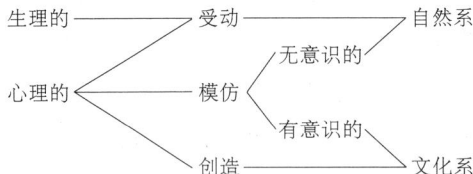

生理上的受动，如饥则食，渴则饮，疲倦则休息，乃至血管运行渣液排泄等等；心理上的受动，如五官接物则有感觉，有感觉则有印象有记忆等等；这都是不得不然的理法，与天体运行物质流转性质相同，全属自然界现象，其与

文化系无关，自不待言。再进一步，则心理作用中之无意识的模仿，如衣服的款式常常变迁，如两个人相处日子久了，彼此的言语动作，有一部分互相传染，这都是"自然而然如此"，也与文化系无关。就全社会活动而论，也有属于这类的。例如社会在某种状态之下，人口当然会增殖；在某种状态之下，当然会斗争或战争；乃至在某种状态之下，当然发生某种特殊阶级；这都是拿因果法则推算得出来的。换一句话说，这是生物进化的通则，并非人类所独有，所以不能归入文化范围内。

人类所以独称为文化的动物者，全在其能创造且能为有意识的模仿。"创造"怎么解呢？

"创造者，人类以自己的自由意志选定一个自己所想要到达的地位，便用自己的'心能'闯进那地位去。"

假如人类没有了这种创造的意志和力量，那么，一部历史，将如河岸上沙痕，一层一层的堆积上去，经几千几万年都是一样，我们也可以算定他明年如何后年如何乃至百千万年后如何。然而人类决不如此，他的自由意志怎样的发动和发动方向如何，不惟旁人猜不着，乃至连他自己今天也猜不着明天怎么样，这一秒钟也猜不着后一秒钟怎么样。他是绝对不受任何因果律之束缚限制，时时刻刻可以为不断的发动，便时时刻刻可以为不断的创造。人类能对于自然界宣告独立开拓出所谓文化领域者，全靠这一点。创造的概念，大略如右，但仍须注意者四点：

（一）创造不必定在当时此地发生效果。所以有在此时创造，到几百年后才看见结果的。例如孔子的创造力，到汉以后才表见，或者从今日以后才表见。亦有在此处创造，结果不见于此处而见于彼处者。例如基督的创造力，在犹太看不出，在罗马才看得出。要之，一切创造，都循"业力周遍不灭"的公例，超越时间空间，永远普遍的存在。

（二）创造的效果，不必定和创造人所期待者同其内容。例如清教徒到美洲，原只为保持信仰自由，结果会创建美国。汉武帝通西域，原只为防御匈奴，结果会促成中印交通。这是什么缘故呢？因为一个创造，常常引起第二第三个创造。所以也可以说创造能率是累进的。

（三）创造是永不会圆满的。这句话怎么讲呢？凡一件事物到完成的时候，便是创造力停止的时候。譬如这张桌子，完全造成后放在这里，还有什么创造？创造的工夫，一定要在未有桌子或未成桌子之时。（这些譬喻总不能贴切，万勿拘泥）桌子是死的，有完成的那一天，所以经过一个期间，创造便停止。人类文化是活的，永远没有完成的那一天，所以永远容得我们创造，亦正惟因此之故，从事创造者，只能以"部分的"、"不圆满的"自甘。

（四）创造是不能和现境距离很远的。创造的动机，总是因为对于现在的环境不满意或不安心，想另外开拓出一种新环境来。所以创造必与现境生距离，其理易明。但这种距离，是不容太远而且不会太远的；太远便引不起创造，或创造不成。创造者总是以他所处的现境为立脚点，前走一步或两步。换一句话说，是在不圆满的宇宙中间，一寸二寸的向圆满理想路上挪去。

以上算把创造的性质大略解释明白了，跟着还要说说"模仿的性质"。我们既已晓得创造之可贵，提到模仿，便认为创造的反面，像是很不值钱的。这种见解却错了。模仿分为有意识无意识两种。无意识的模仿，自然没有什么价值，前文曾经说过。现在所讲，专指有意识的模仿。依我看："模仿是复性的创造。有模仿才有共业。""复"有两义：一是个体的复集，二是时间的复现。假如人类没有这两种性能，那么，虽然有很大的创造，也只是限于一时，连"业"也不能保持。或者限于一人，只能造成"别业"，如何会有文化呢？须知无论创造力若何伟大之人，（例如孔子、释迦）总不能没有他所依的环境；既有所依的环境，自然对于环境（固有的文化）有所感受；感受即是模仿的资粮。所以严格说来，无论何种创造行为中，都不能绝对的不含有模仿的成分。这是说创造以前的事。创造以后呢？一方面自己将所创造者常常为心理的复现，令创造的内容越加丰富确实。一方面熏感到别人。被熏感的人，把那新创造的吸收到他的"识阈"中，形成他的"心能"之一部分，加工协造。这两种作用，都是模仿。内中第二种尤为重要。

凡有意识的模仿，都是经过自由意志选择才发生的，所以他的本质，已经是和创造同类。尤当注意者，凡模仿的活动，必不能与所模仿者丝毫都吻合。因为所模仿的对象经过能模仿者的"识阈"，当然起多少化学作用，当然有若干之修正或蜕变。所以严格说来，无论何种模仿行为中，又不能绝对的不含有创造的成分。因此也可以说："模仿是群众体的创造。"明白这种意味，方才知道所谓"民族心"，所谓"时代精神"者作何解。

人类有创造、模仿两种"心能"，都是本着他的自由意志，不断的自动互发。因以"开拓"其所欲得之价值，而"积厚"其所已得之价值。随开随积，随积随开，于是文化系统以成。所以说："文化者，人类心能所开积出来之有价值的共业也。"

以上所说，把"文化"的观念，略已确定。还要附带着一审查文化之内容。依我说："文化是包含人类物质精神两面的业种业果而言。"文化是人类以自由意志选定价值，凭自己的心能开积出来，以进到自己所想站的地位。既如前述，价值选定，当然要包含物质精神两面。人类欲望最低限度，至少也想到"利用厚生"。为满足这类欲望，所以要求物质的文化，如衣食住及其他工具等之进步。但欲望决不是如此简单便了，人类还要求秩序，求愉乐，求安慰，求拓大。为满足这类欲望，所以要求精神的文化，如言语、伦理、政治、学术、美感、宗教等。这两部分拢合起来，便是文化的总量。

说到这里，要把业种业果两语先为解释一下。这也是用的佛家术语。"种"即种子，"果"即果实。一棵树是由很微细的一粒种子发生出来，这粒种子，含有无限创造力，不断的长、长、长，开枝、发叶、放花、结果。到结成满树果实时，便是创造力成了结晶体，便算"一期的创造"暂作结束。但只要这棵树不死，他的创造力并不消灭，还跟着有第二第三乃至无数期的创造。一面那果实里头，又含有种子，碰着机会，又从新发出创造力来，也是一期二期……的不断。如是一个种生无数个果，果又生种，种又生果，一层一层的开积出去。人类活动所组成的文化之网，正是如此。

但此中有一点万不可以忘记：业果成熟时，便是一期创造的结束。现在请归到文化本题来说明此理：人类用创造或模仿的方式开积文化，那创造心模仿心及其表现出来的活动便是业种，也可以说是文化种。活动一定有产出来的东西，产出来的东西一定有实在体。换一句话说，创造力终须有一日变成"结晶"。这种结晶，便是业果，也可以说是文化果。文化种与文化果有很不同的性质：文化种是活的，文化果是呆的。试举其例：科学发明是业种，是活的；用那发明来创造的机器是业果，是呆的。人权运动是业种，是活的；运动产生出来的宪法是业果，是呆的。美感是业种，是活的；美感落到字句上成一首诗，落到颜色上成一幅画，是业果，是呆的。所以我说创造不会圆满，圆满时创造便停。业果成熟，便是活力变成结晶，便是一期的创造圆满而停息。就这一点论，很可以拿珊瑚岛作个譬喻：海底的珊瑚，刻刻不停的在那里活动，我们不知道他有目的没有；假使有目的，可以说他想创造珊瑚岛。但是到珊瑚岛造成时，他本身却变作灰石。文化到了结晶成果的时候，便有这种气象。所以已成的文化果是不容易改变的；停顿久了，那殭质也许成为活动的障碍物。但人类文化果，究竟不能拿珊瑚岛作比。因为珊瑚变成灰石之后，灰石里头，便一毫活力也没有。人类文化果不然，正如刚才说的树上果实，果中含有种子，所以能够从文化果中熏发文化种，从新创造起来。人性中不可思议的神密，都在这一点。

今请将文化的内容的总量列一张表作结：

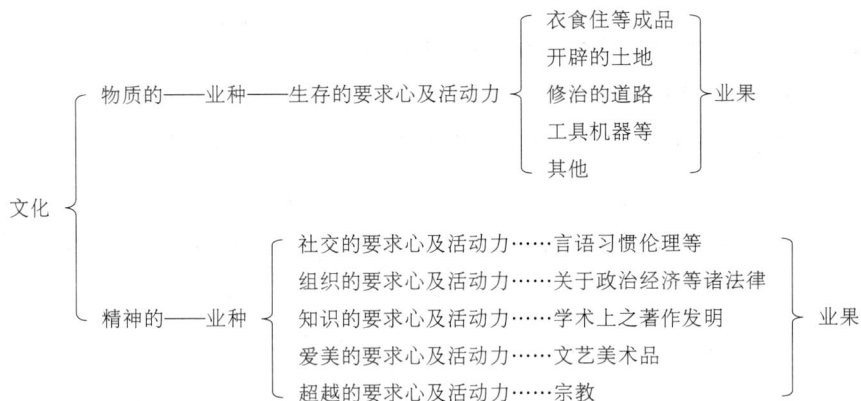

			衣食住等成品	
			开辟的土地	
文化	物质的——业种——生存的要求心及活动力		修治的道路	业果
			工具机器等	
			其他	
		社交的要求心及活动力……言语习惯伦理等		
		组织的要求心及活动力……关于政治经济等诸法律		
	精神的——业种	知识的要求心及活动力……学术上之著作发明		业果
		爱美的要求心及活动力……文艺美术品		
		超越的要求心及活动力……宗教		

（1922年南京金陵大学、南京第一中学讲演稿。收入《饮冰室合集》第5册，中华书局1936年版。）

精彩一句：

美感是业种，是活的；美感落到字句上成一首诗，落到颜色上成一幅画，是业果，是呆的。

金雅品鉴：

任公的美学文字，一个突出的特点，就是往往不是逻辑严密的高头讲章，而是各种短小的演讲稿、札记、书信等，甚至是散落在这些文稿中的片段片言。这种特性，在一定意义上，也是合于人生论美学的特点的，因为它不是纯理论的探讨，而是与人生具体的方方面面相联系，在感悟人生中阐发审美的真谛。

本篇亦是演讲稿。谈的是文化的主题，也谈到了模仿、创造、美感。任公说，文化是人类自由意志选择且创造出来的有价值的东西，包括物质文化和精神文化两方面，文化种和文化果两种态。美感属于精神文化。美感的种子就是美的活的创造力，美感的果实就是诗、画等艺术品。任公说，文化种是活的，文化果是呆的。结出果子，是一期的创造圆满了。圆满了，也就暂停了。但果子中含有种子，又可以从新创造起来。创造的原则有四：可超越现时空的，累进的，永不圆满的，与现境有距离又不远的。总之，人类的文化创造既是个人的，又波荡全体；既随起随灭，又永不停息。美感亦不例外。

中国哲学上最重要的问题

这部书讲墨子、荀子最好，讲孔子、庄子最不好。总说一句，凡关于知识论方面，到处发见石破天惊的伟论；凡关于宇宙观、人生观方面，什有九很浅薄或谬误。这由于本人自有他一种学风，对于他"脾胃不对"的东西，当然有些格格不入。我并不敢要求胡先生采用我的主张，但把我所见到的贡献些出来罢了。

现在先批评胡先生所讲的孔子。我所看的孔子，既已和胡先生所看有不同之处，那么，要先把我所看的讲出来，才能批评他。可惜不是短期讲演所能办到，在今日这个讲题里头，尤其不能喧宾夺主。我前年在清华学校讲国学小史，曾有一篇论孔子的，差不多有三四万字，那稿子是也曾寄给哲学社的。因为我对于这篇文章，还有许多不满意之处，不愿意印出。如今我苦于没有时候校改他，打算就印在本社的杂志上，求海内同学的批评。今日只能用极简单的话，把我的意见说说，作为批评胡君的基础。

我想我们中国哲学上最重要的问题，是"怎么样能够令我的思想行为和我的生命融合为一，怎么样能够令我的生命和宇宙融合为一"这个问题，是儒家道家所同的。后来佛教输入，我们还是拿研究这个问题的态度去欢迎他，所以演成中国色彩的佛教。这问题有静的动的两方面，道家从静入，儒家从动入。道家认宇宙有一个静的本体，说我们须用静的工夫去契合他。儒家呢，与道家及其他欧洲印度诸哲有根本不同之处，他是不承认宇宙有本体的。孔子有一句很直捷的话，说"神无方而易无体"。然则这无体的"易"从那里来呢？怎样才能理会得他呢？孔子说"生生之谓易"，拿现在的话翻译他，说的是"生活就是宇宙，宇宙就是生活"。只要从生活中看出自己的生命，自然会与宇宙融合为一。《易传》说的"穷理尽性以至于命"，《中庸》说的"能尽其性，则能尽人物之性，可以与天地参"，就是这个道理。

怎么才能看出自己的生命呢？这要引宋儒的话，说是从"体验"得来。体验是要各人自己去做，那就很难以言语形容了，但我可以说他三个关键。第一件，他们认自然界是和自己生命为一体，绝对可赞美的，只要领略得自然界的妙味，也便领略得生命的妙味。《论语》"吾与点也"那一段，最能传出这个意思。第二件，体验不是靠冥索，要有行为（有活动），才有体验。因为儒家所认的宇宙，原是生生相续的动相，活动一旦休息，便不能"与天地相似"了。第三件，对于这种动相，虽然常常观察他，却不是靠他来增加知识。因为知识的增减，和自己真生命没有多大关系的。

体验出这个真生命，叫做"自得"。《中庸》说："君子无入而不自得。"《孟子》说："君子深造之以自道，欲其自得之也，自得之则居之安，居之安则资之深，资之深则取之左右逢其源。"这话是已经自得的人才能说出。有了这种自得，自然会"乐以忘忧不知老之将至"；自然会"为之不厌诲人不倦"；自然会"知其不可而为之"；坦荡荡的胸怀，活泼泼的精力，都从此出。这种理论对不对，方法好不好，尽可以任各人主观的批评，但从客观上忠实研究孔子，恐怕孔子的根本精神，大略是如此。

我刚才说过，胡先生这部书，凡关于知识论的都好。他讲孔子，也是拿知识论做立脚点，殊不知知识论在孔子哲学上只占得第二位、第三位，他的根本精神，绝非凭知识可以发见得出来。所以他对于孔子说了许多，无论所说对不对（自然有许多对的），依我看来，只是弃菁华而取糟粕。我对于本书这一篇总批评是如此，下文更将里头的节目，择几处来讨论。

　　《论语》头一个字说的是"学"，到底是学个甚么？怎么个学法？胡先生说："孔子的'学'只是读书，只是文字上传受来的学问"。（胡适《中国哲学史大纲》110页。）我读了这段话，对于胡先生的武断，真不能不吃一大惊。鲁哀公问弟子孰为好学，孔子就只举了一个颜回，还说"不幸短命死矣，今也则亡，未闻好学者也"。他说颜回好学，还下了一个注脚："是不迁怒不贰过"。我们在《易传》《论语》《庄子》里头，很看见几条讲颜回的，却找不出他好读书的痕迹。他做的学问是"屡空"，是"心斋"，是"克己复礼"，是"三月不违仁"，是"不改其乐"，是"无伐善无施劳"，是"有不善未尝不知，知之未尝复行"，都与读书无关。若说学只是读书，难道颜回死了，那三千弟子都是束书不观的人吗？孔子却怎说"未闻好学"呢？孔子自己说，"吾十有五而志于学"。难道他老先生十五岁以前，连读书这点志趣都没有吗？这章书跟著说"三十而立"……等句，自然是讲历年学问进步的结果，那立、不惑、知天命、耳顺、不逾矩，种种境界，岂是专靠读书所能得的？孔子的"学"，学些什么？自然是学个怎样的"能尽其性"，怎样的"能至于命"。拿现在的话说，就是学个怎样的才能看出自己的真生命，怎样的才能和宇宙融合为一。问他怎样学法，只是一面活动一面体验。《论语》说的"食无求饱，居无求安，敏于事而慎于言，就有道而正焉，可谓好学也已矣。"此外这一类的话还甚多，孔子屡讲"学而不厌，诲人不倦"。但有时亦说"为之不厌诲人不倦"。"为"字正是"学"字切训，可以说，为便是学，学便是为。至于"行有余力，则以学文"，"多闻多见，知之次也"，这是胡先生所说读书的。孔门论学问，把他放在第二位。依我看，颜习斋所讲的"学"，和原始的孔学最相近。宋明儒的"学"，大半属于孔子所谓"思"了。把个"学"字从这方面解释，那么"学而不思则罔，思而不学则殆"和"以思无益，不如学也"，这两段话都明白了。胡先生解这两章，用什么"经验推论"等名词来比附，原是不该，若免（勉）强用这名词，那么孔子的"学"正是属于经验方面（经验只算孔学的半面而且还是粗迹），他的思才是推论。胡君所攻击，纯是无的放矢。

　　胡先生解"一以贯之"和"忠恕"，引章太炎先生所说，略加修正。（胡适《中国哲学史大纲》105至109页。）章先生从知识方面解这句话，原属新奇可喜，刚刚投合胡先生脾胃，自然是要采用了。其实"一贯忠恕"当然不能从知识方面索解，用知识来贯孔学是贯不来的。梁漱溟先生说："胡先生没有把孔子的一贯懂得，所以他底下说了好多的'又一根本观念'，其实哪里有许多根本观念呢？"（梁漱溟《东西文化及其哲学》177 页。）这句话很可寻味，既然有许多根本观念，还算得"一贯"吗？"一贯"既是孔学里头最重要的一句话，这个解释错误，便可以引起全部的错误了。

胡先生又说："孔子只说这事应该如此做，不问为什么应该如此做。"（胡适《中国哲学史大纲》154 页。）梁漱溟先生说这"不问为甚么"，正是孔子的好处。（梁漱溟《东西文化及其哲学》193 至 199 页。）我想梁先生这段话固然很有妙理，但拿来讲老子可以说全对，拿来讲孔子不过得一半。胡先生的话，却是完全无根。孔子讲事理，最爱推求所以然之故，《易传》里头最表出这种态度，《易·爻辞》说："潜龙勿用。"为什么潜龙该勿用呢？因为"阳在下也"。说"亢龙有悔"。为什么亢龙便有悔呢？因为"盈不可久也"。若再问为什么盈不可久呢？这篇传虽然没有答，别篇传却有了。《谦彖传》说："天道亏盈而益谦……人道恶盈而好谦。"若再问为什么亏盈益谦呢？他跟着就答，因为"谦尊而光，卑而不可逾"。《系辞传》说："仰以观于天文，俯以察于地理，是故知幽明之故。"又说："感而遂通天下之故。"又说："明于天之道而察于民之故。"又说："明于忧患与故。"我们可以说一部《十翼》，只是发明一个"故"字，就是答的胡先生所说"为什么"这句话。胡先生这一段，是引墨子攻击儒家的话。墨子说儒家言"乐以为乐"，无异言"室以为室"。这个比例，本来不通。我们自然不应该说"为吃饭而吃饭"，但尽可以说"为美而爱美"，"为文学而做文学"，"为科学而做科学"。前者是和"室以为室"同性质，后者是和"乐以为乐"同性质，墨子只看见狭隘的实用主义，自然会起这种谬见，胡先生并非见不到此，何故附和他呢？

我对于孔子，还有好些意见和胡先生相出入，但为讲演时间所不许，只得就此而止。胡先生说孔子，有许多独到之处，虽然他的观察点和我不同，我还是很尊重他的意见，独里头有小小一节，我要忠告他。他相信孔子杀少正卯这件事，还把那传说三件罪名译成今文，是"聚众结社，鼓吹邪说，淆乱是非"（胡适《中国哲学史大纲》73 页）。别人我不责备，胡先生是位极谨严的考证家，任凭怎么有权威的旧说，都要查一查来历估一估价值，才肯证引。为什么对于这样无稽的事忽然不怀疑了呢？这件事，最初是见于《荀子·宥坐篇》，那详细的罪名，见于《家语》。《家语》之伪不必说，《宥坐篇》胡先生也明明说是"后人东拉西扯杂凑成"（胡适《中国哲学史大纲》306 页）。为什么这几句杂凑话忽然变了可宝的史料？其实，一、春秋时候很不容易杀一个大夫。二、在那种贵族政治底下，断不是"撮徒成党饰邪荧众反是独立"的人所能乱政，那时候亦绝对没有这种风气。三、诸书中记齐太公杀的华士，子产杀的邓析，孔子杀的少正卯，罪名都是一样，天下那有这情理？四、孔子说："子为政焉用杀。""齐之以刑，民免而无耻。"我们若没有证据证明孔子是言行不相符的人，就不该信他有这件事；若信，便是侮辱他的人格。我相信胡先生不是轻薄人，但时髦气未免重些，有时投合社会浅薄心理顺嘴多说句把俏皮话。书中还有好几处是如此。我还记得《胡适文存》里头有一篇说什么"专打孔家店"的话，我以为这种闲言语以少讲为是。辩论问题，原该当仁不让，对于对面的人格，总要表相当敬礼。若是嬉笑怒骂，便连自己言论的价值都减损了。对今人尚且该如此，何况是有恩于社会的古人呢？我想胡先生一定乐意容纳我这友谊的忠告吧。

（节选自《评胡适之〈中国哲学史大纲〉》，1922 年北京大学哲学社讲演稿，标题为编者所加。收入《饮冰室合集》第 5 册，中华书局 1936 年版。）

精彩一句：

只要从生活中看出自己的生命，自然会与宇宙融合为一。

金雅品鉴：

本文标题为编者所加。文章提出了"中国哲学上最重要的问题"的命题。任公给出了这个命题的答案，就是"怎么样能够令我的思想行为和我的生命融合为一，怎么样能够令我的生命和宇宙融合为一"这个问题。任公认为，在这个问题上，儒道佛三家是相通的。

　　文章主要以孔子的学说为例证，来阐发这个问题。任公说，孔学的根本就是"生生之谓易"，也就是生命和宇宙一体。如何实现这一点？那就要体验。通过生命之活动来体得自然生命的妙味。体验不是为了增加知识，而是为了自得真生命。到了这个境界，也就能够出入自如、坦荡活泼、乐以忘忧、尽性至命了。任公指出，孔子之学，不是简单的读书，也不是知识的推论，而是为，即躬行，是一面活动一面体验。唯此，才能使思、行、命合一，才能使小我生命和大我宇宙融合，才能乐以为乐，为爱美而爱美。这就是生命的最真处，也即最妙处。

　　孔子的学说在这个意义上，哲学观、人生观、审美观是融通的。

文学的反射

要晓得时代思潮，最好是看他的文学。欧洲文学，讲到波澜壮阔，在前则有文艺复兴时期，在后则推十九世纪。两者同是思想解放的产物，但气象却有点根本不同之处。前者偏于乐观，后者偏于悲观；前者多春气，后者多秋气；前者当文明萌茁之时，觉得前途希望汪洋无际，后者当文明烂熟之后，觉得样样都试过了，都看透了，却是无一而可。我如今且简单讲几句。百年来的思潮和文学印证出来，十九世纪的文学，大约前半期可称为浪漫忒派（即感想派）全盛时代，后半期可称为自然派（即写实派）全盛时代。浪漫忒派承古典派极敝之后，崛然而起。斥摹仿，贵创造，破形式，纵感情，恰与当时唯心派的哲学和政治上生计上的自由主义同一趋向。万事皆尚新奇，总要凭主观的想象力描出些新境界新人物，要令读者跳出现实界的圈子外，生一种精神交替的作用。当时思想初解放，人人觉得个性发展可以绝无限制，梦想一种别开生面完全美满的生活。他们的诗家，有点和我国的李太白一样，游心物表，块然自乐。他们的小说，每部多有一个主人翁，这主人翁就是作者自己写照，性格和生活总是与寻常人不同，好写理想的武士表英雄万能，好写理想的美人表恋爱神圣，结果全落空想，和现在的实生活渺不相涉了。到十九世纪中叶，文学霸权，就渐渐移到自然派手里来。自然派所以勃兴，有许多原因。第一件，承浪漫式派之后，将破除旧套发展个性两种精神做个基础，自然应该更进一步趋到通俗求真的方面来。第二件，其时物质文明剧变骤进，社会情状日趋繁复，多数人无复耽玩幻想的余裕，而且觉得幻境虽佳，总不过过门大嚼，倒不如把眼前事实写来，较为亲切有味。第三件，唯物的人生观正披靡一时，玄虚的理想，当然排斥。一切思想，既都趋实际，文学何独不然？第四件，科学的研究法，既已无论何种学问都广行应用，文学家自然也卷入这潮流，专用客观分析的方法来做基础。要而言之，自然派当科学万能时代，纯然成为一种科学的文学。他们有一个最重要的信条，说道"即真即美"。他们把社会当作一个理科试验室，把人类的动作行为，当作一瓶一瓶的药料。他们就拿他分析化合起来，那些名著，就是极翔实极明了的试验成绩报告。又像在解剖室中，将人类心理层层解剖，纯用极严格极冷静的客观分析，不含分毫主观的感情作用。所以他们书中的背景，不是天堂，不是来生，不是古代，不是外国，却是眼面前我们所栖托的社会；书中的人物，不是圣贤，不是仙佛，不是英雄，不是美人，却是眼面前一般群众；书中的事迹，不是什么惊天动地的大业，不是什么可歌可泣的奇情，却是眼面前日常生活的些子断片。我们从前有句格言，说是"画犬马难于画鬼神"。这自然派文学，将社会实相描写逼真，总算极尽画犬马之能事了。诸君试想，人类既不是上帝，如何没有缺点？虽以毛嫱西施的美貌，拿显微镜照起来，还不是毛孔上一高一低的窟窿纵横满面。何况现在社会，变化急剧，构造不完全，自然更是丑态百出了。自然派文学，就把人类丑的方面兽性的方面，赤条条和盘托出，写得个淋漓尽致。真固然是真，但照这样看来，人类的价值差不多到了零度了。总之，自从自然派文学盛行之后，越发令人觉得人类是从下等动物变来，和那猛兽弱虫没有多大分别，越发令人觉得人类没有意志自由，一切行为，都是受肉感的冲动和四围环境所支配。我们从前自己夸嘴，说道靠科学来征服自然界。如今科学越发昌明，那自然界的威力却越发横暴，我们快要倒被他征服了。所以受自然派文学影响的人，总是满腔子的怀疑，满腔子的失望。十九世纪末全欧洲社会，都是阴沉沉地一片秋气，就是为此。

（作于 1918 年，节选自《欧游心影录节录》。
收入《饮冰室合集》第 7 册，中华书局 1936 年版。）

精彩一句：

要晓得时代思潮，最好是看他的文学。

金雅品鉴：

本文是 20 世纪初期我国较早绍介评论西方浪漫主义和现实主义文学思潮的文字，节选自任公的欧游手记。任公将前者称为"浪漫忒派（即感想派）"，后者称为"自然派（即写实派）"。他分析了两种思潮的社会现实根源，对它们的不同特点作了比较。

任公虽未执于一隅，但读完全文，可以明显感受他到对"自然派（即写实派）"的批评。他说，这派文学将社会实相描写逼真，真固然是真，但对人类价值却缺乏理想的观照。这种阴沉气象，必会反射于社会，影响于时代思潮。

20 世纪初期，从世界文学来看，现实主义尚富影响；从中国文学来看，现实主义方兴未艾。任公的批判，卓然尖锐，富有远见。

文学家的性格及其预备

文学家的性格，却大与科学相反，文学家最重的是想象。神经太健康的人，必不易当文学家。大凡文学家，总是带点女性，感情异常浓厚，性质异常奇怪，反对现在社会礼法，而对于自然界却异常亲切恋爱——这几点都是文学家的主要性格。

《诗经》的性质，温柔敦厚，乃是带有社会性，用以教人涵养性灵，调和情感的。所以称为"诗教"。但是若往外国研究文学，而注重调和情感，那就成了随俗浮沉、模棱两可的人，岂不可笑？所以往外国研究文学，顶好是取其所长，把情感尽量发泄。因此研究外国文学，我不一定主张要有如何精深的中国文学作基础，但表现自己的情感思想，无论如何要用本国文字才好。

用白话表现情感，有时自比用文言方便，而且不受拘束。但我认为白话表情，有时还嫌不足。我主张学文学的人，对于中国诗文少读犹不妨（如果他对于文学有兴趣，他自然要读陶诗楚辞和李杜的集，你禁也禁不住），但"小学"却非特别注意不可。

美国人过的忙的生活，故喜作小诗和短篇小说，这种文学有好处亦有毛病。

中国人生性从容安闲，小说动辄作一百二十回，戏剧起码就是几十出。中西文学这一点的异同短长，也是大家所应该知道的。

（节选自《文史学家之性格及其预备》，清华学校职业指导部讲演稿。

原刊《清华周刊》1924年1月第291号。）

精彩一句：

　　表现自己的情感思想，无论如何要用本国文字才好。

金雅品鉴：

　　本文讨论文学家的性格，运用了比较的视角，写得生动有趣。

　　一是拿文学家和科学家比较。指文学家的性格重想象，崇情感，反礼法，亲自然。二是拿外国文学和中国文学比较。论情感之特点，则前者尽量发泄，后者温柔敦厚。论文体之喜好，则美国人生活忙碌，喜作短篇小说；中国人生性安闲，故作章回小说。

　　这些观点，今天看来，似无特别之处。但任公强调，表现自己的情感思想，一定要用本国文字才好。这个观点，今天很多人都没有当年的任公看得清楚呢！

诗话（节选）

◆ 谭浏阳志节学行思想，为我中国二十世纪开幕第一人，不待言矣。其诗亦独辟新界而渊含古声。丙申在金陵所刻《莽苍苍斋诗》，自题为"三十以前旧学第二种"，盖非其所自憙者也。浏阳殉国时，年仅三十二，故所谓新学之诗，寥寥极希。余所见惟题麦孺博扇有《感旧》四首之三，其一曰："无端过去生中事，兜上朦胧业眼来。灯下髑髅谁一剑，尊前尸冢梦三槐。金裘喷血和天斗，云竹闻歌匝地哀。徐甲傥容心忏悔，愿身成骨骨成灰。"其二曰："死生流转不相值，天地翻时忽一逢。且喜无情成解脱，欲追前事已冥濛。桐花院落乌头白，芳草汀洲雁泪红。再世金镮弹指过，结空为色又俄空。"其三曰："柳花夙有何冤业，萍末相遭乃尔奇？直到化泥方是聚，只今堕水尚成离。焉能忍此而终古？亦与之为无町畦。我佛天亲魔眷属，一时撒手劫僧只。"其言沉郁哀艳，盖浏阳集中所罕见者，不知其何所指也。然遣情之中，字字皆学道有得语，亦浏阳之所以为浏阳，新学之所以为新学欤。

◆ 近世诗人，能熔铸新理想以入旧风格者，当推黄公度。丙申、丁酉间，其《人境庐诗稿》本，留余家者两月余，余读之数过。然当时不解诗，故缘法浅薄，至今无一首能举其全文者，殊可惜也。近见其七律一首，亦不记全文，惟能诵两句云："文章巨蟹横行日，世界群龙见首时。"余甚爱之。

◆ 希腊诗人荷马（旧译作和美耳），古代第一文豪也。其诗篇为今日考据希腊史者独一无二之秘本，每篇率万数千言。近世诗家，如莎士比亚、弥儿敦、田尼逊等，其诗动亦数万言。伟哉！勿论文藻，即其气魄固已夺人矣。中国事事落他人后，惟文学似差可颉颃西域。然长篇之诗，最传诵者，惟杜之《北征》，韩之《南山》，宋人至称为日月争光。然其精深盘郁雄伟博丽之气，尚未足也。古诗《孔雀东南飞》一篇，千七百余字，号称古今第一长篇诗。诗虽奇绝，亦只儿女子语，于世运无影响也。中国结习，薄今爱古，无论学问文章事业，皆以古人为不可几及。余生平最恶闻此言。窃谓自今以往，其进步之远轶前代，固不待蓍龟，即并世人物，亦何遽让于古所云哉！生平论诗，最倾倒黄公度，恨未能写其全集。顷南洋某报录其旧作一章，乃煌煌二千余言，真可谓空前之奇构矣。荷、莎、弥、田诸家之作，余未能读，不敢妄下比鹭。若在震旦，吾敢谓有诗以来所未有也。以文名名之，吾欲题为《印度近史》，欲题为《佛教小史》，欲题为《地球宗教论》，欲题为《宗教政治关系说》。然是固诗也，非文也。有诗如此，中国文学界，足以豪矣。因亟录之以饷诗界革命军之青年。（此段下文略去，编者注）

◆ 南海先生不以诗名，然其诗固有非寻常作家所能及者，盖发于真性情，故诗外常有人也。先生最嗜杜诗，能诵全杜集，一字不遗，故其诗虽非刻意有所学，然一见殆与杜集乱楮叶。余能记诵百余首，所最爱者，《己丑出都》七律四首之一云："沧海飞波百怪横，唐衢痛哭万人惊。高峰突出诸山妒，上帝无言百鬼狞。漫有汉廷追贾谊，岂教江夏贬祢衡。陆沉忽望中原叹，他日应思鲁二生。"又《绝句十首》之二云："此去南山与北山，猿鹤哀号松柏顽。或劝蹈海未忍去，且歌《惜誓》留人间。""南山之下豆苗肥，北山之上猿鹤飞。百亩耕桑五亩宅，先生归去未必非。"《戊戌国变纪事》四首之三云："历历维新梦，分明百日中。庄严对宣室，哀痛起桐宫。祸水滔中夏，尧台悼圣躬。小臣东海泪，望帝杜鹃红。""遮云金翅鸟，啄食小龙飞。海水看翻立，昊天怨式微。哀哀呼后土，惨惨梦金闺。千载鼋鼍恨，王孙有是非。""吾君真可恃，哀痛诏频闻。未竟维新业，先传禅让文。中原皆沸鼎，党狱起愁云。上帝哀臣罪，巫阳筮予魂。"

◆ 中国人无尚武精神，其原因甚多，而音乐靡曼亦其一端，此近世识者所同道也。昔斯巴达人被围，乞援于雅典，雅典人以一眇目跛足之学校教师应之，斯巴达人惑焉。及临阵，此教师为作军歌，斯巴达人诵之，勇气百倍，遂以获胜。甚矣声音之道感人深矣。吾中国向无军歌，其有一二，若杜工部之前后《出塞》，盖不多见。然于发扬蹈厉之气尤缺。此非徒祖国文学之缺点，抑亦国运升沉所关也。往见黄公度《出军歌》四章，读之狂喜，大有"含笑看吴钩"之乐，尝以录入《小说报》第一号。顷复见其全文，乃知共二十四首，凡出军、军中、还军各八章。其章末一字，义取相属。以"鼓勇同行，敢战必胜，死战向前，纵横莫抗，旋师定约，张我国权"二十四字殿焉。其精神之雄壮活泼沉浑深远不必论，即文藻亦二千年所未有也，诗界革命之能事至斯而极矣。吾为一言以蔽之曰：读此诗而不起舞者必非男子。（此段下文略去，编者注）

◆ 复生自憙其新学之诗。然吾谓复生三十以后之学，固远胜于三十以前之学，其三十以后之诗，未必能胜三十以前之诗也。盖当时所谓新诗者，颇喜捃扯新名词以自表异。丙申、丁酉间，吾党数子皆好作此体，提倡之者为夏穗卿，而复生亦綦嗜之。此八篇中尚少见，然"寰海惟倾毕士马"，已其类矣。其《金陵听说法》云："纲伦惨以喀私德，法会盛于巴力门。"喀私德即 Caste 之译音，盖指印度分人为等级之制也。巴力门即 Parliament 之译音，英国议院之名也。又赠余诗四章中，有"三言不识乃鸡鸣，莫共龙蛙争寸土"等语，苟非当时同学者，断无从索解。盖所用者乃《新约全书》中故实也。其时夏穗卿尤好为此。穗卿赠余诗云："滔滔孟夏逝如斯，亹亹文王鉴在兹。帝杀黑龙才士隐，书飞赤鸟太平迟。"又云："有人雄起琉璃海，兽魄蛙魂龙所徒。"此皆无从臆解之语。当时吾辈方沉醉于宗教，视数教主非与我辈同类者，崇拜迷信之极，乃至相约以作诗非经典语不用。所谓经典者，普指佛、孔、耶三教之经。故《新约》字面，络绎笔端焉。谭、夏皆用"龙蛙"语，盖时共读约翰《默示录》，录中语荒诞曼衍，吾辈附会之，谓其言龙者指孔子，言蛙者指孔子教徒云，故以此徽号互相期许。至今思之，诚可发笑。然亦彼时一段因缘也。

◆ 过渡时代，必有革命。然革命者，当革其精神，非革其形式。吾党近好言诗界革命。虽然，若以堆积满纸新名词为革命，是又满洲政府变法维新之类也。能以旧风格含新意境，斯可以举革命之实矣。苟能尔尔，则虽间杂一二新名词，亦不为病。不尔，则徒示人以俭而已。侪辈中利用新名词者，麦孺博为最巧，其近作有句云："圣军未决蔷薇战，党祸惊闻瓜蔓抄。"又云："微闻黄祸锄非种，欲为苍生赋《大招》。"皆工绝语也。吾自题所著《新中国未来记》一诗，有云："青年心死秋梧悴，老国魂归蜀道难。"亦颇为平生得意之句。

◆ 去年闻学生某君入东京音乐学校，专研究乐学，余喜无量。盖欲改造国民之品质，则诗歌音乐为精神教育之一要件，此稍有识者所能知也。中国乐学，发达尚早。自明以前，虽进步稍缓，而其统犹绵绵不绝。前此凡有韵之文，半皆可以入乐者也。《诗》三百篇，皆为乐章尚矣（孔子称诵诗三百，歌诗三百，弦诗三百，舞诗三百）。如《楚辞》之《招魂》、《九歌》，汉之《大风》、《柏梁》，皆应弦赴节，不徒乐府之名如其实而已。下至唐代绝句，如"云想衣裳"、"黄河远上"莫不被诸弦管。宋之词，元之曲，又其显而易见者也。盖自明以前，文学家多通音律，而无论雅乐、剧曲，大率皆由士大夫主持之。虽或衰靡，而俚俗犹不至太甚。本朝以来，则音律之学，士夫无复过问，而先王乐教，乃全委诸教坊优伎之手矣。读泰西文明史，无论何代，无论何国，无不食文学家之赐。其国民于诸文豪，亦顶礼而尸祝之。若中国之词章家，则于国民岂有丝毫之影响耶？推原其故，不得不谓诗与乐分之所致也。郑夹漈有言："古之诗曰歌行，后之诗曰古、近二体。歌行主声，二体主文。诗为声也，不为文也。浩歌长啸，古人之深趣。今人既不尚啸，而又失其歌诗之旨，所以无乐事也。凡律其辞则谓之诗，声其诗则谓之歌，诗未有不歌者也。（此处原有文字略去，编者注）呜呼！诗在于声，不在于义。孔子曰：《关雎》乐而不淫，哀而不伤。亦谓《关雎》之声和平，能令闻者感发而不失其度耳。若诵其文，习其理，能有哀乐之事乎？二体之作，失其诗矣。（《通志·乐略》）其言可谓特识。夹漈时已然，挽近乃益甚。至于今日，而诗、词、曲三者，皆成为陈设之古玩，而词章家真社会之虫矣。顷读杂志《江苏》，屡陈中国音乐改良之义，其第七号已谱出军歌、学校歌数阕，读之拍案叫绝，此中国文学复兴之先河也。惜余亦一门外汉，仅如夹漈所谓诵其文习其理而已。寄语某君，自今以往，更委身于祖国文学，据今所学，而调和之以渊懿之风格，微妙之辞藻，苟能为索士比亚、弥儿顿，其报国民之恩者，不已多乎！

◆ 美人香草，寄托遥深，古今诗家一普通结习也。谈空说有，作口头禅，又唐宋以来诗家一普通结习也。狄楚卿之诗，殆兼此两种结习而和合之，每诗皆含有幽怨与解脱之两异原质，亦佳构也。兹录其近作一章："……又有东风拂耳过，任他飞絮自蹉跎。金轮转转牵情出，帝网重重酿梦多。珠影量愁分碧月，镜波掠眼接银河。为谁竟著人天界，便出人天也奈何。……"此体殆出于谭浏阳。浏阳诗"无端过去生中事，兜上朦胧业眼来。徐甲傥容心忏悔，愿身成骨骨成灰"，"死生流转不相值，天地翻时忽一逢。却喜无情成解脱，欲追前事已冥濛"等句，皆是也。

（节选自《饮冰室诗话》。原刊《新民》1902 年至 1907 年。）

精彩一句：

过渡时代，必有革命。然革命者，当革其精神，非革其形式。

金雅品鉴：

《饮冰室诗话》作于 1902 年至 1907 年间，是任公早年的重要文论。这个时期，任公倡导"三界革命"，即"诗界革命"、"文界革命"、"小说界革命"，向旧文学发起了猛烈的攻击。

任公的文章，当年被称为"野狐"。他的《诗话》，篇幅短小，写法灵活，读来时有酣畅之感。

　　任公赏诗，以精神重于形式，可谓重情、重境、重气、重格。这在上面所选诸段中均有体现。值得注意的是，任公提出，要重军歌、校歌，令人闻之起舞，影响国民国运。《诗话》体现了他一贯的文学艺术为人生的主张。

中国之美文及其历史（节选）

古歌谣及乐府

序论

韵文之兴，当以民间歌谣为最先。歌谣是不会做诗的人（最少也不是专门诗家的人）将自己一瞬间的情感，用极简短极自然的音节表现出来，并无意要他流传。因为这种天籁与人类好美性最相契合，所以好的歌谣，能令人人传诵，历几千年不废。其感人之深，有时还驾专门诗家的诗而上之。

诗和歌谣最显著的分别：歌谣的字句音节是新定的，或多或少、或长或短，都是随一时情感所至，尽量发泄，发泄完便戛然而止。诗呢，无论四言、五言、七言，乃至楚骚体，最少也有略固定的字数、句法和调法，所以词胜于意的地方多少总不能免。简单说，好歌谣纯属自然美，好诗便要加上人工的美。

但我们不能因此说只要歌谣不要诗，因为人类的好美性决不能以天然的自满足，对于自然美加上些人工，又是别一种风味的美。譬如美的璞玉，经琢磨雕饰而更美；美的花卉，经栽植布置而更美。原样的璞玉、花卉，无论美到怎么样，总是单调的，没有多少变化发展。人工的琢磨雕饰栽植布置，可以各式各样月异而岁不同。诗的命运比歌谣悠长，境土比歌谣广阔，都为此故。后代的诗，虽与歌谣划然异体，然歌谣总是诗的前躯。一时代的歌谣往往与其诗有密切的影响，所以歌谣在韵文界的地位，治文学史的人首当承认。

歌谣自然是用来唱的，但严格论之，歌与谣又自有别。《诗经·魏风·园有桃》篇："我歌且谣。"《毛传》云："合乐曰歌，徒歌曰谣。"然则有乐谱者谓之歌，无者谓之谣。虽然，人类必先有歌而后有乐，凡歌没有不先自徒歌起者。及专门音乐家出，乃取古代或现代有名的歌谣按制成谱。于是乎有合乐之歌，则后世所谓乐府也。

诗并不是一定用来唱的，"不歌而诵"的也是诗之一体。但音乐发达的时代，好的诗多半被采入乐，几乎有诗乐合一之观。《史记》说："《诗》三百篇，孔子皆弦而歌之，以求合《韶》《武》《雅》《颂》之音。"大抵《三百篇》里头，除三《颂》或者是专为协乐而作诗之外，其余十五《国风》多半是各地"徒歌"的民谣，二《雅》则诗人所作"不歌而诵"的诗，自孔子以后，却全部变成乐府了。后世乐府，其成立发达的次序，大概也是一样。

乐府之名，起于西汉。《汉书·艺文志》云："自孝武立乐府（官名）而采歌谣，于是有代赵之讴，秦楚之风，皆感于哀乐，缘事而发。"这几句话叙乐府来历，大概是不错的。但有当注意的一点，当时是采歌谣以入乐府，并非先有乐府而后制歌谣。大抵汉代乐府可大别为二类：其一，《郊祀》《房中》诸歌，歌词与乐谱同时并制，性质和《诗经》的三《颂》略同；其二，即乐府所采之民谣，其中大半是"徒歌"，而乐官被之以音乐。《铙歌鼓吹曲》之《朱鹭》《思悲翁》……等十八调，《横吹曲》之《陇头》《折杨柳》……《相和歌辞》之《鸡鸣》《乌生八九子》《陌上桑》……等皆是也（看第三章），性质和《诗经》的十五《国风》略同。汉乐府属于第二类者盖十而七八，此类乐府，大率采各地方之诗，而还被以各地方之乐，但后来有其诗而亡其谱，音节之异同，久已无考了。

汉代乐府，谅来都是能唱的（最少也可以徒歌），所以和普通的诗可以划然分出界限。魏晋以后，用乐府的调名来做五言诗的题目，虽号称乐府，已经和

"不歌而诵"的诗没有分别了。此如《三百篇》与乐相丽，汉以后的四言诗便与乐相离；宋词与乐相丽，元明词便与乐相离；元明曲与乐相丽，近人曲便与乐相离，虽时代嬗变不得不然。然而名实之间，却不可含糊看过。要之乐府一体，自西汉中叶始出现，至东汉末年而消沉，乐府在汉代文学史的地位，恰如诗之在唐，词之在宋，确为一时代之代表产物。过此以往，虽继续摹仿者不少，价值却完全两样了。

南北朝以降，摹仿汉乐府的作品，已并吞在五言诗范围中。但其时却另有一种类似乐府之短歌谣，其格调和当时诗家的诗大有不同。把几个时代这类作品比而观之，可以见出数百年间平民文学变迁的实况。

本卷所叙录，以汉乐府为中坚，而上溯古歌谣以穷其源，下附南北朝短调杂曲以竟其委，魏晋后用乐府调名标题诸作，则各以归诸其时代之诗，不复在此论列。

第一章　秦以前之歌谣及其真伪

歌谣既为韵文中最早产生者，则其起源自当甚古。质而言之，远在有史以前，半开化时代，一切文学美术作品没有，歌谣便已先有。试看现在苗子，连文字都没有，却有不少的歌谣。我族亦何独不然？虽然，古歌谣发达虽甚早，传留却甚难，不著竹帛，口口相传，无论传诵如何广远，终久总要遗失。何况歌谣之为物，本是当时之人自写其实感，社会状况变迁，情感的内容亦随而变。甲时代人极有趣的作品，乙时代人听起来或者索然无味。现代欧美一时流行的曲子，过了几年便无人过问者往往而有，况于一千几百年前的古歌？想他流传不坠，谈何容易。现在古书中传下来这类古董，也有好十几件，我们虽甚珍惜，却有审查真伪的必要。

最古之歌谣见于经书者，有帝舜与皋陶唱和的歌：

股肱起哉，元首喜哉，百工熙哉。

元首明哉，股肱良哉，庶事康哉。

元首丛脞哉，股肱惰哉，万事堕哉。

右（指上，编者注，下同）歌见《尚书·皋陶谟》，在我们未能把《皋陶谟》的编辑时代从新考定以前，只得相信他是真。那么，这三首歌便是中国最古的古歌，距今约四五千年了。但即令是真，也不过君臣谈话之间，用韵语互相劝勉，在情感的文学上，当然没有什么价值。

《尚书·大传》也载有性质略同的三首歌：

> 卿云烂兮，纠漫漫兮，日月光华，旦复旦兮。
> 明明上天，烂然星陈，日月光华，弘于一人。
> 日月有常，星辰有行。四时顺经，万姓允诚。于予论乐，配天之灵。
> 迁于贤善，莫不咸听。鼛乎鼓之，轩乎舞之。菁华已竭，褰裳去之。

这三首歌，就诗论诗，总还算好。第一首且已采作国歌了，但以文学史的眼光仔细观察，这诗的字法、句法、音节，不独非三代前所有，也还不是春秋战国时所有，显然是汉人作品。《尚书·大传》相传是伏生作，真否已属问题，就算是真，伏生已是汉初人了。据说第一首是帝舜倡，第二首是八伯和，第三首是舜载歌，显是依傍《皋陶谟》那三首造出来的无疑。

此外还有什么帝尧时代的《击壤歌》（日出而作，日入而息；凿井而饮，耕田而食。帝力于我何有哉！），见晋皇甫谧的《帝王世纪》；什么帝舜的《南风歌》（南风之薰兮，可以解吾民之愠兮；南风之时兮，可以阜吾民之财兮），见晋王肃的伪《家语》。娘家的来历先自靠不住，更无考证之余地了（伪《列子》有尧时《康衢歌》四句，全抄《诗经》。此外各书还有尧舜时歌数篇，皆无征引之价值）。

《离骚》说："启九辩与九歌兮，夏康娱以自纵，不顾难以图后兮，五子用失乎家巷。"据此，则夏代的歌，战国时或尚有传闻，但其辞当已久佚了。枚赜伪《古文尚书·五子之歌》篇因此造出五首诗来，近人久已知其伪，不必辨了。要之夏代歌诗，一首无存。无已，则《孟子》书中有晏子所引夏谚："吾王不游，吾何以休；吾王不豫，吾何以助；一游一豫，为诸侯度。"或算得是夏代仅存的韵语。《孟子》这书固然不假，但他根据何经何典，是否春秋战国时人依托之作，我们却未敢轻下判断。

殷代歌诗，传者依然很少，《商颂》五篇，是否有殷遗文在内，抑全属周时宋人之作，已属疑问。此外见于《史记》者有殷末周初之歌两首：

箕子《过殷墟歌》：

《史记·宋世家》："箕子朝周，过故殷墟，感宫室毁坏，生禾黍，箕子伤之，欲哭则不可，欲泣为其近妇人，乃作麦秀之诗以歌咏之。……殷民闻之，皆为流涕。"

麦秀渐渐兮，禾黍油油。彼狡童兮，不与我好兮。（司马迁释之曰："所谓狡童者，纣也。"）

伯夷《采薇歌》：

《史记·伯夷列传》："武王已平殷乱，天下宗周，而伯夷、叔齐耻之，义不食周粟，隐于首阳山，采薇而食之。及饿且死，作歌，其辞曰：

登彼西山兮，采其薇矣。以暴易暴兮，不知其非矣。黄农虞夏忽焉没兮，我安适归矣？于嗟徂兮，命之衰矣！"

《史记》固然是最有价值的古史，但所记三代前事，很多令人怀疑之处。这两首歌我们不敢说一定就是原文，但周初诗歌，《三百篇》著录已不少，其有流传之可能性甚明，然则这两首歌，大概也当可信。歌中文辞之优美，意味之浓厚，不待我赞叹了。

西周和春秋初期的歌诗，当以《三百篇》为代表，此处不再说了。其次，则《左传》所载零碎歌谣及其他韵语还不少，今摘录若干章以觇沿革：

周辛甲《虞箴》（襄四年）：

茫茫禹迹，画为九州，经启九道。民有寝庙，兽有茂草，各有攸处，德用不扰。在帝夷羿，冒于原兽，亡（同忘，原注。）其国恤，而思其麀牡。武不可重。用不恢于夏家。兽臣司原，敢告仆夫。

辛甲乃周武王时太史，《左传》不过追述其语。

宋正考父鼎铭（昭七年）：

> 一命而偻，再命而伛，三命而俯，循墙而走，亦莫余敢侮。饘于
> 是，粥于是，以糊予口。

正考父为孔子远祖，在宋佐戴武宣三公，盖□□时人，《左传》追述之。

右两篇本非歌谣，因其为韵文之一体，见于《左传》，故类录之。

鲁羽父引周谚（隐十一年）：

> 山有木，工则度之，宾有礼，主则择之。

晋士蒍引谚（闵元年）：

> 心苟无瑕，何恤乎无家。

晋士蒍赋（僖五年）：

> 狐裘蒙茸，一国三公，吾谁适从？

晋卜偃引童谣（僖五年）：

> 丙之辰，龙尾伏辰，均服振振，取虢之旂。鹑之奔奔，天策焞
> 焞，火中成军，虢公其奔。

宋筑城者嘲华元讴（宣二年）：

> 睅其目，皤其腹，弃甲而复。于思于思（同乌腮），弃甲复来。

鲁声伯梦中闻歌（成十七年）：

　　济洹之水，赠我以琼瑰。归乎归乎，琼瑰盈吾怀乎。

鲁人为臧纥诵（襄四年）：

　　臧之狐裘，败我于狐骀。我君小子，侏儒是使。侏儒侏儒，使我
败于邾。

郑人为子产诵（襄三十年）：

　　取我衣冠而褚之，取我田畴而伍之，孰杀子产，吾其与之。（右
子产初执政时所歌。）
　　我有子弟，子产诲之，我有田畴，子产殖之，子产而死，谁其嗣
之。（右执政三年后所歌。）

鲁人为南蒯歌（昭十二年）：

　　我有圃，生之杞乎！从我者子乎，去我者鄙乎，倍其邻者耻乎！
已乎已乎！非吾党之士乎！

鲁鸜鹆谣（昭二十五年）：

　　鸜之鹆之，公出辱之。鸜鹆之羽，公在外野。往馈之马，鸜鹆跦
跦。公在乾侯，征褰与襦。鸜鹆之巢，远哉遥遥。稠父丧劳，宋父以
骄。鸜鹆鸜鹆，往歌来哭。

吴申叔仪歌（哀十三年）：

佩玉繠兮，余无所系之。旨酒一盛兮，余与褐之父睨之。

卫侯梦浑良夫噪（哀十七年）：

登此昆吾之虚，绵绵生之瓜。余为浑良夫，叫天无辜。

右所录并未完备，不过把文学成分较多的摘出来便了。内中最有趣的是嘲华元讴，一群平民一面做工一面唱歌，把对面的人面目写得活现。最奇诡的是浑良夫噪，一个冤鬼被发跳掷的情状，在纸上飒飒有声。

右所录有许多要参考当时的本事，可看《左传》原文，今不赘录。

我们读这些谣谚，当然会感觉他和《三百篇》风格不同，尤其是后半期——襄、昭、定、哀间的作品，句法是长短句较多，格调多轻俊，藻泽加浓厚，虽彼此文体本不从同，亦可以见诗风变迁之一斑了。（《三百篇》中惟"胡为乎株林……"一章与《左传》诸歌谣最相似，此章乃陈灵公时诗，《三百篇》中最晚的一篇了。）

周代歌谣见于《左传》以外者尚不少，但真伪问题却大半要当心了。内中时代最早的则所谓□□西王母《白云谣》：

白云在天，山陵自出。道里悠远，山川间之。将子无死，尚复能来。

这首谣见《穆天子传》，说是周穆王上昆仑山见西王母，临归，王母觞之于瑶池，唱这谣送他，穆王还有和章。（恕不录。）《穆天子传》这部书，乃晋太康三年在汲县魏安釐王冢中，与《竹书纪年》同时出土，书之真伪，问题很杂，若认为全伪，那么便是晋人手笔，若认为真，便是战国人所记，可算中国最古的小说。若谓西周时的穆王真有此事真有此诗，未免痴人前说不得梦了。诗却甚佳，但和《三百篇》风格划然不同，细读自能辨。

次则所谓齐宁戚《饭牛歌》：

南山矸，白石烂，生不逢尧与舜禅。短布单衣适至骭，从昏饭牛薄夜半，长夜漫漫何时旦！

这首诗始见于《史记集解》引应劭，云出《三齐记》。宁戚是管仲同时人，此诗若真，便是孔子前一百多年的作品了。但我们当注意者，《吕氏春秋·举难篇》，《淮南子·道应篇》，并详载宁戚饭牛事，但皆仅言其"扣牛角而歌"，并没有载他的歌词。而《后汉书·马融传》注引《说苑》则云："宁戚饭牛于康衢，击车辐而歌硕鼠。"（今本作歌顾见，字形近而讹。）高诱《吕氏春秋》注亦云："歌硕鼠也。"并将《诗经·硕鼠》篇全文录入注中。所歌是否必为硕鼠，虽未确知，但南山白石之篇为刘向、高诱所未见，总算有确实反证。《三齐记》已佚，不知何人所撰，恐是晚汉依托之作耳。（又《艺文类聚》及《文选·啸赋》李善注又各载有《宁戚歌》一首，与此文不同。《文选》注那首末句云："吾将与尔适楚国"，似是因原有歌硕鼠之传说乃将《硕鼠》篇"逝将去妆，适彼乐国"敷衍成文。《艺文类聚》那首，前四句和《三齐记》那首大同小异。末句云："吾将舍汝相齐国"，似是将那两首改头换面凑成。要之，三首皆不可信也。）此诗就诗论诗，原是很好的，若果真，那么便是七言诗之祖。但我敢说这种诗格，决非春秋时所有，摆在东汉乐府里头，倒还算上乘。（其实宁戚饭牛事便根本不可信。布衣立谈取卿相，乃战国风气，春秋初期，决无有此事，本是战国游说之士造出来。诗则东汉末伪中生伪。）

其次则所谓秦百里奚妻之歌：

百里奚，五羊皮，忆别时，烹伏雌，炊扊扅。今日富贵，忘我为。

此诗见应劭《风俗通》（劭东汉末人）。百里奚为秦穆公时人，诗若真，也是春秋初期作品了。但奚以五羊之皮要穆公，本是战国人造的谣言，孟子已经辩过，这诗句法，颇似汉《郊祀歌》，当属汉人依托，诗亦寡味。

其次则伍子胥自楚亡命时，渔人救之，作歌：

日月昭昭乎侵已驰，与子期乎芦之漪。

日已夕兮，余心忧悲，月已驰兮，何不渡为。事且急兮将奈何。

芦中人，芦中人，岂非穷士乎？

此歌见东汉袁康所著《吴越春秋》。这部书为半小说体的，所载事迹，我们未敢全信，但此歌尚朴，与《左传》所载春秋末歌谣还不甚相远，姑且算他是真的罢。(《吴越春秋》还载有伍子胥《河上歌》《申包胥歌》《扈子琴曲》《越王夫人歌》《采葛妇歌》等，皆一望而知为汉人手笔，因此我连这首《渔父辞》，也不能不有些怀疑。)

次则《论语》所载《楚狂接舆歌》：

凤兮凤兮，何德之衰？往者不可谏，来者犹可追。已而已而，今之从政者殆而！

此歌见《论语》，我们当然该相信。但据近人崔适的考证，则《论语》末五篇之真伪还有问题。内中曾否有战国人窜乱，尚未可定。《庄子·人间世》篇亦载此歌而其词加长，末段有："迷阳迷阳，无伤吾行。吾行郤曲，无伤吾足"等语，似是从《论语》衍出。

《庄子·人间世》篇载有孟子反、琴张吊子桑户歌云："嗟来桑户乎，嗟来桑户乎，尔已反其真，而我犹为人猗！"三人皆孔子时人，孟子反即孟之反，子桑户即子桑伯子，俱见《论语》。琴张见《孟子》，似是孔子弟子。但这首歌大概是庄周寓言代撰，未必为孔子时作品。

次则有孔子所闻的《孺子歌》：

沧浪之水清兮，可以濯我缨，沧浪之水浊兮，可以濯我足。

此歌见《孟子》，且述有孔子赞美解释之词，我们应认为真。

孔子最爱唱歌，我们在《论语》和别的书里头，处处可以看出。(《论语》说："子于是日哭则不歌，然则不哭之日必歌矣。")但所歌像都是前人旧诗，自己作的很少见。各书中所载孔子诗歌比较可信者只有下列三首：

彼妇之口，可以出走。彼女之谒，可以死败。盖优哉游哉，维以卒岁。

见《史记·孔子世家》，说是孔子相鲁，齐人馈女乐间之，孔子去鲁，作此。

违山十里，蟋蛄之声犹尚在耳。

见《说苑》，还加以解释，说是"政尚静而恶哗"。

泰山其颓乎，梁木其坏乎，哲人其萎乎！

见《礼记·檀弓》篇，说是孔子临没时负杖逍遥所作。

这三首歌所出的书，比较可信，但都是西汉人著述，那时的孔子早已变成半神话的人物，即如《孔子世家》中所载事迹，我们便有一半要怀疑。所以这三首歌是否必出孔子，仍未敢断，歌词也不见什么好处。

此外号称孔子诗者还有若干首，例如什么《适赵临河歌》（狄水衍兮风扬波，舟楫颠倒更相加，归来归来胡为斯。）见《水经注》。什么《却楚聘歌》（大道隐兮礼为基，贤人窜兮将待时，天下如一兮欲何之？），什么《获麟歌》（唐虞世兮麟麟游，今非其时兮来何求？麟兮麟兮我心忧！），俱见伪《孔丛子》。什么《龟山操》（予欲望鲁兮龟山蔽之，手无斧柯奈龟山何！），见晋人所辑《琴操》。这些显然是魏晋以后赝作，本不足论列，但因一般人尚多崇信，是以录而辨之。

世传《琴操》二卷，题汉蔡邕撰。内载《琴曲歌辞》四十二首，其中三代人作品居十之九。此书若可信，那么真是《三百篇》以外之商周乐府，何等宝贵！然《后汉书·蔡邕传》并不言其著有《琴操》，《隋书·经籍志》有《琴操》三卷，则晋人孔衍所撰，今所传本若为《隋志》之旧，则亦晋人所作耳。晋人最好造伪书伪古曲，凡那时代所出现之书言上古事者本极难信，《琴操》所录歌辞，无一首不滥俗恶劣，不惟非三代旧文，即两汉亦无此恶札也。故今一概不录，因《龟山操》事，附论于此。

战国韵文，除屈原宋玉几篇巨制震古铄今外，别的绝少流传，北方尤为稀见，勉强找一首，则惟赵武灵王梦中所闻歌：

> 美人荧荧兮，颜若苕之荣，命乎命乎，曾无我嬴。

此歌见《史记·赵世家》，说武灵王所闻者乃一处女鼓琴而歌，情节和词藻，都和《左传》所记声伯梦中闻歌有点相类。

《楚辞》以外战国时江南诗歌，《说苑·善说篇》所载《越女棹歌》，说是楚国的王子鄂君子晳乘船在越溪游耍，船家女孩子"拥楫而歌"，歌的是越音，其词如下："滥兮抃草滥予昌枑泽予昌昌州州焉乎秦胥胥缦予乎昭澶秦逾渗堤随河湖"，鄂君听着，自然一字不懂，于是叫人译成楚国语如下：

> 今夕何夕兮，搴舟中流，今日何日兮，得与王子同舟。
> 蒙羞被好兮，不訾诟耻，心几顽而不绝兮，知得王子。
> 山有木兮木有枝，心说君兮君不知。

在中国古书上找翻译的文字作品，这首歌怕是独一无二了。歌词的旖旎缠绵，读起来令人和后来南朝的"吴歌"发生联想。《说苑》虽属战国末著述，但战国时楚越之地，像有发生这种文体之可能，况且还有钩鹠舌的越语原文，我想总不是伪造的。

到秦汉之交，却有两首千古不磨的杰歌，其一，荆轲的《易水歌》，其二，项羽的《垓下歌》。

《易水歌》：

> 《史记·刺客列传》记荆轲为燕太子丹刺秦始皇事云：
> "……太子及宾客知其事者皆白衣冠以送之。至易水之上，既取

祖道，高渐离击筑，荆轲和而歌，为变徵之声，士皆垂泪涕泣。又前
而歌曰……"

风萧萧兮易水寒，壮士一去兮不复还！

据《史记》，荆轲的歌当有两首。前一首作"变徵声"，大概是叙怆恻的别
情，所以满坐垂泪，可惜歌词已失传了。这一首乃最后所歌，史言："复为'羽
声'慷慨，士皆瞋目，发尽上指冠。"至今我们读起来，还有一样的同感，当时
更可想见了。虽仅仅两句，把北方民族武侠精神完全表现，文章魔力之大，殆
无其比。

《垓下歌》：

《史记·项羽本纪》叙羽最后战败，汉兵围之于垓下："项王则夜
起饮帐中，有美人名虞，常幸从；骏马名骓，常骑之。于是项王乃悲
歌慷慨，自为诗曰……歌阕，美人和之，左右皆泣，莫能仰视。"

力拔山兮气盖世，时不利兮骓不逝，骓不逝兮可奈何！虞兮虞兮
奈若何！

这位失败英雄写自己最后情绪的一首诗，把他整个人格活活表现，读起来
像看加尔达支勇士最后自杀的雕像。则今二千多年，无论哪一级社会的人几乎
没有不传诵，真算得中国最伟大的诗歌了。（世俗传有虞美人和诗，乃是一首打
油的五言唐律，更无辨证之价值。）

综观以上所录，可见中国含有美术性的歌谣，自殷末周初，始有流传作
品。（起喜歌不能算美术的。）就此少数传品而论，周代八百年中，也很看出变
迁痕迹。前期的格调，和《三百篇》有点相近；后期便和《楚辞》有点相近；
到《易水》《垓下》两歌，已纯然汉风了。最可惜是战国时代传品太少，不甚能
看出嬗变的径路，史料阙乏，无可如何了。

（1924 年作，节选自《中国之美文及其历史》。
收入《饮冰室合集》第 10 册，中华书局 1936 年版。）

精彩一句：

人类的好美性决不能以天然的自满足，对于自然美加上些人工，又是别一种风味的美。

金雅品鉴：

本文节选自任公《中国之美文及其历史》第一部分"古歌谣及乐府"的绪论和第一章，不到全著的十分之一。《中国之美文及其历史》和《中国韵文里头所表现的情感》是任公最有名的研究中国古典诗词的两部长篇宏著，前者是纵向的史的视野，后者是横向的问题的视野。

究竟自然更美，还是人工更美？任公是主张需要艺术加工的，黑格尔、朱光潜都属此列。但艺术加工的核心是什么？实际上也有主思想情韵和主形式技巧的区别，任公应属前者。任公赞同好诗之文辞与意味兼美，但他最欣赏的还是能凸现民族精神和英雄人格的作品，将它们称为"千古不磨的杰歌"，是"中国最伟大的诗歌"。

中国韵文里头所表现的情感

本学期在清华学校讲国史，校中文学社诸生，请为文学的课外讲演，辄拈此题。所讲现未终了，讲义随讲随编，其预定的内容略如下：

右（指上，编者注。）讲稿皆于著史之暇间日抽余晷草之，其脱略舛谬处，自知不少——即如第三讲中论奔迸的表情法所引《陇头歌》，细思实当改入第四讲中论吞咽式表情法条下——今因《改造》杂志索稿，匆匆检付，无暇覆勘校改，惟自觉用表情法分类以研究旧文学，确是别饶兴味。前人虽间或论及，但未尝为有系统的研究。不揣愚陋，辄欲从此方面引一端绪。其疏舛之处，极盼海内同嗜加以是正。

校中参考书缺乏，且时日匆促，故所引作品，仅凭记忆所及，读者幸勿责其罣漏。

十一，三，二十五，在清华学校。启超。

一

天下最神圣的莫过于情感。用理解来引导人，顶多能叫人知道哪件事应该做，哪件事怎样做法，却是与被引导的人到底去做不去做，没有什么关系。有时所知的越发多，所做的倒越发少。用情感来激发人，好像磁力吸铁一般，有多大分量的磁，便引多大分量的铁，丝毫容不得躲闪，所以情感这样东西，可以说是一种催眠术，是人类一切动作的原动力。

情感的性质是本能的，但他的力量，能引人到超本能的境界；情感的性质是现在的，但他的力量，能引人到超现在的境界。我们想入到生命之奥，把我的思想行为和我的生命迸合为一，把我的生命和宇宙和众生迸合为一；除却通过情感这一个关门，别无他路。所以情感是宇宙间一种大秘密。

情感的作用固然是神圣，但他的本质不能说他都是善的都是美的。他也有很恶的方面，他也有很丑的方面。他是盲目的，到处乱碰乱迸，好起来好得可爱，坏起来也坏得可怕。所以古来大宗教家大教育家，都最注意情感的陶养，老实说，是把情感教育放在第一位。情感教育的目的，不外将情感善的美的方面尽量发挥，把那恶的丑的方面渐渐压伏淘汰下去。这种功夫做得一分，便是人类一分的进步。

情感教育最大的利器，就是艺术。音乐、美术、文学这三件法宝，把"情感秘密"的钥匙都掌住了。艺术的权威，是把那霎时间便过去的情感，捉住他令他随时可以再现，是把艺术家自己"个性"的情感，打进别人们的"情阈"里头，在若干期间内占领了"他心"的位置。因为他有恁么大的权威，所以艺术家的责任很重，为功为罪，间不容发。艺术家认清楚自己的地位，就该知道：最要紧的工夫，是要修养自己的情感，极力往高洁纯挚的方面，向上提挈，向里体验，自己腔子里那一团优美的情感养足了，再用美妙的技术把他表现出来，这才不辱没了艺术的价值。

二

我这篇讲演，说的是中国韵文里头所表现的情感。"韵文"是有音节的文字，那范围，从《三百篇》《楚辞》起，连乐府歌谣、古近体诗、填词、曲本，乃至骈体文都包在内（但骈体文征引较少）。我所征引的只凭我记忆力所及，自然不能说完备，但这些资料，不过借来举例，倒不在乎备不备，我想恁么多也够了。我所征引的，都是极普通脍炙人口的作品，绝不搜求隐僻，我想这种作品，最合于作品代表的资格。

我这回所讲的，专注重表现情感的方法，有多少种？哪样方法我们中国人用得最多用得最好？至于所表现的情感种类，我也很想研究。但这回不及细讲，只能引起一点端绪。我讲这篇的目的，是希望诸君把我所讲的做基础，拿来和西洋文学比较，看看我们的情感，比人家谁丰富谁寒俭？谁浓挚谁浅薄？谁高远谁卑近？我们文学家表示情感的方法，缺乏的是哪几种？先要知道自己民族的短处去补救他，才配说发挥民族的长处。这是我讲演的深意。现在请入本题。

三

向来写情感的，多半是以含蓄蕴藉为原则，像那弹琴的弦外之音，像吃橄榄的那点回甘味儿，是我们中国文学家所最乐道。但是有一类的情感，是要忽然奔迸一泻无余的，我们可以给这类文学起一个名，叫做"奔迸的表情法"。例如碰着意外的过度的刺激，大叫一声或大哭一场或大跳一阵，在这种时候，含蓄蕴藉，是一点用不着。例如《诗经》：

> 蓼蓼者莪，匪莪伊蒿。哀哀父母，生我劬劳！（《蓼莪》）
> 彼苍者天，歼我良人！如可赎兮，人百其身。（《黄鸟》）

前一章是父母死了，悲痛到极处，"哀哀……劬劳"八个字，连泪带血迸出来。后一章是秦穆公用人来殉葬，看的人哀痛怜悯的感情，迸在这四句里头，成了群众心理的表现。

> 风萧萧兮易水寒，壮士一去兮不复还！

这是荆轲行刺秦始皇临动身时，他的朋友高渐离歌来送他。只用两句话，一点扭捏也没有，却是对于国家对于朋友的万斛情感，都全盘表出了。

古乐府里头有一首《箜篌引》，不知何人所作。据说是有一个狂夫，当冬天早上，在河边"被发乱流而渡"，他的妻子从后面赶上来要拦他，拦不住，溺死了。他妻子作了一首"引"，是：

> 公无渡河！公竟渡河！堕河而死，将奈公何！

又有一首《陇头歌》，也不知谁人所作，大约是一位身世很可怜的独客。那歌有两叠，是：

> 陇头流水，流离四下，念吾一身，飘然旷野。
> 陇头流水，鸣声呜咽，遥望秦川，肝肠断绝。

这些都是用极简单的语句，把极真的情感尽量表出，真所谓"一声何满子，双泪落君前"。你若要多著些话，或是说得委婉些，那么真面目完全丧掉了。

> 力拔山兮气盖世！时不利兮骓不逝！骓不逝兮可奈何！虞兮虞兮奈若何！（《虞兮歌》）
>
> 大风起兮云飞扬！威加海内兮归故乡！安得猛士兮守四方！（《大风歌》）

前一首是项羽在垓下临死时对着他爱妾虞姬唱的，把英雄末路的无限情感都涌现了。后一首是汉高祖做了皇帝过后，回到故乡，对那些父老唱的，一种得意气概尽情流露。

> 陟彼北芒兮，噫！顾瞻帝京兮，噫！宫阙崔巍兮，噫！民之劬劳兮，噫！辽辽未央兮，噫！（《五噫歌》）

这一首是后汉时梁鸿作的。满肚子伤世忧民的热情，叹了五口大气，尽情发泄，极文章之能事。

> 上邪！我欲与君相知，长命无绝衰。山无陵，江水为竭，冬雷震震夏雨雪，天地合，乃敢与君绝。（《上邪曲》）

这类一泻无余的表情法，所表的十有九是哀痛一路。这首歌却是写爱情，像这样斩钉截铁的赌咒，正表示他们的恋爱到"白热度"。

正式的五七言诗，用这类表情法的很少，因为多少总受些格律的束缚，不能自由了。要我在各名家诗集里头举例，几乎一个也举不出（也许是我记不起）。独有表情老手的杜工部，有一首最为怪诞。

> 剑外忽传收蓟北，初闻涕泪满衣裳。却看妻子愁何在，漫卷诗书喜欲狂。白日放歌须纵酒，青春结伴好还乡。即从巴峡穿巫峡，便下襄阳向洛阳。

凡诗写哀痛、愤恨、忧愁、悦乐、爱恋，都还容易，写欢喜真是难。即在长短句和古体里头也不易得。这首诗是近体，个个字受"声病"的束缚，他却作得如此淋漓尽致，那一种手舞足蹈的情形，读了令人发怔。据我看过去的诗没有第二首比得上了。

此外这种表情法，我能举得出的很少。近代人吴梅村，诗格本不算高，但他的集中却有一首，确能用这种表情法。那题目我记不真，像是《送吴季子出塞》。他劈空来恁么几句：

> 人生千里与万里，黯然消魂别而已！君独何为至于此？生非生兮死非死，山非山兮水非水。……

他送的人叫做吴汉槎，是前清康熙间一位名士，因不相干的事充军到黑龙江，许多人替他叫冤，都有诗送他，梅村这首算是最好，好处是把无穷的冤抑，用几句极粗重的话表尽了。

词里头这种表情法也很少，因为词家最讲究缠绵悱恻，也不是写这种情感的好工具。若勉强要我举个例，那么，辛稼轩的《菩萨蛮》上半阕：

> 郁孤台下清江水，中间多少行人泪。西北是长安，可怜无数山。……

这首词是在徽钦二宗北行所经过的地方题壁的，稼轩是比岳飞稍为晚辈的一位爱国军人，带着兵驻在边界，常常想要恢复中原，但那时小朝廷的君臣都不许他。到了这个地方，忽然受很大的刺激，由不得把那满腔热泪都喷出来了。

吴梅村临死的时候，有一首《贺新郎》，也是写这一类的情感，那下半阕是：

> 故人慷慨多奇节，恨当年沉吟不断，草间偷活。艾炙眉头瓜喷鼻，今日须难决绝。早患苦重来千叠。脱屣妻孥非易事，竟一钱不值何须说。……

梅村因为被清廷强奸了当"贰臣",心里又恨又愧,到临死时才尽情发泄出来,所以很能动人。

曲本写这种情感,应该容易些,但好的也不多。以我所记得的,独《桃花扇》里头,有几段很见力量。那《哭主》一出,写左良玉在黄鹤楼开宴,正饮得热闹时,忽然接到崇祯帝殉国的急报,唱道:

> 高皇帝,在九京,不管亡家破鼎。那知你圣子神孙,反不如飘蓬断梗!十七年忧国如病,呼不应天灵祖灵,调不来亲兵救兵。白练无情,送君王一命!……
>
> 宫车出,庙社倾,破碎中原费整。养文臣帷幄无谋,养武夫疆场不猛。到今日山残水剩,对大江月明浪明,满楼头呼声哭声。这恨怎平,有皇天作证。……

那《沉江》一出,写清兵破了扬州,史可法从围城里跑出,要到南京,听见福王已经投降,哀痛到极,迸出来几句话:

> 抛下俺断蓬船,撇下俺无家犬!呼天叫地千百遍,归无路进又难前!……累死英雄,到此日看江山换主,无可留恋。

唱完了这一段,就跳下水里死了。跟着有一位志士赶来,已经救他不及,便唱道:

> ……谁知歌罢剩空筵?长江一线,吴头楚尾路三千。尽归别姓,雨翻云变!寒涛东卷,万事付空烟!……

这几段,我小时候读他,不知淌了几多眼泪。别人我不知道,我自己对于满清的革命思想,最少也有一部分受这类文学的影响。他感人最深处,是一个个字,都带着鲜红的血呕出来。虽然比前头所举那几个例说话多些,但在这种文体不得不然,我们也不觉得他话多。

凡这一类，都是情感突变，一烧烧到"白热度"，便一毫不隐瞒，一毫不修饰，照那情感的原样子，迸裂到字句上。我们既承认情感越发真越发神圣，讲真，没有真得过这一类了。这类文学，真是和那作者的生命分劈不开。——至少也是当他作出这几句话那一秒钟时候，语句和生命是迸合为一。这种生命，是要亲历其境的人自己创造，别人断乎不能替代。如"壮士不还"、"公无渡河"等类，大家都容易看出是作者亲历的情感。即如《桃花扇》这几段，也因为作者孔云亭是一位前明遗老（他里头还有一句说，哪晓得我老夫就是戏中之人）。这些沉痛，都是他心坎中原来有的，所以写得能够如此动人。所以这一类我认为情感文中之圣。

这种表现法，十有九是表悲痛。表别的情感，就不大好用。我勉强找，找得《牡丹亭·惊梦》里头：

原来是姹紫嫣红开遍，似这般都付与断井颓垣！

这两句的确是属于奔进表情法这一类。他写情感忽然受了刺激，变换一个方向，将那霎时间的新生命迸现出来，真是能手。

我想，悲痛以外的情感，并不是不能用这种方式去表现。他的诀窍，只是当情感突变时，捉住他"心奥"的那一点，用强调写到最高度。那么，别的情感，何尝不可以如此呢？苏东坡的《水调歌头》，便是一个好例。

明月几时有，把酒问青天。不知天上宫阙，今夕是何年？我欲乘风归去，又恐琼楼玉宇，高处不胜寒。……

这全是表现情感一种亢进的状态，忽然得着一个"超现世的"新生命，令我们读起来，不知不觉也跟着到他那新生命的领域去了。这种情感的这种表现法，西洋文学里头恐怕很多，我们中国却太少了。我希望今后的文学家，努力从这方面开拓境界。

四

这一回讲的，我也起他一个名，叫做"回荡的表情法"，是一种极浓厚的情感盘结在胸中，像春蚕抽丝一般，把他抽出来。这种表情法，看他专从热烈方面尽量发挥，和前一类正相同。所异者，前一类是直线式的表现，这一类是曲线式或多角式的表现。前一类所表的情感，是起在突变时候，性质极为单纯，容不得有别种情感搀杂在里头。这一类所表的情感，是有相当的时间经过，数种情感交错纠结起来，成为网形的性质。人类情感，在这种状态之中者最多，所以文学上所表现，亦以这一类为最多。

这类表情法，在《诗经》中可以举出几个绝好模范：

> 鸱鸮鸱鸮！既取我子，无毁我室！恩斯勤斯，鬻子之闵斯。
>
> 迨天之未阴雨，彻彼桑土，绸缪牖户，今女下民，或敢侮予。
>
> 予手拮据，予所捋荼，予所蓄租，予口卒瘏，曰予未有室家。
>
> 予羽谯谯，予尾翛翛，予室翘翘，风雨所漂摇，予维音哓哓。

（《鸱鸮》）

《三百篇》的作者，百分之九十九没有主名，独这一篇因《尚书·金滕》所记，我们确知系出周公手笔，是当管蔡流言王业漂摇的时候，作来感悟成王的。他托为一只鸟的话，说经营这小小的一个巢，怎样的担惊恐，怎样的捱辛苦，现在还是怎样的艰难。没有一句动气语，没有一句灰心。只有极浓极温的情感，像用深深的刀痕刻镂在字句上。那情感的丰富和醇厚，真可以代表"纯中华民族文学"的美点。他那表情方法，是用螺旋式，一层深过一层。

> 弁彼鸒斯，归飞提提。民莫不穀，我独于罹。何辜于天，我罪伊何？心之忧矣，云如之何？
>
> 踧踧周道，鞫为茂草。我心忧伤，惄焉如捣。假寐永叹，维忧用老。心之忧矣，疢如疾首。

维桑与梓，必恭敬止。靡瞻匪父，靡依匪母。不属于毛，不离于

里。天之生我，我辰安在？……（《小弁》）

这诗共八章，为省时间起见，仅引三章，其实全篇是无一处不好的。这诗也大概寻得出主名，是周幽王宠爱褒姒，把太子废了，太子的师傅代太子作这篇诗来感动幽王，幽王到底不听，周朝不久也被犬戎灭了，算是历史上很有关系的一篇文学。这诗的特色，是把磊磊堆堆盘郁在心中的情感，像很费力的才吐出来，又像吐出，又像吐不出，吐了又还有。那表情方法，专用"语无伦次"的样子，一句话说过又说，忽然说到这处，忽然又说到那处。用这种方式来表现这种情绪，恐怕再妙没有了。

彼黍离离，彼稷之苗。行迈靡靡，中心摇摇。知我者谓我心忧，

不知我者谓我何求！悠悠苍天，此何人哉？

彼黍离离，彼稷之穗。行迈靡靡，中心如醉。知我者谓我心忧，

不知我者谓我何求！悠悠苍天，此何人哉？（《黍离》）

这首诗依旧说是宗周亡了过后，那些遗民，经过故都凭吊感触做出来，大约是对的。他那一种缠绵悱恻回肠荡气的情感，不用我指点，诸君只要多读几遍，自然被他魔住了。他的表情法，是胸中有种种甜酸苦辣写不出来的情绪，索性都不写了，只是咬着牙龈长言永叹一番，便觉得一往情深，活现在字句上。

肃肃鸨翼，集于苞棘。王事靡盬，不能蓺黍稷。父母何食！悠悠苍

天，曷其有极！（《鸨羽》）

泛彼柏舟，亦泛其流。耿耿不寐，如有隐忧。微我无酒，以敖以游。

我心匪鉴，不可以茹。亦有兄弟，不可以据。薄言往诉，逢彼之怒。

我心匪石，不可转也。我心匪席，不可卷也。威仪棣棣，不可选也。

忧心悄悄，愠于群小。觏闵既多，受侮不少。静言思之，寤辟有摽。

日居月诸，胡迭而微。心之忧矣，如匪澣衣。静言思之，不能奋飞。

（《柏舟》）

那《鸨羽》篇，大约是当时人民被强迫去当公差，把正当职业都担搁了，弄到父母捱饿。那《柏舟》篇，大约是一位女子，受了家庭的压迫，有冤无处诉，都是表一种极不自由的情感。他的表情法，和前头那三首都不同。他们在饮恨的状态底下，情感才发泄到喉咙，又咽回肚子里去了。所以音节很短促，若断若续，若用曼声长谣的方式写这种情感便不对。

这五篇都是回荡的表情法，却有四种不同的方式，我们可以给他四个记号：

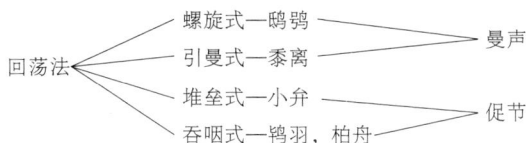

$$
回荡法 \begin{cases} 螺旋式—鸱鸮 \\ 引曼式—黍离 \\ 堆垒式—小弁 \\ 吞咽式—鸨羽，柏舟 \end{cases} \begin{matrix} 曼声 \\ \\ 促节 \end{matrix}
$$

《诗经》中这类表情法，真是无体不备，像这样好的还很多，《小雅》十有九皆是，真所谓"温柔敦厚"，放在我们心坎里头是暖的。《诗经》这部书所表示的，正是我们民族情感最健全的状态。这一点无论后来哪位作家，都赶不上。

《楚辞》的特色，在替我们文学界开创浪漫境界，常常把情感提往"超现实"的方向，这一点下文再说。他的现实方面，还是和《三百篇》一样路数，缠绵悱恻，怨而不怒，试举数段为例：

> ……入溆浦余僔佪兮，迷不知吾所如。深林杳以冥冥兮，猿狖之所居。山峻高以蔽日兮，下幽晦以多雨。霰雪纷其无垠兮，云霏霏而承宇。哀吾生之无乐兮，幽独处乎山中。吾不能变心而从俗兮，固将愁苦而终穷。……（《涉江》）

> ……忠何罪以遇罚兮，亦非余心之所志。行不群以颠越兮，又众兆之所咍。纷逢尤以离谤兮，謇不可释。情沉抑而不达兮，又蔽而莫之白。心郁邑而侘傺兮，又莫察余之中情。固烦言不可结诒兮，愿陈志而无路。退静默而莫余知兮，进号呼又莫吾闻。申侘傺之烦惑兮，中闷瞀之忳忳。……（《惜诵》）

> 曼余目以流观兮，冀一反之何时。鸟飞反故乡兮，狐死必首丘。信非吾罪而弃逐兮，何日夜而忘之。（《哀郢》）

……忳郁邑余侘傺兮，吾独穷困乎此时也。宁溘死以流亡兮，余不忍为此态也……（《离骚》）

制芰荷以为衣兮，集芙蓉以为裳。不吾知其亦已兮，苟余情其信芳。高余冠之岌岌兮，长余佩之陆离。芳与泽其杂糅兮，唯昭质其犹未亏。忽反顾以游目兮，将往观乎四荒。佩缤纷其繁饰兮，芳菲菲其弥章。人生各有所乐兮，余独好修以为常。虽体解吾犹未变兮，岂余心之可惩。（同上）

屈原的情感，是烦闷的，却又是浓挚的，孤洁的，坚强的。浓挚孤洁坚强三种拼拢一处，已经有点不甚相容，还凑着他那种境遇，所以变成烦闷。《涉江》那段，用象征的方式，烘托出烦闷。《惜诵》那段，写无伦次的烦闷状态，和前文所引的《小弁》，同一途径。《哀郢》那段，把浓挚的情感尽量显出。《离骚》两段，专表他的孤洁和坚强。屈原是有洁癖的人，闹到情死。他的情感，全含亢奋性，看不出一点消极的痕迹。

宋玉便不同了。他代表的作品是《九辩》，完全和屈原是两种气味。

悲哉秋之为气也！萧瑟兮草木摇落而变衰，憭慄兮若在远行，登山临水兮送将归。泬寥兮天高而气清，寂寥兮收潦而水清。憯悽增欷兮薄寒之中人，怆怳懭悢兮去故而就新。坎廪兮贫士失职而志不平，廓落兮羁旅而无友生，惆怅兮而私自怜。……（《九辩》）

这篇全是汉晋以后那种叹老嗟卑的颓废情感所从出，比屈原差得远了。但表情的方法，屈、宋都是一样，我譬喻他像一条大蛇，在那里蟠——蟠——蟠！又像一个极深极猛的水源，给大石堵住，在石罅里头到处喷迸。这是他们和《三百篇》不同处。

《楚辞》多半是曼声；很少促节，大抵这一体与促节不甚相宜。独有淮南小山《招隐士》，是别调，全篇都算得促节。如：

王孙游兮不归，春草生兮萋萋，岁暮兮不自聊，蟪蛄鸣兮啾啾，

块兮轧，山曲弟，心淹留兮恫慌忽，罔兮沕，漻兮栗，虎豹穴，丛薄
深林兮人上慄。

但这种促节不全属吞咽一路。像《哀郢》那几句，的确写饮恨的情感，却
仍是曼声。

汉魏六朝五言诗的表情法，都走微婉一路，容下文再说。要看他们热烈的
情感，还是从乐府里找。试举几首为例：

（1）
悲歌可以当泣，远望可以当归。

思念故乡，郁郁累累。

欲归家无人，欲渡河无船。

心思不能言，肠中车轮转。

（2）
秋风萧萧愁杀人，出亦愁，入亦愁。

座中何人，谁不怀忧，令我白头。

胡地多悲风，树木何修修。

离家日趋远，衣带日趋缓。心思不能言，肠中车轮转。

（3）
来日大难，口燥唇干。今日相乐，皆当喜欢。……

月没参横，北斗阑干。亲交在门，饥不及餐。……

（4）
出东门不顾，归来入门怅欲悲。

盎中无斗储，还视桁上无悬衣。

拔剑出门去，儿女牵衣啼。

他家但愿富贵，贱妾与君共铺糜。

共铺糜，上用仓浪天故，下为黄口小儿。

今时清廉难犯，教言君自爱莫为非。

今时清廉难犯，教言君自爱莫为非。

行吾！去为迟。（原注：行吾之"吾"字疑即"乎"字，同音通用。）

平慎行，望君归。

（5）

有所思，乃在大海南。何用问遗君，双珠玳瑁簪。

用玉绍缭之，闻君有他心，拉杂摧烧之。

摧烧之，当风扬其灰。从今已往，勿复相思。

相思与君绝，鸡鸣狗吠当知之。

妃呼狶！秋风肃肃晨风飔。东方须臾高，知之。（注："妃呼狶"，感叹词。）

这些乐府，不惟不能得作者主名，并不能确指年代，大约是汉以后唐以前几百年间的作品。此外还有许多好的，因为他是另外一种表情法，等到下文别段再讲。读这几首，大略可以看得出当时平民文学的特采，是极真率而又极深刻，后来许多专门作家都赶不上。李太白刻意学这一体，但神味差得远了。

汉代大文学家很少，流传下来最有名的是几篇赋，都不是表情之作。五言诗初初发轫，没有壮阔的波澜，摹仿《三百篇》取蕴藉一路的较多些，很回荡的可以说没有。勉强举一两首，如苏武的：

结发为夫妻，恩爱两不疑。欢娱在今夕，燕婉及良时。

征夫怀往路，起视夜何其。参辰皆已没，去去从此辞。

行役在战场，相见未有期。握手一长叹，泪为生别滋。

努力爱春华，莫忘欢乐时。生当复归来，死当长相思。

枚乘的：

行行重行行，与君生别离。相去万余里，各在天一涯。

道路阻且长，会面安可知。胡马依北风，越鸟巢南枝。

相去日已远，衣带日已缓。浮云蔽白日，游子不顾返。

思君令人老，岁月忽已晚。弃捐莫复道，努力加餐饭。

两首皆写男女别时别后的情爱，前一首近于螺旋式，后一首近于吞咽式。当时作品中，只能到这种境界而止。往前比，比不上《三百篇》《楚辞》。往后比，比不上唐人。同时的，也比不上平民文学的乐府。到三国时建安七子，渐渐把五言成立一个规模，内中以曹子建为领袖。子建《赠白马王彪》一首，可算得在五言诗里头别出生面，开后来杜工部一路。这诗很长，录之如下：

> 谒帝承明庐，逝将归旧疆。清晨发皇邑，日夕过首阳。伊洛广且深，欲济川无梁。泛舟越洪涛，怨彼东路长。顾瞻恋城阙，引领情内伤。太谷何寥廓，山树郁苍苍。霖雨泥我涂，流潦浩纵横。中逵绝无轨，改辙登高冈。修坂造云日，我马玄以黄。

> 玄黄犹能进，我思郁以纡。郁纡将何念，亲爱在离居。本图相与偕，中更不克俱。鸱枭鸣衡轭，豺狼当路衢。苍蝇间白黑，谗巧反亲疏。欲还绝无蹊，揽辔止踟蹰。

> 踟蹰亦何留，相思无终极。秋风发微凉，寒蝉鸣我侧。原野何萧条，白日忽西匿。归鸟赴乔林，翩翩厉羽翼。孤兽走索群，衔草不遑食。感物伤我怀，抚心长太息。

> 太息将何为，天命与我违。奈何念同生，一往形不归。孤魂翔故城，灵柩寄京师。存者忽已过，亡没身自衰。人生处一世，去若朝露晞。年在桑榆间，影响不能追。自顾非金石，咄唶令心悲。

> 心悲动我神，弃置莫复陈。丈夫志四海，万里犹比邻。恩爱苟不亏，在远分日亲。何必同衾帱，然后展殷勤。忧思成疾疹，毋乃儿女仁。仓卒骨肉情，能不怀苦辛。

> 苦辛何虑思，天命信可疑。虚无求列仙，松子久吾欺。变故在斯须，百年谁能持？离别永无会，执手将何时。王其爱玉体，俱享黄发期。收泪即长路，援笔从此辞。

大抵情感之文，若写的不是那一刹那间的实感，任凭多大作家，也写不好。子建这诗有篇序，说是同白马王任城王三兄弟入朝，任城王死去，到还国时，"有司以二王归蕃，道路宜异止宿，意毒恨之，盖以大别在数日，是用自剖，愤而成篇"云云。兄弟的真爱情，从肺腑流出，所以独好。

此后阮嗣宗几十首的《咏怀》，大部分也是表情感热烈方面的。内中如《二妃游江滨》《嘉树下成蹊》《平生少年时》《湛湛长江水》《徘徊蓬池上》《独坐空堂上》《驾言发魏都》《一日复一夕》《嘉时在今辰》等篇，都是回肠荡气的作品。陶渊明虽然是淡远一路（下文别论），但集中《咏荆轲》，《拟古》里头的《荣荣窗下兰》《辞家夙严驾》《迢迢百尺楼》《种桑长江边》，《杂诗》里头的《白日沦西河》《忆我少年时》等篇，都是表现他的阳性情感，应属于这一类。此外如鲍明远的《行路难》，潘安仁的《悼亡》，都也有好处。

中古以降的诗，用这种表情法用得最好的，我可以举出一个人当代表。什么人？杜工部！后人上杜工部的徽号叫做"诗圣"，别的圣不圣，我不敢说，最少"情圣"两个字，他是当得起。他有他自己独到的一种表情法，前头的人没有这种境界，后头的人逃不出这种境界。他集中的情诗太多了，我只随意举出人人共读的几首为例：

　　客行新安道，喧呼闻点兵。借问新安吏，县小更无丁。府帖昨夜下，次选中男行。中男绝短小，何以守王城？肥男有母送，瘦男独伶俜。白水暮东流，青山闻哭声。莫自使眼枯，收汝泪纵横。眼枯即见骨，天地终无情。……（《新安吏》）
　　四郊未宁静，垂老不得安。子孙阵亡尽，焉用身独完？投杖出门去，同行为辛酸。……老妻卧路啼，岁暮衣裳单。熟知是死别，且复伤其寒。此去必不归，还闻劝加餐。……（《垂老别》）

这类是由"同情心"发出来的情感。工部是个多血质的人，他《自京赴奉先咏怀》那首诗里头说："穷年忧黎元，叹息肠内热。"又说："彤庭所分帛，本自寒女出。鞭挞其夫家，聚敛贡城阙。"又说："朱门酒肉臭，路有冻死骨。"他还有一首诗道："堂前扑枣任西邻，无食无儿一妇人。不为困穷宁有此，只缘恐惧转相亲。"集里头像这样的还多，都是同情心的表现。他的眼睛，常常注视到社会最底下那一层。他最了解穷苦人们的心理，所以他的诗因他们触动情感的最多，有时替他们写情感，简直和本人自作一样。《三吏》《三别》，便是模范的作品。后来白香山的《秦中吟》《新乐府》，也是这个路数，但主观的讽刺色彩太重，不能如工部之哀沁心脾。

（1）少陵野老吞声哭，春日潜行曲江曲。江头宫殿锁千门，细柳新蒲为谁绿。……明眸皓齿今何在，血污游魂归不得。清渭东流剑阁深，去住彼此无消息。人生有情泪沾臆，江水江花岂终极。黄昏胡骑尘满城，欲往城南忘南北。（《哀江头》）

（2）……腰下宝玦青珊瑚，可怜王孙泣路隅。问之不肯道姓名，但道困苦乞为奴。已经百日窜荆棘，身上无有完肌肤。……豺狼在邑龙在野，王孙善保千金躯。不敢长语临交衢，且为王孙立斯须。……（《哀王孙》）

（3）忆昔开元全盛日，小邑犹藏万家室。稻米流脂粟米白，公私仓廪俱丰实。九州道路无豺虎，远行不劳吉日出。齐纨鲁缟车班班，男耕女桑不相失。宫中圣人奏云门，天下朋友皆胶漆。百余年间未灾变，叔孙礼乐萧何律。岂闻一绢直万钱，有田种穀今流血。洛阳宫殿烧焚尽，宗庙新除狐兔穴。伤心不忍问耆旧，复恐更从乱离说。……（《忆昔》

这都是他遭值乱离所现的情感，集中这一类，多到了不得，这不过随意摘几首，前两首是遭乱的当时做的，后一首是过后追想的。后人都恭维他的诗是诗史，但我们要知道他的诗史，每一句每一字都有个"杜甫"在里头。

"死别已吞声，生别常恻恻。江南瘴疠地，逐客无消息。故人入我梦，明我长相忆。恐非平生魂，路远不可测。魂来枫林青，魂返关塞黑。君今在罗网，何以有羽翼。落月满屋梁，犹疑照颜色。水深波浪阔，毋使蛟龙得。"（《梦李白》）

这是他梦见他流在夜郎的朋友李白，梦后写的情感。他是个最多情的人，对于好些朋友，都有诗表示热爱，这首不过其一。他对于自己身世和家族，自然用情更真切了。试举他几首：

（1）……老妻寄异县，十口隔风雪。谁能久不顾，庶往共饥渴。

入门闻号咷，幼子饿已卒。吾宁舍一哀，里巷亦呜咽。所愧为人父，无食致天折。……（《自京赴奉先咏怀》）

（2）去年潼关破，妻子隔绝久。今夏草木长，脱身得西走。麻鞋见天子，衣袖露两肘。朝廷愍生还，亲故伤老丑。……寄书问三川，不知家在否？比闻同罹祸，杀戮到鸡狗。山中漏茅屋，谁复依户牖？摧颓苍松根，地冷骨未朽。几人全性命，尽室岂相偶？……自寄一封书，今已十月后。反畏消息来，寸心亦何有。……（《述怀》）

（3）长镵长镵白木柄，我生托子以为命！黄独无苗山雪盛，短衣数挽不掩胫。此时与子空归来，男呻女吟四壁静。呜呼！二歌兮歌始放，邻里为我色惆怅。

有弟有弟在远方，三人各瘦何人强？生别展转不相见，胡尘暗天道路长。前飞驾鹅后鹙鸧，安得送我置汝旁。呜呼！三歌兮歌三发，汝归何处收兄骨！

有妹有妹在钟离，良人早没诸孤痴。长淮浪高蛟龙怒，十年不见来何时。扁舟欲往箭满眼，杳杳南国多旌旗。呜呼！四歌兮歌四奏，林猿为我啼清昼。（《同谷七歌》中三首）

读这些诗，他那浓挚的爱情，隔着一千多年，还把我们包围不放哩。那《述怀》里头，"反畏消息来"一句，真深刻到十二分。那《七歌》里头"长镵"一首，意境峭入，这些地方，我们应该看他的特别技能。

他常常用很直率的语句来表情。举他一个例：

忆年十五心尚孩，健如黄犊走复来。庭前八月梨枣熟，一日上树能十回。即今年才五六十，坐卧只多少行立。强将笑语供主人，悲见生涯百忧集。入门依旧四壁空，老妻睹我颜色同。痴儿未知父子礼，叫怒索饭啼门东。（《百忧集行》）

用近体来写这种盘礴郁积的情感本来极不易，这种门庭，可以说是他一个人开出。我最喜欢他《喜达行在所》三首里头那第三首的头两句：

死去凭谁报，归来始自怜。

仅仅十个字，把那虎口余生过去现在的甜酸苦辣，一齐迸出，我真不晓得他有多大笔力。此外好的很多，凭我记忆最熟的背它几首：

（1）国破山河在，城春草木深。感时花溅泪，恨别鸟惊心。烽火连三月，家书抵万金。白头搔更短，浑欲不胜簪。

（2）带甲满天地，胡为君远行。亲朋尽一哭，鞍马去孤城。……

（3）亦知戍不返，秋至拭清砧。已近苦寒月，况经长别心。宁辞捣熨倦，一寄塞垣深。用尽闺中力，君听空外音。

（4）今夕鄜州月，闺中只独看。遥怜小儿女，未解忆长安。香雾云鬟湿，清辉玉臂寒。何时倚虚幌，双照泪痕干。

（5）野老篱前江岸回，柴门不正逐江开。渔人网集澄潭下，估客船从返照来。长路关心悲剑阁，片云何意傍琴台。王师未报收东郡，城阙秋生画角哀。

（6）岁暮阴阳催短景，天涯霜雪霁寒宵。五更鼓角声悲壮，三峡星河影动摇。野哭千家闻战伐，夷歌几处起渔樵。卧龙跃马终黄土，人事音书漫寂寥。

他的表情方法，可以说是《鸱鸮》诗或《黍离》诗那一路，不是《小弁》诗那一路，和《楚辞》更是不同。他向来不肯用语无伦次的表现法，他所表现的情，是越引越深，越楼越紧。我想这或是时代色彩，到中古以后，那"小弁风"的堆垒表情法，怕不好适用，用来也很难动人了。至于那吞咽式，他却常用，《梦李白》那首，便是这一式的代表。但杜诗到底是曼声的比促节的好。

工部表情的好诗，绝不止前头所举的这几首（无论古近体）。我既不是做古诗的选本，只好从略。还有些属于别种表情法的，下文另讲。但我们要知道，这种表情法，可以说是杜工部创作，最少亦要说到了他才成功。所以他在我们文学界占的位置，实在不同寻常。同时高、岑、王、李那些大家，都不能和他相提并论。后来这种表情法，虽然好的作品不少，都是受他影响，恕我不征引了。

别的我虽然打定主意不征引，独有元微之悼亡的七律三首，我不能不征引。因为他是这一类的表情法，却是杜工部以外的一种创作：

> 谢公最小偏怜女，自嫁黔娄百事乖。顾我无衣搜荩箧，泥他沽酒拔金钗。野蔬充膳甘长藿，落叶添薪仰古槐。今日俸钱过十万，与君营奠复营斋。
>
> 昔日戏言身后事，今朝都到眼前来。衣裳已施行看尽，针线犹存未忍开。尚想旧情怜婢仆，也曾因梦送钱财。诚知此恨人人有，贫贱夫妻百事哀。
>
> 闲坐悲君亦自悲，百年多是几多时。邓攸无子寻知命，潘岳悼亡犹费辞。同穴窅冥何所望，他生缘会更难期。惟将终夜常开眼，报答平生未展眉。

这三首诗所表的情感之浓挚，古人后人都有的。但他用白话体来做律诗，在极局促的格律底下，赤裸裸把一团真情捧出，恐怕连杜老也要让他出一头地哩。

五

回荡的表情法，用来填词，当然是最相宜。但向来词学批评家，还是推尊蕴藉，对于热烈盘礴这一派，总认为别调。我对于这两派，也不能偏有抑扬（其实亦不能严格的分别）。但把回肠荡气的名作，背几阕来当代表。

初期的大词家，当然推李后主。他是一位"文学的亡国之君"，有极悲痛的情感，却不敢公然暴露。自然要用一种盘郁顿挫的方式表他，所以最好。他代表的作品是：

> （1）春花秋月何时了？往事知多少？小楼昨夜又东风，故国不堪回首月明中。　雕栏玉砌应犹在，只是朱颜改。问君能有几多愁？

恰似一江春水向东流。(《虞美人》)

（2）帘外雨潺潺，春意阑珊。罗衾不耐五更寒。梦里不知身是客，一晌贪欢。　　独自莫凭阑，无限江山。别时容易见时难。流水落花春去也，天上人间。(《浪淘沙》)

这两首词音节上虽然仍带含蓄，也算得把满腔愁怨尽情发泄了。所以宋太祖看见，竟自赐他牵机药，要他的命。

宋徽宗的身世，和李后主一样，他有一首《燕山亭》，写得亦是这一类情感；但用的是吞咽式，觉得分外凄切。今录他下半阕：

凭寄离恨重重，这双燕何曾会人言语？天遥地远，万水千山，知他故宫何处？怎不思量，除梦里有时曾去。无据，和梦也新来不做！

词中用回荡的表情法用得最好的，当然要推辛稼轩。稼轩的性格和履历，前头已经说过。他是个爱国军人，满腔义愤，都拿词来发泄。所以那一种元气淋漓，前前后后的词家都赶不上。他最有名的几首，是：

（1）更能消几番风雨，匆匆春又归去。惜春长怕花开早，何况落红无数。春且住，见说道天涯芳草无归路。怨春不语，算只有殷勤，画檐蛛网，尽日惹飞絮。长门事，准拟佳期又误。蛾眉曾有人妒。千金纵买相如赋，脉脉此情谁诉。君莫舞，君不见，玉环飞燕皆尘土。闲愁最苦，休去倚危阑，斜阳正在，烟柳断肠处。(《摸鱼儿》)

（2）野塘花落，又匆匆过了，清明时节。刬地东风欺客梦，一枕云屏寒怯。曲岸持觞，垂杨系马，此地曾经别。楼空人去，旧游飞燕能说。闻道绮陌东头，行人长见，帘底纤纤月。旧恨春江流不尽，新恨云山千叠。料得明朝，尊前重见，镜里花难折。也应惊问，近来多少华发。(《念奴娇》)

（3）绿树听啼鴂，更那堪，杜鹃声住，鹧鸪声切。啼到春归无啼处，苦恨芳菲都歇。算来抵人间离别。马上琵琶关塞黑，更长门，翠辇辞金阙。看燕燕，送归妾。将军百战身名裂，向河梁，回头万里，故人长绝。易水萧萧西风冷，满座衣冠似雪。正壮士，悲歌未彻，啼鸟还知如许恨，料不啼清泪长啼血。谁伴我，醉明月。（《贺新郎》）

凡文学家多半寄物托兴，我们读好的作品原不必逐首逐句比附他的身世和事实。但稼轩这几首有点不同，他与时事有关，是很看得出来。大概都是恢复中原的希望已经断绝，发出来的感慨。《摸鱼儿》里头"长门"、"蛾眉"等句，的确是对于宋高宗不肯奉迎二帝下诛心之论。所以《鹤林玉露》批评他，说："'斜阳烟柳'之句，在汉、唐时定当贾祸。"又说："高宗看见这词，很不高兴，但终不肯加罪，可谓盛德。"诗人最喜欢讲怨而不怒，像稼轩这词，算是怨而怒了。《念奴娇》那首，题目是《书东流村壁》，正是徽钦北行经过的地方，所以把他的"旧恨新恨"一齐招惹出来。《贺新郎》那首，是和他兄弟话别之作，自然把他胸中垒块，尽情倾吐。所以这三首都是有"本事"藏在里头，不能把它当一般伤春伤别之作。

前两首都是千回百折，一层深似一层，属于我所说的螺旋式。后一首却是堆垒式，你看他一起手硬硼硼的举了三个鸟名，中间错错落落引了许多离别的故事，全是语无伦次的样子，却是在极倔强里头，显出极妩媚。《三百篇》《楚辞》以后，敢用此法的，我就只见这一首。

这一派的词，除稼轩外，还有苏东坡、姜白石都是大家。苏、辛同派，向来词家都已公认。我觉得白石也是这一路，他的好处，不在微词而在壮采。但苏、姜所处的地位，与辛不同，辛词自然格外真切，所以我拿他来做这一派的代表。

稼轩的词风，不甚宜于吞咽式，但里头也有好的。如：

宝钗分，桃叶渡，烟柳暗南浦。怕上层楼，十日九风雨。断肠点点飞红。都无人管，倩谁劝流莺声住。　鬓边觑，试把花卜归期，才簪又重数。罗帐灯昏，哽咽梦中语。是他春带愁来，春归何处，却不解带将愁去。（《祝英台近》）

这首很有点写出幽咽的情绪了。但仍是曼声，不是促节。促节的圣手，要推周清真，其次便数柳耆卿。各录他的代表作品一首：

（1）柳阴直，烟里丝丝弄碧。隋堤上曾见几番，拂水飘绵送行色。登临望故国，谁识，京华倦客。长亭路年去岁来，应折柔条过千尺。　闲寻旧踪迹，又酒趁哀弦，灯照离席。梨花榆火催寒食。愁一箭风快，半篙波暖，回头迢递便数驿。望人在天北。　凄恻，恨堆积。渐别浦萦回，津堠岑寂，斜阳冉冉春无极。念月榭携手，露桥闻笛。沉思前事，似梦里，泪暗滴。（《兰陵王》）（清真）

（2）寒蝉凄切，对长亭晚，骤雨初歇。都门帐饮无绪，正留恋处，兰舟催发。执手相看泪眼，竟无语凝咽。念去去千里，烟波暮霭，沉沉楚天阔。　多情自古伤离别，更那堪，冷落清秋节。今宵酒醒何处，杨柳岸晓风残月。此去经年，应是良辰好景虚设。便总有千种风情，待与何人说。（《雨霖铃》）（耆卿）

这两首算得促节的模范，读起来一个个字都是往嗓子里咽。当时有人拿耆卿的"晓风残月"和东坡的"大江东去"比较，估算两家品格的高下，其实不对。我们应该问哪一种情感该用哪一种方式。

吞咽式用到最刻入的，莫如李清照女士的《壶中天慢》和《声声慢》，今录他一首：

寻寻觅觅，冷冷清清，凄凄惨惨切切。乍暖还寒时候，最难将息。三杯两盏淡酒，怎敌他晓来风急。雁过也，正伤心，却是旧时相识。　满地黄花堆积，憔悴损，如今有谁堪摘。守着窗儿，独自怎生得黑。梧桐更兼细雨，到黄昏点点滴滴。这次第，怎一个愁字了得。（《声声慢》）

清照是当时金石学家赵明诚的夫人。他们夫妇学问都好，爱情浓挚。可惜明诚早死，清照过了半世寡妇的生涯。他这词，是写从早至晚一天的实感，那种茕独恓惶的景况，非本人不能领略，所以一字一泪，都是咬着牙根咽下。

还有一位不是词家的陆放翁，却有一首吞咽式的好词：

> 红酥手，黄藤酒，满城春色宫墙柳。东风恶，欢情薄，一怀愁绪，几年离索。错错错！　　春如旧，人空瘦，泪痕红浥鲛绡透。桃花落，闲池阁，山盟虽在，锦书难托。莫莫莫！（《钗头凤》）

读这首词要知道他的本事：原来放翁夫人，是他母族的表妹，结婚后不晓得为什么，他老太太发起脾气来，逼他们离婚，后来两个人都各自改婚了，但爱情总是不断。有一天放翁在一个地方名叫沈园，碰着他故妻，情感刺激到了不得，所以填这首词。后来直到六七十岁，每入城一次，总到沈园落一回眼泪。晚年还有一首诗："梦断香销四十年，沈园花老不飞绵。此身行作稽山土，犹吊遗踪一怅然。"这是和《孔雀东南飞》同性质的一出悲剧，所以他这词极能动人。

清朝好词不少。内中最特别的，算顾梁汾（贞观）寄吴汉槎的两首：

> 季子平安否？便归来生平万事，那堪回首。行路悠悠谁慰藉，母老家贫子幼。记不起从前杯酒。魑魅搏人应见惯，料输他覆雨翻云手。冰与雪，周旋久。　　泪痕莫滴牛衣透。数天涯依然骨肉，几家能够？比似红颜多薄命，争不如今还有。只绝塞苦寒难受！廿载包胥承一诺，盼乌头马角总相救。置此札，君怀袖。
>
> 我亦飘零久。十年来深恩负尽，死生师友。宿昔齐名非忝窃，试看杜陵消瘦，曾不灭夜郎僝愁。薄命长辞知己别，问人生到此凄凉否？千万恨，为君剖。　　兄生辛未吾丁丑。共些时冰霜摧折，早衰蒲柳。词赋从今须少作，留取心魂相守。但愿得河清人寿，归日急翻行戍稿，把虚名料理传身后。言不尽，观顿首。（《贺新郎》）

这两首和元微之那三首《悼亡》，算得过去文学界的双绝。他是"三板一眼"唱得出来的一封信，以体裁论，已算创作。他的好处，全在句句都是实感，没有浮光掠影的话，有点子血性的人，读了不能不感动。后来成容若用尽力量把吴汉槎救回，全是受了这两首词的刺激。容若赠梁汾的《贺新郎》，末几句：

"绝塞生还吴季子，算眼前此外皆闲事。知我者，梁汾耳。"就是这两首词结束的历史。所以我说情感是一种催眠术。

清代大词家固然很多，但头两把交椅，却被前后两位旗人——成容若、文叔问占去，也算奇事！容若的词，自然以含蓄蕴藉的小令为最佳。但我们要知道这个人有他特别的性格：他是当时一位权相明珠的儿子，是独一无二的一位阔公子，他父母又很钟爱他。就寻常人眼光看来，他应该没有什么不满足。他不晓为什么总觉得他所处的环境是可怜的。他的夫人早死，算是他极惨痛的一件事，但不能便认为总原因，说他无病呻吟，的确不是，他受不过环境的压迫，三十多岁便死了。所以批评这个人，只能用两句旧话，说："古之伤心人，别有怀抱。"他的文学，常常表现出这种狂热的怪性。我们试背他几首：

（1）辛苦最怜天上月，一昔如环，昔昔都成玦。若似月轮终皎洁，不辞冰雪为卿热。　　无那尘缘容易绝，燕子依然，软踏帘钩说。唱罢秋坟愁未歇，春丛认取双飞蝶。（《蝶恋花》）

（2）如今才道当时错，心绪低迷。红泪偷垂，满眼春风百事非。　　情知此后来无计，强说欢期。一别如斯，落尽梨花月又西。（《采桑子》）

像这类的作品，真所谓"哀乐无端"，情感热烈到十二分，刻入到十二分。许多人说《红楼梦》的宝玉，写的就是成容若，我们虽然不愿意轻率附会，但容若的奇情，只怕有点像宝玉哩。

文叔问的词格，很近稼轩、白石，但幽咽的作品，比他们多。此处怕要算填词界最后的一个名家了。他的名作，我不大背得出，只记得几句：

……延伫，销魂处，早漏泄幽盟，隔帘鹦鹉，残花过影，镜中情事如许。西风一夜惊庭绿，问天上人间见否？……（《月下笛》）

题目是《戊戌八月十三日宿王御史宅闻邻笛》，咏的是戊戌政变时事。"隔帘鹦鹉"，指袁世凯泄漏我们的秘密。"一夜惊庭绿"等语，很表得出当时社会一般人对于这件事的情感。

此外宋、清两代这类表情法的好词还很多，我所举的也不能都算得代表的作品，不过凭我记得的背背罢了。

曲本里头，用回荡表情法用得好的很不少，《西厢记》《琵琶记》里头就有好些，可惜我背不出来。我脑子里头印得最深的，是《牡丹亭》的《寻梦》：

> 最撩人春色是今年。少什么高就低来粉画垣。原来春心无处不飞悬。哎！睡荼蘼抓住了裙钗线，恰便是花似人心向好处牵。
>
> 为什呵玉真重溯武陵源？也则为水点花飞在眼前。是天公不费买花钱，则咱人心上有啼红怨。唉！孤负了春三二月天。
>
> ……
>
> 偶然间，心似缱，梅树边。这般花花草草由人恋。生生死死随人愿，便酸酸楚楚无人怨。……
>
> ……一时间望一时间望眼连天，忽忽地伤心自怜。知怎生，情怅然。知怎生，泪暗悬。
>
> 春归人面，整相看，无一言。我待要折我待要折的那柳枝儿问天，我如今悔我如今悔不与题笺。……
>
> 为我慢归休缓留连，听听这不如归春暮天。难道我再难道我再到这亭园，则挣的个长眠和短眠。……

像这种文学，不晓得怎么样的沁人心脾！像我们这种半百岁数的人，自信得过不会偷闲学少年，理会什么闲愁闲恨，却是一日念他百回也不厌！

其次便是《长生殿》的《弹词》。他写李龟年流落江南，带着个琵琶卖技换饭吃，一面弹，一面唱出那种今昔兴亡之感。那龟年初出台唱的是：

> 不提防余年值乱离，逼拶得歧路遭穷败！受奔波，风尘颜面黑。叹衰残，霜雪鬓须白。今日个流落天涯，只留得琵琶在！……

跟着唱完了十几段，那听的人觉得他形迹蹊跷，苦苦盘问他是谁。他让人瞎猜了一大堆，才自己说明来历道：

> 俺只为家亡国破兵戈沸，因此上孤身流落在江南地。……您官人絮叨叨苦问俺为谁，则俺老伶工名唤龟年身姓李。

中间唱的那十几段，段段都好，尤为精彩的是写马嵬坡兵变那一段：

> 恰正好呕呕哑哑霓裳歌舞，不提防扑扑突突渔阳战鼓。划地里出出律律纷纷攘攘奏边书，急得个上上下下都无措。早则是喧喧嗾嗾惊惊遽遽仓仓卒卒挨挨拶拶出延秋西路，銮舆后携着个娇娇滴滴贵妃同去。又只见密密匝匝的兵恶恶狠狠的话闹闹炒炒轰轰劐劐四下喳呼，生逼散恩恩爱爱疼疼热热帝王夫妇。霎时间画就这一幅惨惨凄凄绝代佳人绝命图。

这种文学，不是曲本不能有。他的激刺性，比杜工部的《哀江头》白香山的《长恨歌》，只怕还要强几倍哩！那整出的结构，像神龙天矫，非全读看不出来。

凡长篇的写情韵文，煞尾总须用些重笔，像特别拿电气来震荡几下，才收束得住。如《离骚》讲了许多漫游宽解的话，最后几句是：

> 陟升皇之赫戏兮，忽临睨乎旧乡。仆夫悲余马怀兮，蜷局顾而不行。

《招魂》说了一大堆及时行乐的话，最后几句是：

> 皋兰被径兮斯路渐，湛湛江水兮上有枫。目极千里兮伤春心，魂兮归来哀江南。

都是用这种方法，把全篇增几倍精彩。曲本里头得这诀窍的，要算《桃花扇》最后《余韵》那出的《哀江南》：

（1）山松野草带花挑，猛抬头秣陵重到！残军留废垒，瘦马卧空壕。村郭萧条，城对着夕阳道。

（2）野火频烧，护墓长楸多半焦。田羊群跑，守陵阿监几时逃。鸽翎蝠粪满堂抛，枯枝败叶当阶罩。谁祭扫，牧儿打碎龙碑帽。

（3）横白玉八根柱倒，堕红泥半堵墙高。碎琉璃瓦片多，烂翡翠窗棂少。舞丹墀燕雀常朝，直入宫门一路蒿，住几个乞儿饿殍。

（4）问秦淮旧日窗寮，破纸迎风，坏槛当潮。目断魂销，当年粉黛，何处笙箫。罢灯船端阳不闹，收酒旗重九无聊。白鸟飘飘，绿水滔滔，嫩黄花有些蝶飞，瘦红叶无个人瞧。

（5）你记得跨青溪半里桥，旧长板没一条。秋水长天人过少。冷清清的落照，剩一树柳弯腰。

（6）行到那旧院门何用轻敲。也不怕小犬哔哔，无非是断井颓巢，不过些砖苔砌草。手种的花条柳梢，尽意儿采樵。这黑灰是谁家的厨灶？

（7）俺曾见金陵玉树莺啼晓，秦淮水榭花开早，谁知道容易冰消。眼看他起朱楼，眼看他宴宾客，眼看他楼塌了。这青苔碧瓦堆，俺曾睡风流觉。将五十年兴亡看饱。那乌衣巷不姓王，莫愁湖鬼夜哭，凤凰台栖枭鸟。残山梦最真，旧境丢难掉。不信这舆图换稿，捱一套《哀江南》，放悲声唱到老。

《桃花扇》是明末南京的历史剧，借秦淮河里头几个人物写兴亡之感。末后这一出余韵，把几位遗老，扮作渔翁樵夫，发他们的感慨。《哀江南》这一首，是那樵夫唱的，是全剧的收场，所以把全剧关系地点，逐一描写他的现状，作个总结。第一段写南京城，第二段写孝陵，第三段写皇宫，都是亡国后公共的悲感。第四段写秦淮，第五段写河上的长桥，第六段写河那边的旧院（当时冶游胜处），都是剧中人物怅触旧游的特别悲感。第七段是把各种情感归拢起来，带血带泪，尽情倾吐，真所谓"悲歌当哭"了。有了这出，能把剧中情节，件件都再现一番，令他印象更深。

这种表情法，是文学上最通用的，我们中国人也用得很精熟，能够尽态极妍。我们从《三百篇》起到曲本止，把那代表的名作比较比较，也看得出进化的线路。

六

我讲完了回荡写情法，要附带论着一件事。

我们的诗教，本来以温柔敦厚为主，完全表示诸夏民族特性，《三百篇》就是唯一的模范。楚辞是南方新加入之一种民族的作品，他们已经同化于诸夏，用诸夏的文化工具来写情感，搀入他们固有思想中那种半神秘的色彩，于是我们文学界添出一个新境界。汉人本来不长于文学，所以承袭了《三百篇》《楚辞》这两份大遗产，没有什么变化扩大。到了"五胡乱华"时候，西北方有好几个民族加进来，渐渐成了中华民族的新分子。他们民族的特性，自然也有一部分溶化在诸夏民族性的里头，不知不觉间，便令我们的文学顿增活气。这是文学史上很重要的关键，不可不知。

这种新民族特性，恰恰和我们的温柔敦厚相反，他们的好处，全在伉爽真率。《三百篇》里头，只有《秦风》的《小戎》《驷驖》《无衣》诸篇，很有点伉爽真率气象，这就是西戎系的秦国民族性和诸夏不同处。可惜春秋以后，秦国的文学作品，没有一篇流传。燕赵古称多慷慨悲歌之士，文学总应该有异采，可惜除了《易水歌》之外，也看不着第二首。到五胡南北朝时候，西北蛮族，纷纷侵入，内中以鲜卑人为最强盛。鲜卑人在诸蛮族中，文化像是最高，后来同化于我们也最速。他们像很爱文学和音乐，唐代流传的"马上乐"，十有九都出鲜卑。他们初初学会中国话，用中国文字表他情感，完全现出异样的色彩。试写他几首：

上马不捉鞭，反折杨柳枝。蹀座吹长笛，愁杀行客儿。

腹中愁不乐，愿作郎马鞭。出入擽郎臂，蹀坐郎膝边。

放马两泉泽，忘不着连羁。担鞍逐马走，何得见马骑。

遥看孟津河，杨柳郁婆娑。我是虏家儿，不解汉儿歌。
健儿须快马，快马须健儿。跸跋黄尘下，然后别雄雌。

《折杨柳歌》

男儿欲作健，结伴不须多。鹞子经天飞，群雀两向波。
放马大泽中，草好马着膘。牌子铁裲裆，钰鉾鸐尾条。
前行看后行，齐着铁裲裆。前头看后头，各着铁钰鉾。
男儿可怜虫，出门怀死忧。尸丧狭谷中，白骨无人收。

《企喻歌》

新买五尺刀，悬着中梁柱。一日三摩挲，剧于十五女。
客行依主人，愿得主人强。猛虎依深山，愿得松柏长。

《琅琊王歌》

慕容攀墙视，吴军无边岸。我身分自当，枉杀墙外汉。
慕容愁愤愤，烧香作佛会。愿作墙里燕，高飞出墙外。

《慕容垂歌》

可怜白鼻騧，相将入酒家。无钱但共饮，画地作交赊。
何处禖觞来，两颊色如火。自有桃花容，莫言人劝我。

《高阳乐人歌》

李波小妹字雍容，褰裙逐马如转蓬，左射右射必叠双。
女子尚如此，男子安可逢。

《李波小妹歌》

读这几首，可以大略看出他们“虏家儿”是怎么个气象了。他们生活是异常简单，思想是异常简单，心直口直，有一句说一句，他们的情感，是“没遮拦”的，你说他好也罢，说他坏也罢，总是把真面孔搬出来。别的且不管他，专就男女两性关系而论，也看出许多和从前文学态度不同的表现。试举他几首：

青青黄黄，雀石颓唐。槌杀野牛，押杀野羊。
驱羊入谷，自羊在前。老女不嫁，蹋地唤天。
侧侧力力，念郎无极。枕郎左臂，随郎转侧。

摩捋郎须，看郎颜色。郎不念女，各自努力。

《地驱歌》

烧火烧野田，野鸭飞上天。童男娶寡妇，壮女笑杀人。

《紫骝马歌》

谁家女子能行步，反着袄裙后裙露。天生男女共一处，愿得两个成翁姬。

华阴山头百丈井，下有流水彻骨冷。可怜女子能照影，不见其余见斜领。

黄桑柘屐蒲子履，中央有丝两头系。小时怜母大怜婿，何不早嫁论家计。

《捉搦歌》

像这种毫不隐瞒毫不扭捏的表情，在《三百篇》和汉、魏人五言诗里头，绝对的找不出来。这些都是北朝文学，试拿来和并时的南朝文学比较，像那有名的《子夜》《团扇》《懊侬》《青溪》《碧玉》《桃叶》各歌曲，虽然各有各的妙处，但前者以真率胜，后者以柔婉胜，双方的分野，显然可见。

经南北朝几百年民族的化学作用，到唐朝算是告一段落。唐朝的文学，用温柔敦厚的底子，加入许多慷慨悲歌的新成分，不知不觉，便产生出一种异彩来。盛唐各大家，为什么能在文学史上占很重的位置呢？他们的价值，在能洗却南朝的铅华靡曼，参以伉爽真率，却又不是北朝粗犷一路。拿欧洲来比方，好像古代希腊、罗马文明，挽入些森林里头日耳曼蛮人色彩，便开辟一个新天地。试举几位代表作家的作品，如李太白的：

金尊清酒斗十千，玉盘珍羞直万钱。停杯投箸不能食，拔剑四顾心茫然。欲渡黄河冰塞川，将登太行雪满天。闲来垂钓碧溪上，忽复乘舟梦日边。行路难，行路难！多歧路，今安在？长风破浪会有时，直挂云帆济沧海！（《行路难》）

杜工部的：

朝进东门营，暮上河阳桥。落日照大旗，马鸣风萧萧。平沙列万幕，部伍各见招。中天悬明月，令严夜寂寥。悲笳数声动，壮士惨不骄。借问大将谁，恐是霍嫖姚。（《后出塞》）

挽弓当挽强，用箭当用长。射人先射马，擒贼先擒王。杀人亦有限，立国自有疆。苟能制侵陵，岂在多杀伤。（《前出塞》）

高适的：

汉家烟尘在东北，汉将辞家破残贼。男儿本自重横行，天子非常赐颜色。……山川萧条极边土，胡骑凭陵杂风雨。战士军前半死生，美人帐下犹歌舞。大漠穷秋塞草衰，孤城落日斗兵稀。身当恩遇常轻敌，力尽关山未解围。铁衣远戍辛勤久，玉箸应啼别离后。少妇城南欲断肠，征人蓟北空回首。边庭飘飖那可度，绝域苍茫更何有。杀气三时作阵云，寒声一夜传刁斗。……（《燕歌行》）

这类作品，不独《三百篇》《楚辞》所无，即汉、魏、晋、宋也未曾有。从前虽然有些摹写侠客的诗，但豪迈气概，总不能写得尽致。内中鲍明远最喜作豪语，但总有点不自然。所以这种文学，可以说是经过一番民族化合以后，到唐朝才会发生。那时的音乐和美术，都很受民族化合的影响，文学自然也逃不出这个公例。

写关塞景况，寓悲壮情感，是唐以后新增的诗料（前此虽有，但不多，且不好）。词曲以缘情绮靡为主，用这种资料却不多。范文正有一首最好：

塞外秋来风景异，衡阳雁去无留意。四面边声连角起，千嶂里，长烟落日孤城闭。　　浊酒一杯家万里，燕然未勒归无计。羌管悠悠霜满地，人不寐，将军白发征夫泪。（《渔家傲》）

词里头的苏辛派，自然都带几分这种色彩。内中最粗豪的，如稼轩的：

　　醉里挑灯看剑，醒来吹角连营。八百里分麾下炙，五十弦翻塞外声。沙场秋点兵。　　马作的卢飞快，弓如霹雳弦惊。了却君王天下事，赢得生前身后名。可怜白发生！（《破阵子》）

　　名家的词，最粗犷的莫过刘后村，几乎全部集都是这一类的话。他最著名的一首是：

　　何处相逢，登宝钗楼，访铜雀台。唤厨人斫就，东溟鲸脍，圉人呈罢，西极龙媒。天下英雄，使君与操，余子何堪共酒杯？车千乘，载燕南代北，剑客奇才。　　酒酣鼻息如雷，谁信被晨鸡催唤回。叹年光过尽，功名未立。书生老矣，气运方来。使李将军，遇高皇帝，万户侯何足道哉？推衣起，但凄凉感旧，慷慨生哀。（《沁园春》）

　　这一派词，我本来不大喜欢，因为他有烂名士爱说大话的习气。但他确带点北朝气味，在文学史上应备一格的。

　　曲本里头，有一首杂剧，像是明末清初的作品，演的是"鲁智深醉打山门"。那鲁智深拜别他的师父时，唱道：

　　漫洒英雄泪，相离处士家。谢你慈悲剃度在莲台下。没缘法，转眼分离乍。赤条条来去无牵挂。那里讨烟蓑雨笠卷单行，一任俺芒鞋破钵随缘化。

　　也是刻意从粗犷一面做，因为替粗犷的人表情，不如此便失真了。

七

　　这回讲的，是含蓄蕴藉的表情法。这种表情法，向来批评家认为文学正宗，或者可以说是中华民族特性的最真表现。这种表情法，和前两种不同。前两种是热的，这种是温的。前两种是有光芒的火焰，这种是拿灰盖着的炉炭。这种表情法也可以分三类：第一类是，情感正在很强的时候，他却用很有节制的样子去表现它，不是用电气来震，却是用温泉来浸，令人在极平淡之中，慢慢的领略出极渊永的情趣。这类作品，自然以《三百篇》为绝唱。如：

瞻彼日月，悠悠我思。道之云远，曷云能来。

如：

昔我往矣，杨柳依依。今我来思，雨雪霏霏。行路迟迟，载渴载饥。

如：

君子于役，不知其期。曷至哉？鸡栖于埘。日之夕矣，牛羊下来。君子于役，如之何勿思？

拿这类诗和前头几回所引的相比较：前头的像外国人吃咖啡，炖到极浓，还搀上白糖牛奶。这类诗像用虎跑泉泡出的雨前龙井，望过去连颜色也没有，但吃下去几点钟，还有余香留在舌上。他是把情感收敛到十足，微微发放点出来，藏着不发放的还有许多，但发放出来的，确是全部的灵影，所以神妙。

汉魏五言诗，以这一类为正声。如李陵的：

携手上河梁，游子暮何之。徘徊蹊路侧，恨恨不能辞。行人难久留，各言长相思。安知非日月，弦望自有时。努力崇明德，皓首以为期。

那神味和"瞻彼日月"一章完全相同，真算得"含毫邈然"。又如《古诗十九首》里头的：

> 迢迢牵牛星，皎皎河汉女。纤纤擢素手，札札弄机杼。终日不成章，泣涕零如雨。河汉清且浅，相去复几许。盈盈一水间，脉脉不得语。
>
> 涉江采芙蓉，兰泽多芳草。采之欲遗谁，所思在远道。还顾望旧乡，长路漫浩浩。同心而离居，忧伤以终老。

这类诗都是用淡笔写浓情，算得汉人诗格的代表。后来如曹子建的：

> 高台多悲风，朝日照北林。之子在万里，江湖迥且深。……

阮嗣宗的：

> 嘉时在今辰，零雨洒尘埃。临路望所思，日夕复不来。……

陶渊明的：

> ……情通万里外，形迹滞江山。君其爱体素，来会在何年。

谢玄晖的：

> 大江流日夜，客心悲未央。徒念关山近，终知返路长。……

都是这一派。汉魏六朝诗，这一类的好作品很多。

这一派，到初唐时，变了样子。他们把这类诗改做"长言永叹"的形式，很有些长篇。但着墨虽多，依然是以淡写浓。我譬喻他，好像一桌极讲究的素菜全席。有张若虚一首，可算代表作品：

春江潮水连海平，海上明月共潮生。滟滟随波千万里，何处春江无月明。江流宛转绕芳甸，月照花林皆如霰。空里流霜不觉飞，汀上白沙看不见。江天一色无纤尘，皎皎空中孤月轮。江畔何时初见月，江月何年初照人？人生代代无穷已，江月年年望相似。不知江月待何人，但见长江送流水。白云一片去悠悠，青枫江上不胜愁。谁家今夜扁舟子，何处相思明月楼？可怜楼上月徘徊，应照离人妆镜台。玉户帘中卷不去，捣衣砧上拂还来。此时相望不相闻，愿逐月华流照君。鸿雁长飞光不度，鱼龙潜跃水成纹。昨夜闲潭梦落花，可怜春半不还家。江水流天去欲尽，江潭落月复西斜。斜月沉沉藏海雾，碣石潇湘无限路。不知乘月几人归，落月摇情满江树。（《春江花月夜》）

这首诗读起来，令人飘飘有出尘之想。"江畔何人初见月，江月何年初照人"，"谁家今夜扁舟子，何处相思明月楼"，这类话，真是诗家最空灵的境界。全首读来，固然回肠荡气，但那音节，既不是哀丝豪竹一路，也不是急管促板一路，专用和平中声，出以摇曳，确是《三百篇》正脉。

初唐佳作，都是这一路。虽然悲慨的情感，总用极和平的音节表他。如李峤的：

……自从天子去秦关，玉辇金舆不复还。珠帘羽帐长寂寞，鼎湖龙髯安可攀。千龄人事一朝空，四海为家此路穷。雄豪意气今何在？坛场宫馆尽蒿蓬。道旁故老长叹息，世事回环不可测。昔时青楼对歌舞，今日黄埃聚荆棘。山川满目泪沾衣，富贵荣华能几时？不见只今汾水上，惟有年年秋雁飞。（《汾阴行》）

相传唐明皇幸蜀时候，听人背这首诗，泣数下行，叹道："李峤真才子！"这种诗的品格高下，别一问题，但确是初唐代表，确是中国诗界传统的正声。后来白香山从这里一转手，吴梅村再从这里一转手，但可惜越转越卑弱。

盛唐以后，这一派自然也不断，好的作品自然也不少。但在古体里头，已经不很通用，因为五古很难出汉魏范围，七古很难出初唐范围。倒是近体很从这方面开拓境界，因为近体篇幅短，非用含蓄之笔，取弦外之音，便站不住。内中五律七绝为尤甚。唐人著名的七绝，和孟、王、韦、柳的五律，都是这一派。杜工部诗虽以热烈见长，他的五律，如"凉风起天末"、"今夜鄜州月"、"幽意忽不惬"等篇，也都是这一派。

王渔洋专提倡神韵，他所标举的话，是"不着一字，尽得风流"，"羚羊挂角，无迹可寻"，虽然太偏了些，但总不能不认为诗中高调。我想：他这种主张是对的，但这类诗作得好不好，全问意境如何。我们若依然仅有《三百篇》、汉、魏、初唐人的意境，任凭你运笔怎样灵妙，也不能出他们的范围，只有变成打油派，令人讨厌。我们生当今日，新意境是比较容易取得的。那么，这一派诗，我们还是要尽力的提倡。

第二类的蕴藉表情法，不直写自己的情感，乃用环境或别人的情感烘托出来。用别人情感烘托的，例如《诗经》：

> 陟彼冈兮，瞻望兄兮。兄曰："嗟！予弟行役，夙夜必偕。上慎旃哉，犹来无死！"……（《陟岵》）

这篇诗三章，第一章父，第二章母，第三章兄。不说他怎样的想念爹妈哥哥，却说爹妈哥哥怎样的想念他。写相互间的情感，自然加一层浓厚。

用环境烘托的，例如《诗经》：

> 我徂东山，慆慆不归。我来自东，零雨其濛。鹳鸣于垤，妇叹于室。洒扫穹窒，我征聿至。有敦瓜苦，烝在栗薪。自我不见，于今三年。（《东山》）

且不说回家会着家人的情况，但对一件极琐碎的事物——柴堆上头一棚瓜说："咱们违教三年了。"言外的感慨，不知有多少。

古乐府《孔雀东南飞》，最得此中三昧。兰芝和焦仲卿言别，该篇中最悲惨的一段，他却悲呀泪呀……不见一个字。但说：

妾有绣腰襦，葳蕤自生光。红罗复斗帐，四角垂香囊。箱奁六七十，绿碧青丝绳。物物各自异，种种在其中。人贱物亦鄙，不足迎新人。留待作遗施，于今无会因。……（《古诗为焦仲卿妻作》）

专从纪念物上头讲，用物来做人的象征，不说悲，不说泪，倒比说出来的还深刻几倍。到别小姑时，却把悲情尽地发泄了。

却与小姑别，泪落连珠子。"新妇初来时，小姑始扶床。今日被驱遣，小姑如我长。勤心养公姥，好自相扶将。初七及下九，嬉戏莫相忘。"……（同上）

兰芝的眼泪，不向丈夫落，却向小姑落。和小姑说话，不说现时的凄惨，只叙过去的情爱。没有怨恨话，只有宽慰和劝勉的话。只这一段，便能把兰芝极高尚的人格极浓厚的爱情，全盘涌现出来。

后来用这类表情法，也是杜工部最好。如他的《羌村》三首：

峥嵘赤云西，日脚下平地。柴门鸟雀噪，归客千里至。妻孥怪我在，惊定还拭泪。世乱遭飘荡，生还偶然遂。邻人满墙头，感叹亦歔欷。夜阑更秉烛，相对如梦寐。

晚岁迫偷生，还家少欢趣。娇儿不离膝，畏我复却去。忆昔好追凉，故绕池边树。萧萧北风劲，抚事煎百虑。赖知禾黍收，已觉糟床注。如今足斟酌，且用慰迟暮。

群鸡正乱叫，客至鸡斗争。驱鸡上树木，始闻叩柴荆。父老四五人，问我久远行。手中各有携，倾榼浊复清。苦辞"酒味薄，黍地无人耕。兵革既未息，儿童尽东征"。请为父老歌，艰难愧深情。歌罢仰天叹，四座泪纵横。

这三首实写自己情感的地方很少（第二首有少欢趣煎百虑等语，在三首中这首却是次一等），只是说日怎么样，云怎么样，鸟怎么样，鸡怎么样，老妻怎么样，儿子怎么样，邻居怎么样，合起来，他所谓"死去凭谁报，归来始自怜"的情感，都表现出来了。还有《北征》里头的一段，也是这种笔法；

> ……况我堕胡尘，及归尽华发。经年至茅屋，妻子衣百结。……平生所娇儿，颜色白胜雪。见耶背面啼，垢腻脚不袜。床前两小女，补绽才过膝。海图坼波涛，旧绣移曲折。天吴及紫凤，颠倒在裋褐。……那无囊中帛，救汝寒凛慄。粉黛亦解苞，衾裯稍罗列。瘦妻面复光，痴女头自栉。学母无不为，晓妆随手抹。移时施朱铅，狼藉画眉阔。……问事竞挽须，谁能即嗔喝。……

这种诗所用表情技术，可以说和《陟岵》同一样，不写自己情感，专写别人情感，写别人情感，专从极琐末的实境表出，这一点又是和《东山》同样。这一类诗，我想给他一个名字，叫做"半写实派"。他所写的事实，是用来做烘出自己情感的手段，所以不算纯写实。他所写的事实，全用客观的态度观察出来，专从断片的表出全相，正是写实派所用技术，所以可算得半写实。

第三类蕴藉表情法，索性把情感完全藏起不露，专写眼前实景（或是虚构之景），把情感从实景上浮现出来。这种写法，《三百篇》中很少，勉强举个例，如：

> 春日载阳，有鸣仓庚。女执懿筐，遵彼微行，爰求柔桑。春日迟迟，采蘩祁祁。女心伤悲，殆及公子同归。（《七月》）

这是专从节物上写那种和乐融泄的景象，作者的情绪，自然跟着表现出来。

但这首还有人在里头，带着写别人的情感，不能纯粹属于此类。此类的真正代表，可以举出几首。其一，曹孟德的：

> 东临碣石，以观沧海。水何澹澹，山岛竦峙。树木丛生，百草丰茂。秋风萧瑟，洪波涌起。日月之行，若出其中。星汉粲烂，若出其里。（《观沧海》）

这首诗仅仅写映在他眼中的海景，他自己对着这景有什么枨触，一个字未尝道及。但我们读起来，觉得他那宽阔的胸襟，豪迈的气概，一齐流露。

北齐有一位名将斛律光，是不识字的，有一天皇帝在殿上要各人做诗，他冲口做了一首，便成千古绝唱。那诗是：

> 敕勒川，阴山下，天似穹庐，笼盖四野。天苍苍，野茫茫，风吹草低见牛羊。（《敕勒歌》）

这诗是独自一个人骑匹马在万里平沙中所看见的宇宙，他并没说出有什么感想，我们读过去，觉得有一个粗豪沉郁的人格活跳出来。

阮嗣宗《咏怀》里头有一首：

> 独坐空堂上，谁可与欢者。出门临永路，不见行车马。登高望九州，悠悠分旷野。孤鸟西北飞，离兽东南下。日暮思亲友，晤言用自写。

这首诗一起一结，虽然也轻轻地点出他的情感，但主要处全在中间几句，从环境上写出那种百无聊赖哀乐万端的情绪，把那位哭穷途的先生全副面孔活现出来。

杜工部用这种表情法也用得最好。试举他两首：

> 竹凉侵卧内，野月满庭隅。重露成涓滴，稀星乍有无。暗飞萤自照，水宿鸟相呼。万事干戈里，空悲清夜徂。（《倦夜》）

这首诗题目是"倦夜"，看他前面仅仅三十个字，从初夜到中夜到后夜，初时看见月看见露，月落了看见星看见萤，天差不多亮了听见水鸟，写的全是自然界很微细的现象，却是通宵睡不着很疲倦的人才能看出。那"倦"的情绪，自在言外，末两句一点便够。又：

风急天高猿啸哀，渚清沙白鸟飞回。无边落木萧萧下，不尽长江滚滚来。……（《登高》）

这首是工部最有名的七律，小孩子都读过的。假令我们当作没有读过，掩住下半首，闭眼想一想情形，谁也该想得到是在长江上游——四川、湖北交界地方秋天一个独客登高时候所见的景物，底下"万里悲秋常作客，百年多病独登台"那两句，不过章法结构上顺手一点，其实不用下半首，已经能把全部情绪表出。

须知这类诗和单纯写景诗不同。写景诗以客观的景为重心，他的能事在体物入微，虽然景由人写，景中离不了情，到底是以景为主。这类诗以主观的情为重心，客观的景，不过借来做工具。试把工部的"竹凉侵卧内"和王右丞的：

万壑树参天，千山响杜鹃。山中一夜雨，树杪百重泉。……

比较，便见得王作是纯客观的，杜作是主观气氛甚重。

第四类的蕴藉表情法，虽然把情感本身照原样写出，却把所感的对象隐藏过去，另外拿一种事物来做象征。这类方法，《三百篇》里头很少——前所举《鸱鸮》篇，可以归入这类。"山有榛隰有苓"、"谁能烹鱼溉之釜鬵"等篇，也带点这种气味；但属少数，且不纯粹——因为《三百篇》的原则，多半是借一件事物起兴，跟着便拍归本旨，像那种打灯谜似的象征法，那时代的诗人不大用他。但作诗的人虽然如此，后来读诗的人却不同了。试打开《左传》一看，当时凡有宴会都要赋诗，赋诗的人在《三百篇》里头随意挑选一篇借来表示自己当时所感。同一篇诗，某甲借来表这种感想，某乙也可以借来表那种感想。拿我们今日眼光看去，很有些莫名其妙。所以我说，《三百篇》的作家没有象征派，然而《三百篇》久已作象征的应用。

纯象征派之成立，起自楚辞。篇中许多美人芳草，纯属代数上的符号，其意思别有所指。如《离骚》中：

览相观于四极兮，周流乎天余乃下。望瑶台之偃蹇兮，见有娀之佚女。吾令鸩为媒兮，鸩告余以不好。雄鸩之鸣逝兮，余犹恶其佻巧。心犹豫而狐疑兮，欲自适而不可。凤皇既受诒兮，恐高辛之先我。欲远集而无所止兮，聊浮游以逍遥。及少康之未家兮，留有虞之二姚。理弱而媒拙兮，恐导言之不固。世溷浊而嫉贤兮，好蔽美而称恶。……

又：

时缤纷其变易兮，又何可以淹留。兰芷变而不芬兮，荃蕙化而为茅。何昔日之芳草兮，今直为此萧艾也？……余以兰为可恃兮，羌无实而容长。委厥美以从俗兮，苟得列乎众芳。椒专佞以慢慆兮，樧又欲充夫佩帏。既干进而务入兮，又何芳之能祇。固时俗之从流兮，又孰能无变化。览椒兰其若兹兮，又况揭车与江蓠。……

这类话若不是当作代数符号看，那么，屈原到处调情到处拈酸吃醋，岂不成了疯子？蕙会变茅，兰会变艾，天下哪有这情理？太史公说得好："其志洁故其称物芳。"他怀抱着一种极高尚纯洁的美感，于无可比拟中，借这种名词来比拟。他既有极浓温的情感本质，用他极微妙的技能，借极美丽的事物做魂影，所以着墨不多，便尔沁人心脾。如：

惜吾不及见古人兮，吾谁与玩此芳草。(《思美人》)

如：

沅有芷兮澧有兰，思公子兮未敢言。(《湘夫人》)

如：

夫人自有兮美子，荪何为兮愁苦。(《少司命》)

如：

> 心不同兮媒劳，恩不甚兮轻绝。(《湘君》)

这都是带一种神秘性的微妙细乐，经千百年后按奏，都能使人心弦震荡。

自楚辞开宗后，汉魏五言诗，多含有这种色彩。如"庭中有奇树"、"迢迢牵牛星"等篇，乃至张平子的《四愁》，都是寄兴深微一路，足称楚辞嗣音。

中晚唐时，诗的国土，被盛唐大家占领殆尽；温飞卿、李义山、李长吉诸人，便想专从这里头辟新蹊径。飞卿太靡弱，长吉太纤仄，且不必论，义山确不失为一大家。这一派后来衍为西昆体，专务持撶词藻，受人诟病。近来提倡白话诗的人不消说是极端反对他了。平心而论，这派固然不能算诗的正宗，但就"唯美的"眼光看来，自有他的价值。如义山集中近体的《锦瑟》《碧城》《圣女祠》等篇，古体的《燕台》《河内》等篇，我敢说他能和中国文字同其运命。就中如《碧城》三首的第一首：

> 碧城十二曲阑干，犀辟尘埃玉辟寒。阆苑有书多附鹤，女床无树不栖鸾。星沉海底当窗见，雨过河源隔座看。若使晓珠明又定，一生长对水晶盘。

这些诗，他讲的什么事，我理会不着。拆开一句一句叫我解释，我连文义也解不出来。但我觉得他美，读起来令我精神上得一种新鲜的愉快。须知，美是多方面的，美是含有神秘性的。我们若还承认美的价值，对于这种文学，是不容轻轻抹煞啊！

八

现在要附一段专论女性文学和女性情感。

《三百篇》中——尤其《国风》——女子作品，实在不少。如《绿衣》《燕燕》《谷风》《泉水》《柏舟》《载驰》《氓》《竹竿》《伯兮》《君子于役》《狡童》《褰裳》《鸡鸣》，或传说上确有作者主名，或从文义推测得出。我们因此可想见那时候女子的教育程度和文学兴味比后来高些，或者是男女社交不如后世之闭绝，所以他们的情感有发舒之余地，而且能传诵出来。内中有好几篇最能发挥女性优美特色。如：

> 黾勉同心，不宜有怒。采葑采菲，无以下体。德音莫违，及尔同死。（《谷风》）

如：

> 匪我愆期，子无良媒。将子毋怒，秋以为期。（《氓》）

这两首都是弃妇所作，追述从前爱情，有不堪回首之想．一种温厚敦笃之情，在几句话上全盘托出。又如：

> 君子于役，苟无饥渴。（《君子于役》）

伤离念远，四个字抵得千百句话。又如：

> 泛彼柏舟，在彼中河。髧彼两髦，实为我仪。之死矢靡他。母也天只！不谅人只！（《柏舟》）

这首相传是卫共姜所作，父母逼他离婚，他不肯。那坚强的意志和专一敦笃的爱情都表现出来，却是怨而不怒，纯是女子身分。又如：

> 载驰载驱，归唁卫侯。驱马悠悠，言至于漕。大夫跋涉，我心则忧。

既不我嘉，不能旋反。视尔不臧，我思不远。既不我嘉，不能旋济。视尔不臧，我思不闷。

陟彼阿丘，言采其蝱。女子善怀，亦各有行。许人尤之，众穉且狂。

我行其野，芃芃其麦。控于大邦，谁因谁极。大夫君子，无我有尤。百尔所思，不如我所之。(《载驰》)

这首是许穆夫人所作。他是卫国女儿，卫国亡了，他要回去省视他兄弟，许国人不许他，因此作诗。一派缠绵悱恻，把女性优美完全表出。

女子很少专门文学家，不惟中国，外国亦然，想是成年以后受生理上限制所致。汉魏以来女性作品，如秦嘉妻徐淑，如班婕妤，各有一两首，都很平平。蔡文姬的《胡笳十八拍》，似是唐人所谱。《悲愤》两首，大概是真。他遭乱被掠入匈奴，是人生极不幸的遭际。他自己说：

薄志节兮念死难，虽苟活兮无形颜。

可怜他情爱的神圣，早已为境遇所牺牲了，所剩只有母子情爱，到底也保不住。他诗说：

……已得自解免，当复弃儿子。……儿前抱我颈，问"母欲何之。人言母当去，岂复有还时。阿母常仁恻，今何更不慈？我今未成人，奈何不顾思？"见此崩五内，恍惚生狂痴，号泣手抚摩，当发复回疑。……

我们读这诗，除了同情之外，别无可说，她的情爱到处被蹂躏，他所写全是变态，但从变态中还见出爱芽的实在。

窦滔妻苏蕙的《回文锦》，真假不敢断定，大约真的分数多。这个作品技术的致巧，不惟空前，或者竟可说是绝后。但太雕凿违反自然了。他说："非我佳人（指窦滔）莫之能解"。只能算是他两口子猜谜，不能算文学正宗。若说这作品在我们文学史上有价值，只算他能够代表女性细致头脑的部分罢了。

苏伯玉妻《盘中诗》：

> 山树高，鸟鸣悲。泉水深，鲤鱼肥。空仓雀，常苦饥。吏人妇，
> 会夫稀。出门望，见白衣。谓当是，而更非。还入门，中心悲。……

这首不敢断定必为女性作品，但情绪写得很好。

古乐府中有几首，不得作者主名，不知为男为女。假定若出女子，便算得汉魏间女性文学中翘楚了。如：

> 上山采蘼芜，下山逢故夫。长跪问故夫，"新人复何如？""新人
> 虽然好，未若故人姝。颜色类相似，手爪不相如。"新人从门入，故
> 人从阁去。新人工织缣，故人工织素。织缣日一匹，织素五丈余。将
> 缣来比素，新人不如故。

又如：

> ……夫婿从南来，斜倚西北盼。语卿"且勿盼，水清石自见"。
> 石见何累累，远行不如归。

这类诗很表示女性的真挚和纯洁，我们若认他是女性作品，价值当不在《谷风》、《氓》之下。

唐宋以后，闺秀诗虽然很多，有无别人捉刀，已经待考，就令说是真，够得上成家的可以说没有。词里头算有几位，宋朱淑真的《断肠词》，李易安的《漱玉词》，清顾太清的《东海渔歌》，可以说不愧作者之林。内中惟易安杰出，可与男子争席，其余也不过尔尔。可怜我们文学史上极贫弱的女界文学，我实在不能多举几位来撑门面。

男子作品中写女性情感——专指作者替女性描写情感，不是指作者对于女性相互间情感——以《楚辞》为嚆矢。前段所讲"美人芳草"，就是这一类。如：

君不行兮夷犹，蹇谁留兮中洲。美要眇兮宜修，沛吾乘兮桂舟。
令沅湘兮无波，使江水兮安流。望夫君兮未来，吹参差兮谁思。……
（《湘君》）

帝子降兮北渚，目眇眇兮愁予。嫋嫋兮秋风，洞庭波兮木叶
下。……沅有茝兮澧有兰，思公子兮未敢言。荒忽兮远望，观流水兮
潺湲。……（《湘夫人》）

入不言兮出不辞，乘回风兮载云旗。悲莫悲兮生别离，乐莫乐兮
新相知。荷衣兮蕙带，倏而来兮忽而逝。夕宿兮帝郊，君谁须兮云之
际。与汝游兮九河，冲风至兮水扬波。与汝沐兮咸池，晞汝发兮阳之
阿。……（《少司命》）

这几首都是描写极美丽极高洁的女神，我们读起来，和看见希腊名雕温尼
士女神像同一美感，可谓极技术之能事。这种文学优美处，不在字句艳丽而在
字句以外的神味。后来摹仿的很多，到底赶不上。李义山的《重过圣女祠》：

白石岩扉碧藓滋，上清沦谪得归迟。一春梦雨常飘瓦，尽日灵风
不满旗。……

全从以上几首脱胎，飘逸华贵诚然可喜，但女神的情感，便不容易着一
字了。

汉魏古诗，写两性间相互情爱者很多，专描女性者颇少，今不细论。六朝
时南北人性格很有些不同，在他们描写女性上也可以看出。北朝写女性之美，
专喜欢写英爽的姿态。如：

……好妇出迎客，颜色正敷愉。伸腰再拜跪，问客平安无。请客
北堂上，坐客青氍毹。清白各异樽，酒上正华疏。酌酒持与客，客言
主人持。却略再拜跪，然后持一杯。谈笑未及竟，左顾敕中厨，促令
办粗饭，慎莫使稽留。废礼送客出，盈盈府中趋。送客亦不远，足不
过门枢。……（《陇西行》）

读起来仿佛入到欧洲交际社会，一位贵妇人极和蔼极能干的美态，活现目前。又如：

> ……朝辞爷娘去，暮宿黄河边。不闻爷娘唤女声，但闻黄河流水鸣溅溅。旦辞黄河去，暮至黑山头。不闻爷娘唤女声，但闻燕山胡骑声啾啾。……可汗问所欲，木兰不用尚书郎。愿借明驼千里足，送儿还故乡。……（《木兰词》）

这首写女子从军，虽然是一种异态，但决非南朝人意想中所能构造。最妙者是刚健之中处处含婀娜，确是女性最优美之点。

南朝人便不同了。他们理想中女性之美，可以拿梁元帝的《西洲曲》做代表：

> 忆梅下西洲，折梅寄江北。单衫杏子红，双鬓鸦雏色。西洲在何处，两桨桥头渡。日暮伯劳飞，风吹乌柏树。树下即门前，门中露翠钿。开门郎不至，出门采红莲。采莲南塘秋，莲花过人头。低头弄莲子，莲子清如水。置莲怀袖中，莲心彻底红。忆郎郎不至，仰首视飞鸿。飞鸿满汀洲，望郎上青楼。楼高望不见，尽日阑干头。阑干十二曲，垂手明如玉。卷帘天自高，海水摇空绿。海水梦悠悠，君愁我亦愁。南风知我意，吹梦到西洲。

这首诗写怀春女儿天真烂漫的情感，总算很好，所写的人格，亦并不低下。但总是南派绮靡的情绪，和北派截然两样。后来作家，大概脱不了这窠臼。

唐诗写女性最好的，莫过于杜工部的《佳人》：

> 绝代有佳人，幽居在空谷。自云良家子，零落依草木。……在山泉水清，出山泉水浊。侍婢卖珠回，牵萝补茅屋。摘花不插鬓，采柏动盈掬。天寒翠袖薄，日暮倚修竹。

工部理想的佳人，品格是名贵极了，性质是高抗极了，体态是幽艳极了，情绪是浓至极了。有人说这首诗便是他自己写照，或者不错。总之描写女性之美，我说这首是千古绝唱。

太白《长干曲》摹仿《西洲》很像，写小家儿女的情爱，也还逼真，但价值不过尔尔。

李义山写女性的诗，几居全集三分之一，但义山是品性堕落的诗人，他理想中美人不过娼妓，完全把女子当男子玩弄品，可以说是侮辱女子人格。义山天才确高，爱美心也很强，倘使他的技术用到正途，或者可以做写女性情感的圣手，看他《悼亡》诸作可知。可惜他本性和环境都太坏，仅成就得这种结果。不惟在文学界没有好影响，而且留下许多遗毒，真是我们文学史上一件不幸了。

词里头写女性最好的，我推苏东坡的《洞仙歌》：

> 冰肌玉骨，自清凉无汗。水殿风来暗香满。绣帘开，一点明月窥人，人未寝，欹枕钗横鬓乱。　　起来携素手，庭户无声，时见疏星度河汉。试问夜如何？夜已三更，金波淡玉绳低转。但屈指西风几时回，又不道流年暗中偷换。

好处在情绪的幽艳，品格的清贵，和工部《佳人》不相上下。稼轩的：

> 蓦然回首，那人却在，灯火阑珊处。(《青玉案》)

白石的：

> 想珮环夜月归来，化作此花幽独。(《疏影》)

都能写出品格。柳屯田写女性词最多，可惜毛病和义山一样，藻艳更在义山下。

曲本每部总有女性在里头，但写得好的很少。因为他们所构曲中情节，本少好的，描写曲中人物，自然不会好。例如《西厢记》一派，结局是调情猥亵，如何能描出清贵的人格？又如《琵琶记》一派，主意在劝惩，并不注重女性的真美。所以曲本写女性虽多，竟找不出能令我心折的作品。内中惟汤玉茗是最浪漫式的人。《牡丹亭·惊梦》里头，确有些新境界。如：

可知我常一生儿爱好是天然。恰三春好处无人见。……

"爱好是天然"这句话，真所谓为爱美而爱美，从前没有人能道破，写女性高贵，此为极品了。底下跟着衍这段意思，也有许多名句。如：

朝飞暮卷，云霞翠轩。雨丝风片，烟波画船。锦屏人忒看得韶光贱。

如：

则为俺生小婵娟，拣名门一例一例里神仙眷。甚良缘把青春抛得远，俺的睡情谁见。……

如：

则为你如花美眷，似水流年。是答儿闲寻遍，在幽闺自怜。

这些词句，把情绪写得像酒一般浓，却不失闺秀身分，在艳词中算是最上乘了。

这段末后，还有几句话要讲讲。近代文学家写女性，大半以"多愁多病"为美人模范，古代却不然。《诗经》所赞美的是"硕人其颀"，是"颜如舜华"。楚辞所赞美的是"美人既醉朱颜酡，娭光眇视目层波"。汉赋所赞美的是"精耀华烛俯仰如神"，是"翩若惊鸿矫若游龙"。凡这类形容词，都是以容态之艳丽和体格之俊健构合而成，从未见以带着病的恹弱状态为美的。以病态为美，起于南朝，适足以证明文学界的病态。唐宋以后的作家，都汲其流，说到美人便离不了病，真是文学界一件耻辱。我盼望往后文学家描写女性，最要紧先把美人的健康恢复才好。

九

欧洲近代文坛，浪漫派和写实派迭相雄长。我国古代，将这两派划然分出门庭的可以说没有。但各大家作品中，路数不同，很有些分带两派倾向的。今先说浪漫的作品。

《三百篇》可以说代表诸夏民族平实的性质，凡涉及空想的一切没有。我们文学含有浪漫性的自《楚辞》始。春秋、战国时候的中原人都来说"楚人好巫鬼"，大抵他们脑海中，含有点野蛮人神秘意识，后来渐渐同化于诸夏，用诸夏公用的文化工具表现他们的感想，带着便把这种神秘意识放进去，添出我们艺术上的新成分。这种意识，或者从远古传来，乃至和我们民族发源地有什么关系也未可知。试看，《楚辞》里头讲昆仑的最多——大约不下十数处，像是对于昆仑有一种渴仰，构成他们心中极乐国土。这种思想渊源，和中亚细亚地方有无关系，今尚为历史上未决问题。他们这种超现实的人生观，用美的形式发挥出来，遂为我们文学界开一新天地。《楚辞》的最大价值在此。

楚辞浪漫的精神表现得最显者，莫如《远游》篇。它起首那段有几句：

> 惟天地之无穷兮，哀人生之长勤。往者余弗及兮，来者吾不闻。
>
> （《远游》）

屈原本身有两种矛盾性：他头脑很冷，常常探索玄理，想象"天地之无穷"；他心肠又很热，常常悲悯为怀，看不过"民生之多艰"（《离骚》语）。他结果闹到自杀，都因为这两种矛盾性交战，苦痛忍受不住了。他作品中把这两种矛盾性充分发挥，有一半哭诉人生冤苦，有一半是寻求他理想的天国。《远游》篇就是属于后一类。他说：

> 载营魄而登霞兮，掩浮云而上征。命天阍其开关兮，排阊阖而望
> 予。召丰隆使先导兮，问太微之所居。集重阳入帝宫兮，造旬始而观
> 清都。朝发轫于太仪兮，夕始临乎於微闾。屯余车之万乘兮，纷溶与
> 而并驰。驾八龙之婉婉兮，载云旗之逶蛇。建雄虹之采旄兮，五色杂
> 而炫耀。服偃蹇以低昂兮，骖连蜷以骄骜。骑胶葛以杂乱兮，斑漫衍
> 而方行。撰余辔而正策兮，吾将过乎句芒。历太皓以右转兮，前飞廉
> 以启路。阳杲杲其未光兮，凌天地以径度。……（同上）

如此之类有好几段，完全是幻构的境界。最末一段道：

> 经营四方兮，周流六漠。上至列缺兮，降望大壑。下峥嵘而无地
> 兮，上寥廓而无天。视儵忽而无见兮，听惝恍而无闻。超无为以至清
> 兮，与泰初而为邻。（同上）

这类文学，纯是求真美于现实界以外，以为人类五官所能接触的境界都是
污浊，要搬开他别寻心灵净土。《离骚》、《涉江》中一部分，也是这样。

《招魂》——据太史公说也是屈原所作。其想象力之伟大复杂实可惊。前半
说上下四方到处痛苦恐怖的事物，都出乎人类意境以外。后半说浮世的快乐，
也全用幻构的笔法写得淋漓尽致。末后一段说这些快乐，到头还是悲哀，以
"魂兮归来哀江南"一句，结出作者情感根苗。这篇名作的结构和思想，都有点
和噶特的《浮士达》相仿佛。

《楚辞》中纯浪漫的作品，当以《九歌》的《山鬼》为代表。今录其全文：

> 若有人兮山之阿，被薜荔兮带女萝。既含睇兮又宜笑，子慕余兮
> 善窈窕。
> 乘赤豹兮从文狸，辛夷车兮结桂旗。被石兰兮带杜衡，折芳馨兮
> 遗所思。

余处幽篁兮终不见天，路险艰兮独后来。

表独立兮山之上，云容容兮而在下。杳冥冥兮羌昼晦，东风飘兮
神灵雨。

留灵修兮憺忘归，岁既晏兮孰华予。

采三秀兮于山间，石磊磊兮葛蔓蔓。思公子兮憺忘归，君思我兮
不得闲。山中人兮芳杜若，饮石泉兮荫松柏。君思我兮然疑作。

雷填填兮雨冥冥，猨啾啾兮又夜鸣。风飒飒兮木萧萧，思公子兮
徒离忧。（《山鬼》）

这篇和《远游》《离骚》《招魂》等篇作法不同：那几篇都写作者自身和所
构幻境的关系，这篇完全另写一第三者作影子。我们若把这篇当画材，将那山
鬼的环境面影性格画来，便活现出屈原的环境面影性格。这种纯粹浪漫的作法，
在我们文学界里头，当以此篇为嚆矢。

陶渊明的《桃花源诗序》，正是浪漫派小说的鼻祖。那首诗自然也是浪漫派
绝好韵文。里头说的：

……相命肆农耕，日入随所憩。桑竹垂余荫，菽稷随时艺。春蚕
收长丝，秋熟靡王税。荒路暧交通，鸡犬互鸣吠。……童孺纵行歌，
斑白欢游诣。草荣识节和，木衰知风厉。虽无纪历志，四时自成岁。
怡然有余乐，于何劳智慧？……

这是渊明理想中绝对自由绝对平等无政府的互助的社会状况，最主要的精
神是"超现实"。但他和《楚辞》不同处，在不带神秘性。

神仙的幻想，在我们文学界中很占势力，这种幻想，自然是导源于《楚
辞》，但后人没有屈原那种剧烈的矛盾性，从形式上模仿蹈袭，往往讨厌。如曹
子建也有一首《远游篇》，读去便味如嚼蜡。嵇中散的《游仙诗》，也看不出什
么异彩。到郭景纯十几首《游仙》，便瑰丽多了。其中如：

翡翠戏兰苕，容色更相鲜。绿萝结高林，蒙茏盖一山。中有冥寂

士，静啸抚清弦。放情凌霄外，嚼蕊挹飞泉。……

虽然纯从《山鬼》篇脱胎，却把幽愤境界变为飘逸。又如：

> 杂县寓鲁门，风暖将为灾。吞舟涌海底，高浪驾蓬莱。神仙排云出，但见金银台。陵阳挹丹溜，容成挥玉杯。姮娥扬妙音，洪崖颔其颐。升降随长烟，飘飘戏九垓。奇龄迈五龙，千岁方婴孩。燕昭无云气，汉武非仙才。

这类诗像是佛教入中国后，参些印度人梵天的幻想。但每首总爱把作者的宇宙观人生观直白点出，未免有些词费。

浪漫派文学，总是想象力愈丰富愈奇诡便愈见精彩。这一点，盛唐大家李太白，确有他的特长。如他的《公无渡河》全从古乐府《箜篌引》敷演出来。《箜篌引》十六个字千古绝唱，如何可拟作？他这首的前半"黄河西来决昆仑，……其害乃去茫然风沙"，已经把这条黄河写得像有神秘性。到下半首依传说略叙事实后，更有虚构可怖的幻象。说：

> 被发之叟狂而痴，清晨径流欲奚为？旁人不惜妻止之，公无渡河苦渡之。虎可搏，河难凭，公果溺死流海湄。有长鲸白齿若雪山，公乎公乎挂骨于其间。箜篌所谣竟不还。

这诗把原来的《箜篌引》，赋与一种浪漫性，便成创作。又如《飞龙引》的：

> ……载玉女，过紫皇。紫皇乃赐白兔所捣之药方。后天而老彫三光。下视瑶池见王母，蛾眉萧飒如秋霜。

如《蜀道难》的：

> ……蚕丛及鱼凫，开国何茫然。尔来四万八千岁，不与秦塞通人

烟。西当太白有鸟道，可以横绝峨眉颠。地崩山摧壮士死，然后天梯
石栈相钩连。……

太白集中像这类的很多，都可以证明他想象力之伟大，能构造出别人所构
不出的境界。他还有两首词，把他的美感表得十分圆满。词调是《桂殿秋》，文
如下：

> 仙女下，董双成。汉殿夜凉吹玉笙。曲终却从仙宫去，万户千门
> 惟月明。
> 河汉女，玉炼颜。云軿往往在人间。九霄有路去无迹，袅袅香风
> 生珮环。

后来这类作品，我最爱者为王介甫的《巫山高》二首：

> 巫山高，十二峰。上有往来飘忽之猿猱，下有出没瀺灂之蛟龙，
> 中有倚薄缥缈之神宫。神人处子冰雪容，吸风饮露虚无中，千岁寂寞
> 无人逢，邂逅乃与襄王通。丹崖碧嶂深重重，白月如日明房栊，象床
> 玉几来自从，锦屏翠幔金芙蓉。阳台美人多楚语，只有纤腰能楚舞，
> 争吹凤管鸣鼍鼓。那知襄王梦时事，但见朝朝暮暮长云雨。
> 巫山高，偃薄江水之滔滔。水于天下实至险，山亦起伏为波涛。
> 其巅冥冥不可见，崖岸斗绝悲猿猱。赤枫青栎生满谷，山鬼白日樵人
> 遭。窈窕阳台彼神女，朝朝暮暮能云雨。以云为衣月为褚，乘光服暗
> 无留阻。昆仑曾城道可取，方丈蓬莱多伴侣。块独守此嗟何求，况乃
> 低徊梦中语。

这类诗词，从唯美的见地看去，很有价值。他们并无何种寄托，只是要表
那一片空灵纯洁的美感。太白、介甫一流人，胸次高旷，所以能有这类作品。
像杜工部虽然是情圣，他却不会作此等语。

苏东坡也是胸次高旷的人，但他的文学不含神秘性，纯浪漫的作品较少。

他贬谪琼州的时候，坐在山轿子上打盹，正在遇雨，梦中得了十个字的名句："千山动鳞甲，万壑酣笙钟。"醒来续成一首诗道：

> 四洲环一岛，百洞蟠其中。我行西北隅，如度月半弓。登高望中原，但见积水空。此身将安归？四顾真途穷。眇观大瀛海，坐咏谈天翁。茫茫太仓间，稊米谁雌雄。幽怀忽破散，咏啸来天风。千山动鳞甲，万壑酣笙钟。焉知非群仙，钧天宴未终。喜我归有期，举酒属青童。急雨岂无意，催诗走群龙。梦中忽变色，笑电亦改容。应怪东坡老，颜衰语徒工。久矣此妙声，不闻蓬莱宫。

他作诗时候所处的境界，恰好是最浪漫的，他便将那一刹那间的实感写出来，不觉便成浪漫派中上乘作品。

浪漫派特色，在用想象力构造境界。想象力用在醇化的美感方面，固然最好。但何能个个人都如此？所以多数走入奇诡一路。楚辞的《招魂》已开其端绪，太白作品，也半属此类。中唐以后，这类作风益盛。韩昌黎的《陆浑山火和皇甫湜》《孟东野失子》《二鸟诗》等篇，都带这种色彩。我们可以给他一个绰号，叫做"神话文学"。神话文学的代表作品，应推卢玉川。他有名的《月蚀诗》二千多字，完全像希腊神话一般。内中一段：

> ……传闻古老说，蚀月虾蟇精。径圆千里入汝腹，汝此痴骸阿谁生？……忆昔尧为天，十日烧九州，金铄水银流，玉烛丹砂焦，六合烘为窑，尧心增百忧。帝见尧心忧，勃然发怒决洪流，立拟沃杀九日妖。天高日走沃不及，但见万国赤子魃魃生鱼头。此时九御导九日，争持节幡庵幢旒，驾车六九五十四头蛟，蟆虬掣电九火辀。汝若蚀开鬷䰙轮，御辔执索相爬钩。推荡轰訇入汝喉，红鳞焰鸟烧口快，翎鬣倒侧声醆鄹，撑肠拄肚碨块如山丘，自可饱死更不偷，不独填饥坑，亦解尧心忧。……

又如《与马异结交诗》中一段：

伏羲画八卦，凿破天心胸。女娲本是伏羲妇，恐天怒，捣炼五色石，引日月之针五星之缕把天补。补了三日不肯归婿家，走向日中放老鸦。月里栽桂养虾蟆，天公发怒化龙蛇。此龙此蛇得死病，神农合药救死命。天怪神农党龙蛇，罚神农为牛头令载元气车。不知药中有毒药，药杀元气天不觉。……

这种诗取采资料，都是最荒唐怪诞的神话，还添上本人新构的幻想，变本加厉。这种诗好和歹且不管他，但我们不能不承认作者胆量大，替诗界作一种解放，又不能不承认是诗界一种新国土，将来很有继续开辟的余地。

玉川最喜欢把人类意识赋与人类以外诸物。《观放鱼歌》："鸂鶒鸳鸥凫，喜观争叫呼。小虾亦相庆，绕岸摇其须"便是。他还有二十首小诗，设为石、竹、井、马兰、蛱蝶、虾蟆，相互谈话。内中石说道："我在天地间，自是一片物。可得杠压我，使我头不出。"他所假设一场谈话，虽然没有什么深奥哲理，但也算诗界一种创作，比陶渊明的《形影神问答》进一步。

同时李长吉也算浪漫派的别动队，他的诗字字句句都经过千锤百炼，但他的特别技能不仅在字句的锤炼，实在想象力的锤炼。他的代表作品，如《金铜仙人辞汉歌》：

茂陵刘郎秋风客，夜间马嘶晓无迹。画栏桂树悬秋香，三十六宫土花碧。魏官牵车指千里，东关酸风射眸子。空将汉月出宫门，忆君清泪如铅水。衰兰送客咸阳道，天若有情天亦老。携盘独出月荒凉，渭城已远波声小。

此外如"昆山玉碎凤皇叫，芙蓉泣露香兰笑"，如"女娲炼石补天处，石破天惊逗秋雨"，如"洞庭雨脚来吹笙，酒酣喝月使倒行"，如"银浦流云学水声"，如"呼龙耕烟种瑶草"，如"南风吹山作平地，帝遣天吴移海水"，此等语句，不知者以为是卖弄词藻，其实每一句都有他特别的意境。大抵长吉脑里头幻象很多，每一个幻象，他自己立限只许用十来个字把他写出，前人评他做诗是"呕心"，真不错。这种诗自然不该学，但我们不能不承认他在文学史上的价值。

十

现在要讲写实派。写实派作法，作者把自己情感收起，纯用客观态度描写别人情感。作法要领，是要将客观事实照原样极忠实的写出来，还要写得详尽。因为如此，所以所写的多是三几个寻常人的寻常行事或是社会上众人共见的现象，截头截尾单把一部分状态委细曲折传出。简单说，是专替人类作断片的写照。

这种作品，在《三百篇》里头不能说没有。如《卫风》的《硕人》，《郑风》的《大叔于田》《褰裳》，《豳风》的《七月》，都有点这种意思。但《三百篇》以温柔敦厚为主，不肯作露骨的刻画，自然不能当这派作品的模范。《楚辞》纯属浪漫的作风，和这派正极端反对，当然没有可征引了。

汉人乐府中有一首《孤儿行》，可以说是纯写实派第一首诗。全录如下：

> 孤儿生，孤儿遇生命当独苦。
>
> 父母在时，乘坚车驾驷马。父母已去，兄嫂令我行贾。
>
> 南到九江，东到齐与鲁。腊月来归，不敢自言苦。
>
> 头多虮虱，面目多尘土。
>
> 大兄言办饭，大嫂言视马。上高堂行趣殿，下堂，孤儿泪下如雨。
>
> 使我朝行汲暮得水，来归手为错，足下无菲。
>
> 怆怆履霜，中多蒺藜。拔断蒺藜，肠肉中怆欲悲。泪下渫渫，清涕累累。
>
> 冬无复襦，夏无单衣。居生不乐，不如早去下从地下黄泉。
>
> 春气动，草萌芽。三月蚕桑，六月收瓜。将是瓜车，来还到家。
>
> 瓜车反覆，助我者少，啖瓜者多。愿还我蒂，兄与嫂严独且急，归当与校计。
>
> 乱曰：里中一何说说！愿欲寄尺书将与地下父母，兄嫂难与久居。

这首诗只是写寻常百姓家一个可怜的孩子，将他日常经历直叙，并不下一字批评，读起来能令人同情心到沸度，可以说是写实派正格。

《孔雀东南飞》是最有结构的写实诗。他写十几个人问答语，各人神情毕肖，真是圣手。内中"妾有绣丝襦……""着我绣袷裙……""青雀白鹄舫……"三段，铺叙实物，尤见章法。可惜所铺叙过于富丽，稍失写实家本色。又篇末松梧交枝鸳鸯对鸣等语，已经搀入象征法。虽然如此，这诗总算写实妙品。

魏晋写实的五言，以左太冲《娇女诗》为第一。

> 吾家有娇女，皎皎颇白皙。小字为织素，口齿自清历。鬓发覆广额，双耳似连璧。明朝弄梳台，黛眉类扫迹。浓朱衍丹唇，黄吻烂漫赤。娇语若连琐，忿速乃明悁。握笔利彤管，篆刻未期益。执书爱绨素，诵习矜所获。其姊字惠芳，面目灿如画。轻妆喜娄边，临镜忘纺绩。举觯拟京兆，立的成复易。玩弄眉颊间，剧兼机杼役。从容好赵舞，延袖像飞翮。上下弦柱际，文史辄卷襞。顾盼屏风画，如见己指摘。丹青日尘暗，明义为隐赜。驰骛翔园林，果不皆生摘。红葩缀紫蒂，萍实骤抵掷。贪华风雨中，倏忽数百适。务蹑霜雪戏，重綦常累积。并心注肴馔，端坐理盘槅。翰墨戢闲案，相与数离逖。动为炉钲屈，屣履任之适。止为茶荈据，吹嘘对鼎钖。脂腻漫白袖，烟熏染阿锡。衣被皆重池，难与沉水碧。任其孺子意，羞受长者责。瞥闻当予杖，掩泪俱向壁。

这首诗活画出两位天真烂漫性情活泼娇小玲珑又爱美又不懂事的女孩子。尤当注意者，太冲对于这两位女孩子，取什么态度，有何等情感，诗中一个字没有露出。他的目的全在那映到他眼里的小女孩子情感，他用极冷静的态度忠实观察他忠实描写他，所以入妙。后来模仿这首诗的不少，但都赶不上他。如李义山的《骄儿诗》，即是其中之一首。依着《骄儿诗》看来，义山那位衮师少爷顽劣得可厌，是不管他。——也许是义山照样写实，那么少爷虽不好，诗还是好。但那诗中说旁人对于他儿子怎样批评，又说他自己对于儿子怎样希望，还把自己和儿子比较，发一段牢骚，这是何苦呢？我们拿这两首诗比一比，便可以悟出写实派作法的要诀。

前回曾举出杜工部半写实派的几首诗。其实工部纯写实派的作品也很不少而且很好。如：

> 献凯日继踵，两蕃静无虞。渔阳游侠地，击鼓吹笙竽。云帆转辽海，粳稻来东吴。越裳与楚练，照耀舆台躯。主将位益崇，气骄凌上都。边人不敢议，议者死路衢。（《后出塞》）

这首诗是安禄山还未造反时作的，所指就是安禄山那一班军阀。仅仅六十个字，把他们豪奢骄蹇情形都写完了。他却并没有一个字批评，只是用巧妙技术把实况描出，令读者自然会发厌恨忧危种种情感。这是写实文学最大作用。又如：

> 三月三日天气新，长安水边多丽人。态浓意远淑且真，肌理细腻骨肉匀。绣罗衣裳照暮春，蹙金孔雀银麒麟。头上何所有，翠为匐叶垂鬓唇。背后何所见，珠压腰衱稳称身。就中云幕椒房亲，赐名大国虢与秦。紫驼之峰出翠釜，水精之盘行素鳞。犀箸厌饫久未下，鸾刀缕切空纷纶。黄门飞鞚不动尘，御厨络绎送八珍。箫鼓哀吟感鬼神，宾从杂遝实要津。后来鞍马何逡巡，当轩下马入锦茵。杨花雪落覆白苹，青鸟飞去衔红巾。炙手可热势绝伦，慎莫近前丞相嗔。

又如：

> 步屧随春风，村村自花柳。田翁逼社日，邀我尝春酒。酒酣夸新尹，畜眼未见有。回头指大男，"渠是弓弩手。名在飞骑籍，长番岁时久。前日放营农，辛苦救衰朽。差科死则已，誓不举家走。今年大作社，拾遗能住否？"叫妇开大瓶，盆中为吾取。感此气扬扬，须知风化首。语多虽杂乱，说尹终在口。朝来偶然出，自卯将及酉。久客惜人情，如何拒邻叟。高声索果栗，欲起时被肘。指挥过无礼，未觉村野丑。月出遮我留，仍嗔问升斗。

这首和前两首不同，前两首是一般写实家通行作法，专写社会黑暗方面，这首却是写社会光明方面，读起来令人感觉乡村生活之优美。那"田父"一种真率气象以及他对于社交之亲切对于国家义务之认真，都一一流露。

写实家所标旗帜，说是专用冷酷客观，不搀杂一丝一毫自己情感，这不过技术上的手段罢了。其实凡写实派大作家都是极热肠的。因为社会的偏枯缺憾，无时不有，无地不有，只要你忠实观察，自然会引起你无穷悲悯。但倘若没有热肠，那么他的冷眼也决看不到这种地方，便不成为写实家了。杜工部这类写实文学开派以后，继起的便是白香山。香山自己说：

> 惟歌生民病，……甘受时人嗤。

他自己编定诗集，用诗的性质分类。第一类便是"讽喻"。讽喻类主要作品是十首《秦中吟》和五十首《新乐府》。这六十首诗，可以说完成写实派壁垒，替我们文学史吐出光焰万丈。但他的作风，与纯写实派有点不同，每篇之末，总爱下主观的批评，不过批评是"微而婉"罢了。里头纯客观的只有几首。如：

> 帝城春欲暮，喧喧车马度。共道牡丹时，相随买花去。贵贱无常价，酬直看花数。灼灼百朵红，戋戋五束素。上张幄幕庇，旁织巴篱护。水洒复泥封，移来色如故。家家习为俗，人人迷不悟。有一田舍翁，偶来买花处。低头独长叹，此叹无人喻。一丛深色花，十户中人赋。（《秦中吟·买花》）

如：

> 卖炭翁，伐薪烧炭南山中。满面尘灰烟火色，两鬓苍苍十指黑。卖炭得钱何所营？身上衣裳口中食。可怜身上衣正单，心忧炭贱愿天寒。夜来城上一尺雪，晓驾炭车辗冰辙。牛困人饥日已高，市南门外泥中歇。翩翩两骑来是谁？黄衣使者白衫儿。手把文书口称敕，回车叱牛牵向北。一车炭重千余斤，官使驱将惜不得。半匹红纱一丈绫，系向牛头充炭直。（《新乐府·卖炭翁》）

像这类不将批评主意明点出来的，约居全部十分之一，其余都把自己对于这件事情的意见说出。他的《新乐府》自序说：

> ……首句标其目，卒章显其志，三百篇之意也。其辞质而径，欲见之者易喻也。其言直而切，欲闻之者深诫也。其事覈而实，使采之者传信也。……

他并不是为诗而作诗。他替那些穷苦的人们提起公诉，他向那些作恶的人们宣说福音。所以他不采那种藏锋含蓄的态度，将主观的话也写出来。但是以作风论，我们还认他是写实派，因为他对于客观写得极忠实极详尽。

写实派固然注重在写人事的实况，但也要写环境的实况，因为环境能把人事烘托出来。写环境实况的模范作品，如鲍明远《芜城赋》中一段：

> 泽葵依井，荒葛罥涂。坛罗虺蜮，阶斗麏鼯。木魅山鬼，野鼠城狐。风嗥雨啸，昏见晨趋。饥鹰厉吻，寒鸱吓雏。伏虣藏虎，乳血餐肤。崩榛塞路，峥嵘古馗。白杨早落，塞草前衰。棱棱霜气，蔌蔌风威。孤蓬自振，惊沙坐飞。灌莽杳而无际，丛薄纷其相依。通池既已夷，峻隅又已颓。直视千里外，唯见起黄埃。凝思寂听，心伤已摧。

所写全是客观现象，然而读起来自然会令情感涌出。妙处全在铺叙得淋漓透彻。学写实派的不可不知。

（1922年3月25日完稿，清华学校文学社讲演稿。
原刊《改造》1922年第4卷第6期、第8期。）

精彩一句：

天下最神圣的莫过于情感。

金雅品鉴：

本文是任公的名篇之一。专门研究文学中的情感问题，选取了中国文学颇具代表性的文体——诗词。

情感是文学艺术的内核。但真正对情感展开系统、具体、有说服力的研究论析的，中西文论并不多见。这篇宏文大概是中国文论史上，采用现代论文的形态，系统细致研究文学情感的最早的理论文章之一了。

文中有很多广为人们引用的观点。对情感的性质、特点、价值，情感教育与艺术的关系等，都有精见。当然，文章最重要的理论贡献之一，是提出了对艺术表情类型的划分。任公主要区分了奔进的表情法、回荡的表情法、含蓄蕴藉的表情法，在回荡的表情法中又细分为四种，含蓄蕴藉的表情法中细分出三类。他还借鉴了西方文论象征派、浪漫派、写实派的概念，对中国文学中的重要诗词作品进行了论析。

文中有大量的中国韵文实例鉴析。任公艺术修养精湛，审美触角锐敏，评析情理交融，语言生动流畅，很有可读可味之处。

此文还有一个很值得注意的问题。文章以中国的韵文及表现的情感为研究对象，但写作此文的目的，却并不是为了自我表扬，而是希望通过自我的梳鉴，进而和西洋文学进行比较，发现问题。任公说："看看我们的情感，比人家谁丰富谁寒俭？谁浓挚谁浅薄？谁高远谁卑近？我们文学家表示情感的方法，缺乏的是哪几种？先要知道自己民族的短处去补救它，才配说发挥民族的长处。"是为此文之深意。

文章没有按计划全部写完。本来任公还规划有"文学里头所显的人生观"一节。现在虽未读到此节，但任公高度重视文学艺术关怀现实、涵养情感、提升人格的价值向度，已然可感。

屈原研究

一

　　中国文学家的老祖宗，必推屈原。从前并不是没有文学，但没有文学的专家。如《三百篇》及其他古籍所传诗歌之类，好的固不少，但大半不得作者主名，而且篇幅也很短。我们读这类作品，顶多不过可以看出时代背景或时代思潮的一部分。欲求表现个性的作品，头一位就要研究屈原。

　　屈原的历史，在《史记》里头有一篇很长的列传，算是我们研究史料的人可欣慰的事。可惜议论太多，事实仍少。我们最抱歉的，是不能知道屈原生卒年岁和他所享年寿。据传文大略推算，他该是西纪前三三八至二八八年间的人，年寿最短亦应在五十上下。和孟子、庄子、赵武灵王、张仪等人同时。他是楚国贵族。贵族中最盛者昭、屈、景三家，他便是三家中之一。他曾做过"三闾大夫"。据王逸说："三闾之职，掌王族三姓，曰昭、屈、景。屈原序其谱属率其贤良以厉国士。"然则他是当时贵族总管了。他曾经得楚怀王的信用，官至

"左徒"。据《本传》说："入则与王图议国事以出号令，出则接遇宾客，应对诸侯，王甚任之。"可见他在政治上曾占很重要的位置，其后被上官大夫所谗，怀王疏了他。怀王在位三十年（西纪前三二八至二九七）。屈原做左徒，不知是哪年的事，但最迟亦在怀王十六年（前三一二）以前。因为那年怀王受了秦相张仪所骗，已经是屈原见疏之后了。假定屈原做左徒在怀王十年前后，那时他的年纪最少亦应二十岁以上，所以他的生年，不能晚于西纪前三三八年。屈原在位的时候，楚国正极强盛。屈原的政策，大概是主张联合六国共摈强秦保持均势。所以虽见疏之后，还做过齐国公使。可惜怀王太没有主意，时而摈秦，时而联秦，任凭纵横家摆弄。卒至"兵挫地削，亡其六郡，身客死于秦，为天下笑"（《本传》文）。怀王死了不到六十年，楚国便亡了。屈原当怀王十六年以后，政治生涯，像已经完全断绝。其后十四年间，大概仍居住郢都（武昌）一带。因为怀王三十年将入秦之时，屈原还力谏，可见他和怀王的关系，仍是藕断丝连了。怀王死后，顷襄王立（前二九八）。屈原的反对党，越发得志，便把他放逐到湖南地方去，后来竟闹到投水自杀。

屈原什么时候死呢？据《卜居》篇说："屈原既放，三年不得复见。"《哀郢》篇说："忽若不信兮，至今九年而不复。"假定认这两篇为顷襄王时作品，则屈原最少当西纪前二八八年仍然生存。他脱离政治生活专做文学生活，大概有二十来年的日月。

屈原所走过的地方有多少呢？他著作中所见的地名如下：

令沅湘兮无波，使江水兮安流。

遭吾道兮洞庭。

望涔阳兮极浦。

遗余佩兮澧浦。（右《湘君》）（指以上诸句，编者注。下同）

洞庭波兮木叶下。

沅有芷兮澧有兰。

遗余褋兮澧浦。（右《湘夫人》）

哀南夷之莫吾知兮，旦余济乎江湘。

乘鄂渚而反顾兮。

邸余车兮方林。

乘舲船余上沅兮。

朝发枉陼兮夕宿辰阳。

入溆浦余儃佪兮，迷不知吾之所如。深林杳以冥冥兮，乃猿狖之所居。……山峻高以蔽日兮，下幽晦以多雨。霰雪纷其无垠兮，云霏霏而承雨。（右《涉江》）

发郢都而去闾兮。

过夏首而西浮兮，顾龙门而不见。

背夏浦而西思兮。

惟郢路之辽远兮，江与夏之不可涉。（右《哀郢》）

长濑湍流，泝江潭兮。狂顾南行，聊以娱心兮。

低佪夷犹宿北姑兮。（右《抽思》）

浩浩沅湘，纷流汩兮。（右《怀沙》）

遵江夏以娱忧。（右《思美人》）

指炎神而直驰兮，吾将往乎南疑。（右《远游》）

路贯庐江兮左长薄。（右《招魂》）

内中说郢都，说江夏，是他原住的地方，洞庭、湘水，自然是放逐后常来往的，都不必多考据。最当注意者，《招魂》说的"路贯庐江兮左长薄"，像江西庐山一带，也曾到过。但《招魂》完全是浪漫的文学，不敢便认为事实。《涉江》一篇，含有纪行的意味，内中说"乘舲船余上沅"，说"朝发枉陼夕宿辰阳"，可见他曾一直溯着沅水上游，到过辰州等处。他说的"峻高蔽日，霰雪无垠"的山，大概是衡岳最高处了。他的作品中，像"幽独处乎山中"、"山中人兮芳杜若"，这一类话很多。我想他独自一人在衡山上过活了好些日子。他的文学，谅来就在这个时代大成的。

最奇怪的一件事，屈原家庭状况如何？在《本传》和他的作品中，连影子也看不出。《离骚》有"女婴之婵媛兮，申申其詈余"两语。王逸注说："女婴，屈原姊也。"这话是否对，仍不敢说。就算是真，我们也仅能知道他有一位姐姐，其余兄弟妻子之有无，一概不知。就作品上看来，最少他放逐到湖南以后过的都是独身生活。

二

我们把屈原的身世大略明白了，第二步要研究那时候为什么会发生这种伟大的文学？为什么不发生于别国而独发生于楚国？何以屈原能占这首创的地位？第一个问题，可以比较的简单解答。因为当时文化正涨到最高潮，哲学勃兴，文学也该为平行线的发展。内中如《庄子》《孟子》及《战国策》中所载各人言论，都很含着文学趣味。所以优美的文学出现，在时势为可能的。第二第三两个问题，关系较为复杂。依我的观察，我们这华夏民族，每经一次同化作用之后，文学界必放异彩。楚国当春秋初年，纯是一种蛮夷。春秋中叶以后，才渐渐的同化为"诸夏"。屈原生在同化完成后约二百五十年。那时候的楚国人，可以说是中华民族里头刚刚长成的新分子，好像社会中才成年的新青年。从前楚国人，本来是最信巫鬼的民族，很含些神秘意识和虚无理想，像小孩子喜欢幻构的童话。到了与中原旧民族之现实的伦理的文化相接触，自然会发生出新东西来。这种新东西之体现者，便是文学。楚国在当时文化史上之地位既已如此。至于屈原呢，他是一位贵族，对于当时新输入之中原文化，自然是充分领会。他又曾经出使齐国，那时正当"稷下先生"数万人日日高谈宇宙原理的时候，他受的影响，当然不少。他又是有怪脾气的人，常常和社会反抗。后来放逐到南荒，在那种变化诡异的山水里头，过他的幽独生活。特别的自然界和特别的精神作用相击发，自然会产生特别的文学了。

屈原有多少作品呢？《汉书·艺文志·诗赋略》云："屈原赋二十五篇。"据王逸《楚辞章句》所列，则《离骚》一篇，《九歌》十一篇，《天问》一篇，《九章》九篇，《远游》一篇，《卜居》一篇，《渔父》一篇。尚有《大招》一篇。注云："屈原，或言景差。"然细读《大招》，明是摹仿《招魂》之作，其非出屈原手，像不必多辩。但别有一问题颇费研究者。《史记·屈原列传》赞云："余读《离骚》《天问》《招魂》《哀郢》，悲其志。"是太史公明明认《招魂》为屈原作，然而王逸说是宋玉作。逸，后汉人，有何凭据，竟敢改易前说？大概他以为添上这一篇，便成二十六篇，与《艺文志》数目不符。他又想这一篇标题，像是屈原死后别人招他的魂，所以硬把他送给宋玉。依我看，《招魂》的理想及文体，和宋玉其他作品很有不同处，应该从太史公之说，归还屈原。然则《艺文志》数目不对吗？又不然。《九歌》末一篇《礼魂》，只有五句，实不成篇。《九歌》本侑神之曲，十篇各侑一神。《礼魂》五句，当是每篇末后所公用，后人传钞贪省，便不逐篇写录，总摆在后头作结。王逸闹不清楚，把他也算成一篇，便不得不把《招魂》挤出了。我所想象若不错，则屈原赋之篇目应如下：

《离骚》一篇

《天问》一篇

《九歌》十篇　　《东皇太一》《云中君》《湘君》《湘夫人》《大司命》《少司命》《东君》《河伯》《山鬼》《国殇》

《九章》九篇　　《惜诵》《涉江》《哀郢》《抽思》《思美人》《惜往日》《橘颂》《悲回风》《怀沙》

《远游》一篇

《招魂》一篇

《卜居》一篇

《渔父》一篇

今将这二十五篇的性质，大略说明。

（一）《离骚》　据本传，这篇为屈原见疏以后使齐以前所作，当是他最初的作品。起首从家世叙起，好像一篇自传。篇中把他的思想和品格，大概都传出，可算得全部作品的缩影。

（二）《天问》　　王逸说："屈原……见楚先王之庙及公卿祠堂图画天地山川神灵琦玮谲诡，及古贤圣怪物行事，……因书其壁，呵而问之。"我想这篇或是未放逐以前所作，因为"先王庙"不应在偏远之地。这篇体裁，纯是对于相传的神话发种种疑问。前半篇关于宇宙开辟的神话所起疑问，后半篇关于历史神话所起疑问。对于万有的现象和理法怀疑烦闷，是屈原文学思想出发点。

（三）《九歌》　　王逸说："沅湘之间，其俗信鬼而好祀，其祠必作乐鼓舞以乐诸神。屈原放逐，窜伏其域。……见其词鄙陋，因为作《九歌》之曲，上陈事神之敬，下以见己之冤。"这话大概不错。"九歌"是乐章旧名，不是九篇歌，所以屈原所作有十篇。这十篇含有多方面的趣味，是集中最"浪漫式"的作品。

（四）《九章》　　这九篇并非一时所作，大约《惜诵》、《思美人》两篇，似是放逐以前作。《哀郢》是初放逐时作。《涉江》是南迁极远时作。《怀沙》是临终作。其余各篇，不可深考。这九篇把作者思想的内容分别表现，是《离骚》的放大。

（五）《远游》　　王逸说："屈原履方直之行，不容于世。……章皇山泽，无所告诉。乃深惟元一，修执恬漠。思欲济世，则意中愤然。文采秀发，遂叙妙思。托配仙人，与俱游戏。周历天地，无所不到。然犹怀念楚国，思慕旧故。"我说，《远游》一篇，是屈原宇宙观人生观的全部表现，是当时南方哲学思想之现于文学者。

（六）《招魂》　　这篇的考证，前文已经说过。这篇和《远游》的思想，表面上像恰恰相反，其实仍是一贯。这篇讲上下四方，没有一处是安乐土，那么，回头还求现世物质的快乐怎么样呢？好吗？他的思想，正和葛得的《浮士特》（Goethe Faust）剧上本一样，《远游》便是那剧的下本。总之这篇是写怀疑的思想历程最恼闷最苦痛处。

（七）《卜居》及《渔父》　　《卜居》是说两种矛盾的人生观，《渔父》是表自己意志的抉择，意味甚为明显。

三

研究屈原，应该拿他的自杀做出发点。屈原为什么自杀呢？我说，他是一位有洁癖的人为情而死。他是极诚专虑的爱恋一个人，定要和他结婚。但他却悬着一种理想的条件，必要在这条件之下，才肯委身相事。然而他的恋人老不理会他！不理会他，他便放手，不完结吗？不不！他决然不肯！他对于他的恋人，又爱又憎，越憎越爱。两种矛盾性日日交战，结果拿自己生命去殉那"单相思"的爱情！他的恋人是谁？是那时候的社会。

屈原脑中，含有两种矛盾原素。一种是极高寒的理想，一种是极热烈的感情。《九歌》中《山鬼》一篇，是他用象征笔法描写自己人格。其文如下：

> 若有人兮山之阿，被薜荔兮带女萝。
> 既含睇兮又宜笑，子慕予兮善窈窕。
> 乘赤豹兮从文狸，辛夷车兮结桂旗。被石兰兮带杜蘅，折芳馨兮
> 遗所思。
> 余处幽篁兮终不见天，路险艰兮独后来。
> 表独立兮山之上，云容容兮而在下。杳冥冥兮羌昼晦，东风飘兮
> 神灵雨。
> 留灵修兮憺忘归，岁既晏兮孰华予。
> 采三秀兮于山间，石磊磊兮葛蔓蔓。怨公子兮怅忘归，君思我兮
> 不得闲。
> 山中人兮芳杜若，饮石泉兮荫松柏。君思我兮然疑作。
> 雷填填兮雨冥冥，猿啾啾兮狖夜鸣。风飒飒兮木萧萧，思公子兮
> 徒离忧。

我常说，若有美术家要画屈原，把这篇所写那山鬼的精神抽显出来，便成绝作。他独立山上，云雾在脚底下，用石兰、杜若种种芳草庄严自己，真所谓"一生儿爱好是天然"，一点尘都染污他不得。然而他的"心中风雨"，没有一时停息，常常向下界"所思"的人寄他万斛情爱。那人爱他与否，他都不管。他

总说"君是思我",不过"不得闲"罢了，不过"然疑作"罢了。所以他十二时中的意绪，完全在"雷填填雨冥冥，风飒飒木萧萧"里头过去。

他在哲学上有很高超的见解；但他决不肯耽乐幻想，把现实的人生丢弃。他说：

> 惟天地之无穷兮，哀人生之长勤。往者余弗及兮，来者吾不闻。
> (《远游》)

他一面很达观天地的无穷，一面很悲悯人生的长勤，这两种念头，常常在脑里轮转。他自己理想的境界，尽够受用。他说：

> 道可受兮不可传，其小无内兮其大无垠。无滑而魂兮，彼将自然。壹气孔神兮，于中夜存。虚以待之兮，无为之先。庶类以成兮，此德之门。(《远游》)

这种见解，是道家很精微的所在。他所领略的，不让前辈的老聃和并时的庄周。他曾写那境界道：

> 经营四荒兮，周流六漠。上至列缺兮，降望大壑。下峥嵘而无地兮，上寥廓而无天。视儵忽而无见兮，听惝恍而无闻。超无为以至清兮，与泰初而为邻。(《远游》)

然则他常住这境界翛然自得，岂不好吗？然而不能。他说：

> 余固知謇謇之为患兮，忍而不能舍也。(《离骚》)

他对于现实社会，不是看不开，但是舍不得。他的感情极锐敏，别人感不着的苦痛，到他脑筋里，便同电击一般。他说：

> 微霜降而下沦兮，悼芳草之先零。……谁可与玩斯遗芳兮，晨向风而舒情。……（《远游》）

又说：

> 惜吾不及见古人兮，吾谁与玩此芳草。（《思美人》）

一朵好花落去，"干卿甚事"？但在那多情多血的人，心里便不知几多难受。屈原看不过人类社会的痛苦，所以他：

> 长太息以掩涕兮，哀民生之多艰。（《离骚》）

社会为什么如此痛苦呢？他以为由于人类道德堕落。所以说：

> 时缤纷其变易兮，又何可以淹留。兰芷变而不芳兮，荃蕙化而为茅。何昔日之芳草兮，今直为此萧艾也！岂其有他故兮，莫好修之害也。……固时俗之从流兮，又孰能无变化？览椒兰其若此兮，又况揭车与江蓠？（《离骚》）

所以他在青年时代便下决心和恶社会奋斗，常怕悠悠忽忽把时光耽误了。他说：

> 汩余若将不及兮，恐年岁之不吾与。朝搴毗之木兰兮，夕揽洲之宿莽。日月忽其不淹兮，春与秋其代序。惟草木之零落兮，恐美人之迟暮。不抚壮而弃秽兮，何不改乎此度也。（《离骚》）

要和恶社会奋斗，头一件是要自拔于恶社会之外。屈原从小便矫然自异，就从他外面服饰上也可以见出。他说：

余幼好此奇服兮，年既老而不衰。带长铗之陆离兮，冠切云之崔巍。被明月兮珮宝璐。世浑浊而莫余知兮，吾方高驰而不顾。（《涉江》）

又说：

高余冠之岌岌兮，长余佩之陆离。芳与泽其杂糅兮，惟昭质其犹未亏。（《离骚》）

《庄子》说："尹文作为华山之冠以自表。"当时思想家作些奇异的服饰以表异于流俗，想是常有的。屈原从小便是这种气概。他既决心反抗社会，便拿性命和他相搏。他说：

民生各有所乐兮，余独好修以为常。虽体解吾犹未变兮，岂余心之可惩。（《离骚》）

又说：

既替余以蕙纕兮，又申之以揽茝。亦余心之所善兮，虽九死其犹未悔。（《离骚》）

又说：

与前世而皆然兮，吾又何怨乎今之人。吾将董道而不豫兮，固将重昏而终身。（《涉江》）

他从发心之日起，便有绝大觉悟，知道这件事不是容易。他赌咒和恶社会奋斗到底，他果然能实践其言，始终未尝丝毫让步。但恶社会势力太大，他到了"最后一粒子弹"的时候，只好洁身自杀。我记得在罗马美术馆中曾看见一尊额尔达治武士石雕遗像，据说这人是额尔达治国几百万人中最后死的一个人，眼眶承泪，颊唇微笑，右手一剑自刺左胁。屈原沉汨罗，就是这种心事了。

四

> 余既滋兰之九畹兮，又树蕙之百亩。畦留夷以揭车兮，杂杜蘅与芳芷。冀枝叶之峻茂兮，愿俟时乎吾将刈。虽萎绝其亦何伤兮，哀众芳之芜秽。（《离骚》）

这是屈原追叙少年怀抱。他原定计划，是要多培植些同志出来，协力改革社会。到后来失败了。一个人失败有什么要紧，最可哀的是从前满心希望的人，看着堕落下去。所谓"众芳芜秽"，就是"昔日芳草今为萧艾"，这是屈原最痛心的事。

他想改革社会，最初从政治入手。因为他本是贵族，与国家同休戚，又曾得怀王的信任，自然是可以有为。他所以"奔走先后"与闻国事，无非欲他的君王能够"及前王之踵武"（《离骚》），无奈怀王太不是材料。

> 初既与余成言兮，后悔遁而有他。余既不难夫离别兮，伤灵修之数化。（《离骚》）
>
> 昔君与我诚言兮，曰黄昏以为期。羌中道而回畔兮，反既有此他志。（《抽思》）

他和怀王的关系，就像相爱的人已经定了婚约，忽然变卦。所以他说：

> 心不同兮媒劳，恩不甚兮轻绝。……交不忠兮怨长，期不信兮告余以不闲。（《湘君》）

他对于这一番经历，很是痛心，作品中常常感慨。内中最缠绵沉痛的一段是：

> 吾谊先君而后身兮，羌众人之所仇。专惟君而无他兮，又众兆之所雠。壹心而不豫兮，羌不可保也。疾亲君而无他兮，有招祸之道也。思君其莫我忠兮，忽忘身之贱贫。事君而不贰兮，迷不知宠之门。忠何罪以遇罚兮，亦非余心之所志。行不群以颠越兮，又众兆之所咍……（《惜诵》）

他年少时志盛气锐，以为天下事可以凭我的心力立刻做成，不料才出头便遭大打击。他曾写自己心理的经过。说道：

> 昔余梦登天兮，魂中道而无杭。吾使厉神占之兮，曰有志极而无旁。……吾闻作忠以造怨兮，忽谓之过言。九折臂而成医兮，吾至今而知其信然。（《惜诵》）

他受了这一回教训，烦闷之极。但他的热血，常常保持沸度，再不肯冷下去。于是他发出极沉挚的悲音。说道：

> 闺中既已邃远兮，哲王又不寤。怀朕情而不发兮，余焉能忍与此终古。（《离骚》）

以屈原的才气，倘肯稍为迁就社会一下，发展的余地正多。他未尝不盘算及此，他托为他姐姐劝他的话，说道：

> 女媭之婵媛兮，申申其詈余。曰："鲧婞直以亡身兮，终然夭乎羽之野。汝何博謇而好修兮，纷独有此姱节。薋菉葹以盈室兮，判独离而不服。众不可户说兮，孰云察余之中情。世并举而好朋兮，夫何茕独而不余听？"……（《离骚》）

又托为渔父劝他的话，说道：

> 夫圣人者，不凝滞于物，而能与世推移。举世皆浊，何不汩其泥而扬其波？众人皆醉，何不铺其糟而歠其醨？（《渔父》）

他自己亦曾屡屡反劝自己，说道：

> 惩于羹者而吹虀兮，何不变此志也？欲释阶而登天兮，犹有囊之态也。（《惜诵》）

说是如此，他肯吗？不不！他断然排斥"迁就主义"。他说：

> 刓方以为圜兮，常度未替。易初本迪兮，君子所鄙。……玄文处幽兮，曚瞍谓之不章。离娄微睇兮，瞽以为无明。……邑犬群吠兮，吠所怪也。非俊疑杰兮，固常态也。（《怀沙》）

他认定真理正义，和流俗人不相容。受他们压迫，乃是当然的。自己最要紧是立定脚跟，寸步不移。他说：

> 嗟尔幼志，有以异兮。独立不迁，岂不可喜兮。深固难徙，廓其无求兮。苏世独立，横而不流兮。（《橘颂》）

他根据这"独立不迁"主义，来定自己的立场。所以说：

> 固时俗之工巧兮，偭规矩而改错。背绳墨以追曲兮，竞周容以为度。忳郁邑余侘傺兮，吾独穷困乎此时也。宁溘死以流亡兮，余不忍为此态也。鸷鸟之不群兮，自前世而固然。何方圆之能周兮，夫孰异道而相安。屈心而抑志兮，忍尤而攘诟。伏清白以死直兮，固前圣之所厚。（《离骚》）

易卜生最喜欢讲的一句话：All or nothing（要整个不然宁可什么也没有）。屈原正是这种见解。"异道相安"，他认为和方圆相周一样，是绝对不可能的事。中国人爱讲调和，屈原不然，他只有极端。"我决定要打胜他们，打不胜我就死"，这是屈原人格的立脚点。他说也是如此说，做也是如此做。

五

不肯迁就，那么，丢开罢，怎么样呢？这一点，正是屈原心中常常交战的题目。丢开有两种：一是丢开楚国，二是丢开现社会。丢开楚国的商榷，所谓：

> 思九州之博大兮，岂惟是其有女。……
> 何所独无芳草兮，尔何怀乎故宇。（《离骚》）

这种话就是后来贾谊吊屈原说的"历九州而相君兮，何必怀此都也"。屈原对这种商榷怎么呢？他以为举世浑浊，到处都是一样。他说：

> 溘吾游此春宫兮，折琼枝以继佩。及荣华之未落兮，相下女之可诒。
> 吾令丰隆乘云兮，求宓妃之所在。解佩纕以结言兮，吾令蹇修以为理。纷总总其离合兮，忽纬缅其难迁。……望瑶台之偃蹇兮，见有娀之佚女。吾令鸩为媒兮，鸩告余以不好。雄鸠之鸣逝兮，余犹恶其佻巧。……
> 及少康之未家兮，留有虞之二姚。理弱而媒拙兮，恐导言之固。时浑浊而嫉贤兮，好蔽美而称恶。……（《离骚》）

这些话怎样解呢？对于这一位意中人，已经演了失恋的痛史了，再换别人，只怕也是一样。宓妃吗？纬缅难迁。有娀吗？不好，佻巧。二姚吗？导言不固。

总结一句，就是旧戏本说的笑话："我想平儿，平儿老不想我。"怎么样他才会想我呢？除非我变个样子。然而我到底不肯。所以任凭你走遍天涯地角，终久找不着一个可意的人来结婚。于是他发出绝望的悲调，说：

> 忽反顾以流涕兮，哀高丘之无女。（《离骚》）

他理想的女人，简直没有。那么，他非在独身生活里头甘心终老不可了。举世浑浊的感想，《招魂》上半篇表示得最明白。所谓：

> 魂兮归来，东方不可以托些。……魂兮归来，南方不可以止些。……魂兮归来，西方之害流沙千里些。……魂兮归来，北方不可以止些。……魂兮归来，君无上天些。……魂兮归来，君无下此幽都些。……

似此"上下四方多贼奸"，有哪一处可以说是比"故宇"强些呢？所以丢开楚国，全是不彻底的理论，不能成立。

丢开现社会，确是彻底的办法。屈原同时的庄周，就是这样。屈原也常常打这个主意。他说：

> 悲时俗之迫阨兮，愿轻举以远游。（《远游》）

他被现社会迫阨不过，常常要和他脱离关系宣告独立。而且实际上他的神识，亦往往靠这一条路得些安慰。他作品中表现这种理想者最多。如：

> 驾青虬兮骖白螭，吾与重华游兮瑶之圃。登昆仑兮食玉英。与天地兮同寿，与日月兮同光。（《涉江》）
>
> 与女游兮九河，冲风起兮水扬波。乘水车兮荷盖，驾两龙兮骖螭。登昆仑兮四望，心飞扬兮浩荡。（《河伯》）
>
> 春秋忽其不淹兮，奚久留此故居。轩辕不可攀援兮，吾将从王乔而游戏。餐六气而饮沆瀣兮，漱正阳而含朝霞。保神明之清澄兮，精

气入而粗秽除。顺凯风以从游兮，至南巢而一息。见王子而宿之兮，审壹气之和德。(《远游》)

穆眇眇之无垠兮，莽芒芒之无仪。声有隐而相感兮，物有纯而不可为。藐蔓蔓之不可量兮，缥绵绵之不可纡。……上高岩之峭岸兮，处雌蜺之标颠。据青冥而摅虹兮，遂倏忽而扪天。……(《悲回风》)

遭吾道夫昆仑兮，路修远以周流。扬云霓之晻蔼兮，鸣玉鸾之啾啾。朝发轫于天津兮，夕余至乎西极。凤皇翼其承旂兮，高翱翔之翼翼。忽吾行此流沙兮，遵赤水而容与。麾蛟龙使梁津兮，诏西皇使涉余。……屯余车其千乘兮，齐玉轪而并驰。驾八龙之婉婉兮，载云旗之委蛇。抑志而弭节兮，神高驰之邈邈。奏九歌而舞韶兮，聊假日以媮乐。(《离骚》)

诸如此类，所写都是超现实的境界，都是从宗教的或哲学的想象力构造出来。倘使屈原肯往这方面专做他的精神生活，他的日子原可以过得很舒服。然而不能。他在《远游》篇，正在说"绝氛埃而淑尤兮，终不反其故都"，底下忽然接着道：

恐天时之代序兮，耀灵晔而西征。微霜降而下沦兮，悼芳草之先零。

他在《离骚》篇，正在说"假日媮乐"，底下忽然接着道：

陟升皇之赫戏兮，忽临睨夫旧乡。仆夫悲余马怀兮，蜷局顾而不行。

乃至如《招魂》篇把物质上娱乐敷陈了一大堆，煞尾却说道：

皋兰被径兮斯路渐，湛湛江水兮上有枫。目极千里兮伤春心，魂兮归来哀江南。

屈原是情感的化身，他对于社会的同情心，常常到沸度。看见众生苦痛，便和身受一般。这种感觉，任凭用多大力量的麻药也麻他不下。正所谓"此情无计可消除，才下眉头，却上心头"。说丢开吗？如何能够呢？他自己说：

> 登高吾不说兮，入下吾不能。(《思美人》)

这两句真是把自己心的状态，全盘揭出。超现实的生活不愿做，一般人的凡下现实生活又做不来，他的路于是乎穷了。

六

对于社会的同情心既如此其富，同情心刺激最烈者，当然是祖国，所以放逐不归，是他最难过的一件事。他写初去国时的情绪道：

> 发郢都而去闾兮，怊荒忽之焉极。楫齐扬以容与兮，哀见君而不再得。望长楸而太息兮，涕淫淫其若霰。过夏首而西浮兮，顾龙门而不见。……将运舟而下浮兮，上洞庭而下江。去终古之所居兮，今逍遥而来东。羌灵魂之欲归兮，何须臾而忘返。背夏浦而西思兮，哀故都之日远。(《哀郢》)
>
> 望孟夏之短夜兮，何晦明之若岁。惟郢路之辽远兮，魂一夕而九逝。曾不知路之曲直兮，南指月与列星。愿径逝而不得兮，魂识路之营营。(《抽思》)

内中最沉痛的是：

> 曼余目以流观兮，冀一反之何时。鸟飞返故居兮，狐死必首丘。信非余罪而放逐兮，何日夜而忘之。(《哀郢》)

这等作品，真所谓"一声何满子，双泪落君前"。任凭是铁石人，读了怕都不能不感动哩！

他在湖南过的生活，《涉江》篇中描写一部分如下：

乘舲船余上沅兮，齐吴榜以击汰。船容与而不进兮，淹回水而凝滞。朝发枉渚兮，夕宿辰阳。苟余心其端直兮，虽僻远之何伤。入溆浦余儃佪兮，迷不知吾所如。深林杳以冥冥兮，乃猿狖之所居。山峻高以蔽日兮，下幽晦以多雨。霰雪纷其无垠兮，云霏霏而承宇。哀吾生之无乐兮，幽独处乎山中。吾不能变心而从俗兮，固将愁苦而终穷。

大概他在这种阴惨岑寂的自然界中过那非社会的生活，经了许多年。像他这富于社会性的人，如何能受？他在那里：

退静默而莫余知兮，进号呼又莫吾闻。（《惜诵》）

他和恶社会这场血战，真已到矢尽援绝的地步。肯降服吗？到底不肯。他把他的洁癖坚持到底。说道：

妄能以身之察察，受物之汶汶者乎？宁赴湘流，葬于江鱼腹中。又安能以皓皓之白，而蒙世俗之尘埃乎？（《渔父》）

他是有精神生活的人，看着这臭皮囊，原不算什么一回事。他最后觉悟到他可以死而且不能不死，他便从容死去。临死时的绝作说道：

人生有命兮，各有所错兮。定心广志，余何畏惧兮。曾伤爰哀，永叹喟兮。世浑不吾知，人心不可谓兮。知死不可让兮，愿勿爱兮。明告君子，吾将以为类兮。（《怀沙》）

西方的道德论，说凡自杀皆怯懦。依我们看，犯罪的自杀是怯懦，义务的自杀是光荣。匹夫匹妇自经沟渎的行为，我们诚然不必推奖他。至于"志士不忘在沟壑，勇士不忘丧其元"，这有什么见不得人之处？屈原说的"定心广志何畏惧"，"知死不可让愿勿爱"，这是怯懦的人所能做到吗？

《九歌》中有赞美战死的武士一篇，说道：

> ……出不入兮往不反，平原忽兮路迢远。带长剑兮挟秦弓，首虽离兮心不惩。诚既勇兮又以武，终刚强兮不可陵。身既死兮神以灵，子魂魄兮为鬼雄。（《国殇》）

这虽属侑神之词，实亦写他自己的魄力和身分。我们这位文学老祖宗留下二十多篇名著，给我们民族偌大一份遗产，他的责任算完全尽了。末后加上这汨罗一跳，把他的作品添出几倍权威，成就万劫不磨的生命，永远和我们相摩相荡。呵呵！"诚既勇兮又以武，终刚强兮不可陵。"呵呵！屈原不死！屈原惟自杀故，越发不死！

七

以上所讲，专从屈原作品里头体现出他的人格，我对于屈原的主要研究，算是结束了。最后对于他的文学技术，应该附论几句。

屈原以前的文学，我们看得着的只有《诗经》三百篇。《三百篇》好的作品，都是写实感。实感自然是文学主要的生命，但文学还有第二个生命，曰想象力。从想象力中活跳出实感来，才算极文学之能事。就这一点论，屈原在文学史上的地位，不特前无古人，截到今日止，仍是后无来者。因为屈原以后的作品，在散文或小说里头，想象力比屈原优胜的或者还有，在韵文里头，我敢说还没有人比得上他。

他作品中最表现想象力者，莫如《天问》《招魂》《远游》三篇。《远游》的文句，前头多已征引，今不再说。《天问》纯是神话文学，把宇宙万有，都赋予他一种神秘性，活像希腊人思想。《招魂》前半篇，说了无数半神半人的奇情异俗，令人目摇魄荡；后半篇说人世间的快乐，也是一件一件的从他脑子里幻构出来。至如《离骚》，什么灵氛，什么巫咸，什么丰隆、望舒、蹇修、飞廉、雷师，这些鬼神，都拉来对面谈话，或指派差事。什么宓妃，什么有娀佚女，什么有虞二姚，都和他商量爱情。凤凰、鸩、鸠、鹢鸠，都听他使唤，或者和他答话。虬、龙、虹霓、鸾，或是替他拉车，或是替他打伞，或是替他搭桥。兰、茝、桂、椒、芰荷、芙蓉，……无数芳草，都做了他的服饰。昆仑、县圃、咸池、扶桑、苍梧、崦嵫、阊阖、阆风、穷石、洧盘、天津、赤水、不周，……种种地名或建筑物，都是他脑海里头的国土。又如《九歌》十篇，每篇写一神，便把这神的身分和意识都写出来。想象力丰富瑰伟到这样，何止中国，在世界文学作品中，除了但丁《神曲》外，恐怕还没有几家够得上比较哩！

班固说："不歌而诵谓之赋。"从前的诗，谅来都是可以歌的，不歌的诗，自"屈原赋"始。几千字一篇的韵文，在体格上已经是空前创作。那波澜壮阔，层叠排纂，完全表出他气魄之伟大。有许多话讲了又讲，正见得缠绵悱恻，一往情深。有这种技术，才配说"感情的权化"。

写客观的意境，便活给他一个生命，这是屈原绝大本领。这类作品，《九歌》中最多。如：

君不行兮夷犹，蹇谁留兮中洲。美要眇兮宜修，沛吾乘兮桂舟。令沅湘兮无波，使江水兮安流。（《湘君》）

帝子降兮北渚，目眇眇兮愁予。袅袅兮秋风，洞庭波兮木叶下。……沅有芷兮澧有兰，思公子兮未敢言。……（《湘夫人》）

秋兰兮麋芜，罗生兮堂下。绿叶兮素枝，芳菲菲兮袭予。……秋兰兮青青，绿叶兮紫茎。满堂兮美人，忽独与余兮目成。入不言兮出不辞，乘回风兮载云旗。悲莫悲兮生别离，乐莫乐兮新相知。荷衣兮蕙带，倏而来兮忽而逝。夕宿兮帝郊，君谁须兮云之际。……（《少司命》）

子交手兮东行，送美人兮南浦。波滔滔兮来迎，鱼鳞鳞兮媵予。（《河伯》）

这类作品，读起来，能令自然之美，和我们心灵相触逗。如此，才算是有生命的文学。太史公批评屈原道：

> 其文约，其辞微，其志洁，其行廉。其称文小而其指极大，举类迩而见义远。其志洁，故其称物芳。其行廉，故死而不容自疏。濯淖污泥之中，蝉蜕于浊秽。不获世之滋垢，皭然泥而不滓者也。推此志也，虽与日月争光可也。（《史记》本传）

虽未能尽见屈原，也算略窥一斑了。我就把这段话作为全篇的结束。

（1922 年 11 月 3 日南京东南大学文哲学会讲演稿。
原刊《晨报副镌》1922 年 11 月 18—24 日。）

精彩一句：
从想象力中活跳出实感来，才算极文学之能事。

金雅品鉴：
屈原是任公最为推崇的中国古典诗人之一。他将屈原誉为"中国文学的老祖宗"，指出屈原作品最为重要的特征，一是个性，二是想象。任公认为，屈原的个性，就是易卜生式的 AII or nothing 的精神。《离骚》等作品，最动人的就是屈原的精神世界和现实社会的交战，热烈而绝望。任公认为，屈原作为中国浪漫主义文学的鼻祖，他的丰富而独特的精神世界，是在瑰丽的想象中呈现的。屈原的高明，在于能从想象中活跳出实感来，可谓极文学之能事。

最具个性的文学，才最能广泛地打动人。最富想象的作品，才最能凸显现实之情状。这是任公通过这篇文章告诉我们的。

情圣杜甫

一

今日承诗学研究会嘱托讲演，可惜我文学素养很浅薄，不能有甚么新贡献，只好把咱们家里老古董搬出来和诸君摩挲一番，题目是"情圣杜甫"。在讲演本题以前，有两段话应该简单说明：

第一，新事物固然可爱，老古董也不可轻易抹煞。内中艺术的古董，尤为有特殊价值。因为艺术是情感的表现，情感是不受进化法则支配的。不能说现代人的情感一定比古人优美，所以不能说现代人的艺术一定比古人进步。

第二，用文字表出来的艺术——如诗词、歌剧、小说等类，多少总含有几分国民的性质。因为现在人类语言未能统一，无论何国的作家，总须用本国语言文字做工具。这副工具操练得不纯熟，纵然有很丰富高妙的思想，也不能成为艺术的表现。

我根据这两种理由，希望现代研究文学的青年，对于本国二千年来的名家作品，着实费一番工夫去赏会他。那么，杜工部自然是首屈一指的人物了。

二

杜工部被后人上他徽号叫做"诗圣"。诗怎么样才算"圣"？标准很难确定，我们也不必轻轻附和。我以为工部最少可以当得起情圣的徽号。因为他的情感的内容，是极丰富的，极真实的，极深刻的。他表情的方法又极熟练，能鞭辟到最深处，能将它全部完全反映不走样子，能像电气一般一振一荡的打到别人的心弦上。中国文学界写情圣手，没有人比得上他，所以我叫他做情圣。

我们研究杜工部，先要把他所生的时代和他一生经历略叙梗概，看出他整个的人格。两晋六朝几百年间，可以说是中国民族混成时代。中原被异族侵入，搀杂许多新民族的血。江南则因中原旧家次第迁渡，把原住民的文化提高了。当时文艺上南北派的痕迹显然，北派真率悲壮，南派整齐柔婉。在古乐府里头，最可以看出这分野。唐朝民族化合作用，经过完成了，政治上统一，影响及于文艺，自然会把两派特性合冶一炉，形成大民族的新美。初唐是黎明时代，盛唐正是成熟时代。内中玄宗开元间四十年太平，正孕育出中国艺术史上黄金时代。到天宝之乱，黄金忽变为黑灰。时事变迁之剧，未有其比。当时蕴蓄深厚的文学界，受了这种激刺，益发波澜壮阔。杜工部正是这个时代的骄儿。他是河南人，生当玄宗开元之初。早年漫游四方，大河以北都有他足迹，同时大文学家李太白、高达夫都是他的挚友。中年值安禄山之乱，从贼中逃出，跑到甘肃的灵武谒见肃宗，补了个"拾遗"的官。不久告假回家，又碰着饥荒，在陕西的同谷县几乎饿死。后来流落到四川，依一位故人严武。严武死后，四川又乱，他避难到湖南，在路上死了。他有两位兄弟、一位妹子，都因乱离难得见面。他和他的夫人也常常隔离，他一个小儿子，因饥荒饿死，两个大儿子，晚年跟着他在四川。他一生简单的经历大略如此。

他是一位极热肠的人，又是一位极有脾气的人。从小便心高气傲，不肯趋承人。他的诗道：

以兹悟生理，独耻事干谒。(《奉先咏怀》)

又说：

> 白鸥没浩荡，万里谁能驯。(《赠韦左丞》)

可以见他的气概。严武做四川节度，他当无家可归的时候去投奔他，然而一点不肯趋承将就。相传有好几回冲撞严武，几乎严武容他不下哩。他集中有一首诗，可以当他人格的象征：

> 绝代有佳人，幽居在空谷。自言良家子，零落依草木。……在山泉水清，出山泉水浊。侍婢卖珠回，牵萝补茅屋。摘花不插鬓，采柏动盈掬。天寒翠袖薄，日暮倚修竹。(《佳人》)

这位佳人，身分是非常名贵的，境遇是非常可怜的，情绪是非常温厚的，性格是非常高抗的。这便是他本人自己的写照。

三

他是个最富于同情心的人。他有两句诗：

> 穷年忧黎元，叹息肠内热。(《奉先咏怀》)

这不是瞎吹的话，在他的作品中，到处可以证明。这首诗底下便有两段说：

> 彤庭所分帛，本自寒女出。鞭挞其夫家，聚敛贡城阙。(同上)

又说：

况闻内金盘，尽在卫霍室。中堂舞神仙，烟雾散玉质。暖客貂鼠裘，悲管逐清瑟。劝客驼蹄羹，霜橙压香橘。朱门酒肉臭，路有冻死骨。……（同上）

这种诗几乎纯是现代社会党的口吻。他做这诗的时候，正是唐朝黄金时代，全国人正在被镜里雾里的太平景象醉倒了。这种景象映到他的跟中，却有无限悲哀。

他的眼光，常常注视到社会最下层。这一层的可怜人那些状况，别人看不出，他都看出。他们的情绪，别人传不出，他都传出。他著名的作品《三吏》《三别》，便是那时代社会状况最真实的影戏片。《垂老别》的：

老妻卧路啼，岁暮衣裳单。孰知是死别，且复伤其寒。此去必不归，还闻劝加餐。

《新安吏》的：

肥男有母送，瘦男独伶俜。白水暮东流，青山犹哭声。莫自使眼枯，收汝泪纵横。眼枯即见骨，天地终无情。

《石壕吏》的：

三男邺城戍。一男附书至，二男新战死。存者且偷生，死者长已矣。

这些诗是要作者的精神和那所写之人的精神并合为一，才能做出。他所写的是否为他亲闻亲见的事实，抑或他脑中创造的影像，且不管他。总之他做这首《垂老别》时，他已经化身做那位六七十岁拖去当兵的老头子。做这首《石壕吏》时，他已经化身做那位儿女死绝衣食不给的老太婆。所以他说的话，完全和他们自己说一样。

他还有《戏呈吴郎》一首七律，那上半首是：

堂前扑枣任西邻，无食无儿一妇人。不为家贫宁有此，只缘恐惧转须亲。……

这首诗，以诗论，并没什么好处，但叙当时一件琐碎实事，——一位很可怜的邻舍妇人偷他的枣子吃，因那人的惶恐，把作者的同情心引起了。这也是他注意下层社会的证据。

有一首《缚鸡行》，表出他对于生物的泛爱，而且很含些哲理：

小奴缚鸡向市卖，鸡被缚急相喧争。家人厌鸡食虫蚁，未知鸡卖还遭烹。虫鸡于人何厚薄，吾叱奴人解其缚。鸡虫得失无时了，注目寒江倚山阁。

有一首《茅屋为秋风所破歌》，结尾几句说道：

……安得广厦千万间，大庇天下寒士俱欢颜。风雨不动安如山。呜呼！何时眼前突兀见此屋，吾庐独破受冻死亦足。

有人批评他是名士说大话。但据我看来，此老确有这种胸襟。因为他对于下层社会的痛苦看得真切，所以常把他们的痛苦当作自己的痛苦。

四

他对于一般人如此多情，对于自己有关系的人更不待说了。我们试看他对朋友，那位因陷贼贬做台州司户的郑虔，他有诗送他道：

……便与先生应永诀，九重泉路尽交期。

又有诗怀他道：

> 天台隔三江，风浪无晨暮。郑公纵得归，老病不识路。……（《有怀台州郑十八司户》）

那位因附永王璘造反长流夜郎的李白，他有诗梦他道：

> 死别已吞声，生别常恻恻。江南瘴疠地，逐客无消息。故人入我梦，明我长相忆。恐非平生魂，路远不可测。魂来枫林青，魂返关塞黑。君今在罗网，何以有羽翼。落月满屋梁，犹疑照颜色。水深波浪阔，毋使蛟龙得。（《梦李白》二首之一）

这些诗不是寻常应酬话，他实在拿郑、李等人当一个朋友，对于他们的境遇，所感痛苦和自己亲受一样，所以做出来的诗句句都带血带泪。

他集中想念他兄弟和妹子的诗，前后有二十来首，处处至性流露。最沉痛的如《同谷七歌》中：

> 有弟有弟在远方，三人各瘦何人强。生别展转不相见，胡尘暗天道路长。前飞鸳鹅后鹙鸧，安得送我置汝旁。呜呼！三歌兮歌三发，汝归何处收兄骨。
>
> 有妹有妹在钟离，良人早没诸孤痴。长淮浪高蛟龙怒，十年不见来何时。扁舟欲往箭满眼，杳杳南国多旌旗。呜呼！四歌兮歌四奏，林猿为我啼清昼。

他自己直系的小家庭，光景是很困苦的，爱情却是很浓挚的。他早年有一首思家诗：

> 今夜鄜州月，闺中只独看。遥怜小儿女，未解忆长安。香雾云鬟湿，清辉玉臂寒。何时倚虚幌，双照泪痕干。（《月夜》）

这种缘情旖旎之作，在集中很少见，但这一首已可证明工部是一位温柔细腻的人。他到中年以后，遭值多难，家属离合，经过不少的酸苦。乱前他回家一次，小的儿子饿死了。他的诗道：

> ……老妻寄异县，十口隔风雪。谁能久不顾，庶往共饥渴。入门闻号咷，幼子饿已卒。吾宁舍一哀，里巷亦呜咽。所愧为人父，无食致天折。……（《奉先咏怀》）

乱后和家族隔绝，有一首诗：

> 去年潼关破，妻子隔绝久。……自寄一封书，今已十月后。反畏消息来，寸心亦何有。……（《述怀》）

其后从贼中逃归，得和家族团聚。他有好几首诗写那时候的光景，《羌村》三首中的第一首：

> 峥嵘赤云西，日脚下平地。柴门鸟雀噪，归客千里至。妻孥怪我在，惊定还拭泪。世乱遭飘荡，生还偶然遂。邻人满墙头，感叹亦歔欷。夜阑更秉烛，相对如梦寐。

《北征》里头的一段：

> 况我堕胡尘，及归尽华发。经年至茅屋，妻子衣百结。恸哭松声回，悲泉共呜咽。平生所娇儿，颜色白胜雪。见耶背面啼，垢腻脚不袜。床前两小女，补绽才过膝。海图坼波涛，旧绣移曲折。天吴及紫凤，颠倒在裋褐。老夫情怀恶，呕咽卧数日。那无囊中帛，救汝寒凛慄。粉黛亦解苞，衾裯稍罗列。瘦妻面复光，痴女头自栉。学母无不为，晓妆随手抹。移时施朱铅，狼藉画眉阔。生还对童稚，似欲忘饥渴。问事竞挽须，谁能即嗔喝。翻思在贼愁，甘受杂乱聒。

其后挈眷避乱，路上很苦。他有诗追叙那时情况道：

> 忆昔避贼初，北走经险艰。夜深彭衙道，月照白水山。尽室久徒
> 步，逢人多厚颜。……痴女饥咬我，啼畏虎狼闻。怀中掩其口，反侧
> 声愈嗔。小儿强解事，故索苦李餐。一旬半雷雨，泥泞相牵攀。……
> （《彭衙行》）

他合家避乱到同谷县山中，又遇着饥荒，靠草根木皮活命，在他困苦的全
生涯中，当以这时候为最甚。他的诗说：

> 长镵长镵白木柄，我生托子以为命。黄独无苗山雪盛，短衣数挽
> 不掩胫。此时与子空归来，男呻女吟四壁静。……（《同谷七歌》之二）

以上所举各诗写他自己家庭状况，我替他起个名字叫做"半写实派"。他处
处把自己主观的情感暴露，原不算写实派的作法。但如《羌村》《北征》等篇，
多用第三者客观的资格，描写所观察得来的环境和别人情感，从极琐碎的断片
详密刻画，确是近世写实派用的方法，所以可叫做半写实。这种作法，在中国
文学界上，虽不敢说是杜工部首创，却可以说是杜工部用得最多而最妙。从前
古乐府里头，虽然有些，但不如工部之描写之微。这类诗的好处，在真事愈写
得详，真情愈发得透。我们熟读他，可以理会得"真即是美"的道理。

五

杜工部的"忠君爱国"，前人恭维他的很多，不用我再添话。他集中对于时
事痛哭流涕的作品，差不多占四分之一，若把他分类研究起来，不惟在文学上
有价值，而且在史料上有绝大价值。为时间所限，恕我不征引了。内中价值最
大者，在能确实描写出社会状况，及能确实讴吟出时代心理。刚才举出半写实

派的几首诗，是集中最通用的作法，此外还有许多是纯写实的。试举他几首：

> 献凯日继踵，两蕃静无虞。渔阳豪侠地，击鼓吹笙竽。云帆转辽
> 海，粳稻来东吴。越裳与楚练，照耀舆台躯。主将位益崇，气骄凌上
> 都。边人不敢议，议者死路衢。（《后出塞》五首之四）

读这些诗，令人立刻联想到现在军阀的豪奢专横——尤其逼肖奉、直战争前张作霖的状况。最妙处是不着一个字批评，但把客观事实直写，自然会令读者叹气或瞪眼。又如《丽人行》那首七古，全首将近二百字的长篇，完全立在第三者地位观察事实。从"三月三日天气新"到"青鸟飞去衔红巾"，占全首二十六句中之二十四句，只是极力铺叙那种豪奢热闹情状，不惟字面上没有讥刺痕迹，连骨子里头也没有。直至结尾两句：

> 炙手可热势绝伦，慎莫近前丞相嗔。

算是把主意一逗。但依然不着议论，完全让读者自去批评。这种可以说讽刺文学中之最高技术。因为人类对于某种社会现象之批评，自有共同心理，作家只要把那现象写得真切，自然会使读者心理起反应，若把读者心中要说的话，作者先替他倾吐无余，那便索然寡味了。杜工部这类诗，比白香山《新乐府》高一筹，所争就在此。《石壕吏》《垂老别》诸篇，所用技术，都是此类。

工部的写实诗，十有九属于讽刺类。不独工部为然，近代欧洲写实文学，哪一家不是专写社会黑暗方面呢？但杜集中用写实法写社会优美方面的亦不是没有。如《遭田父泥饮》那篇：

> 步屧随春风，村村自花柳。田翁逼社日，邀我尝春酒。酒酣夸新
> 尹，畜眼未见有。回头指大男，"渠是弓弩手。名在飞骑籍，长番岁
> 时久。前日放营农，辛苦救衰朽。差科死则已，誓不举家走。今年大
> 作社，拾遗能住否？"叫妇开大瓶，盆中为吾取。……高声索果栗，
> 欲起时被肘。指挥过无礼，未觉村野丑。月出遮我留，仍嗔问升斗。

这首诗把乡下老百姓极粹美的真性情，一齐活现。你看他父子夫妇间何等亲热，对于国家的义务心何等郑重，对于社交，何等爽快何等恳切。我们若把这首诗当个画题，可以把篇中各人的心理从面孔上传出，便成了一幅绝好的风俗画。我们须知道，杜集中关于时事的诗，以这类为最上乘。

六

工部写情，能将许多性质不同的情绪，归拢在一篇中，而得调和之美。例如《北征》篇，大体算是忧时之作。然而"青云动高兴，幽事亦可悦"以下一段，纯是玩赏天然之美。"夜深经战场，寒月照白骨"以下一段，凭吊往事。"况我堕胡尘"以下一大段，纯写家庭实况，忽然而悲，忽然而喜。"至尊尚蒙尘"以下一段，正面感慨时事，一面盼望内乱速平，一面又忧虑到凭借回鹘外力的危险。"忆昨狼狈初"以下到篇末，把过去的事实，一齐涌到心上。像这许多杂乱情绪并在一篇，调和得恰可，非有绝大力量不能。

工部写情，往往愈挼愈紧，愈转愈深，像《哀王孙》那篇，几乎一句一意，试将现行新符号去点读他，差不多每句都须用"。"符或"；"符。他的情感，像一堆乱石，突兀在胸中，断断续续地吐出，从无条理中见条理，真极文章之能事。

工部写情，有时又淋漓尽致一口气说出，如八股家评语所谓"大开大合"。这种类不以曲折见长，然亦能极其美。集中模范的作品，如《忆昔行》第二首，从"忆昔开元全盛日"起到"叔孙礼乐萧何律"止，极力追述从前太平景象，从社会道德上赞美，令意义格外深厚。自"岂闻一缣直万钱"到"复恐初从乱离说"，翻过来说现在乱离景象，两两比对，令读者胆战肉跃。

工部还有一种特别技能，几乎可以说别人学不到。他最能用极简的语句，包括无限情绪，写得极深刻。如《喜达行在所》三首中第三首的头两句：

死去凭谁报，归来始自怜。

仅仅十个字，把十个月内虎口余生的甜酸苦辣都写出来，这是何等魄力。又如前文所引《述怀》篇的：

反畏消息来。

五个字，写乱离中担心家中情状，真是惊心动魄。又《垂老别》里头：

势异邺城下，纵死时犹宽。

死是早已安排定了，只好拿期限长些作安慰（原文是写老妻送行时语），这是何等沉痛。又如前文所引的：

郑公纵得归，老病不识路。

明明知道他绝对不得归了，让一步虽得归，已经万事不堪回首。此外如：

带甲满天地，胡为君远行。（此题原缺，为《送远》。编者注）
万方同一概，吾道竟何之。（《秦州杂诗》）
国破山河在，城春草木深。（此题原缺，为《春望》。编者注）
亲朋无一字，老病有孤舟。（《登岳阳楼》）
古往今来皆涕泪，断肠分手各风烟。（《公安送韦二少府》）

之类，都是用极少的字表极复杂极深刻的情绪。他是用洗炼功夫用得极到家，所以说："语不惊人死不休。"此其所以为文学家的文学。

悲哀愁闷的情感易写，欢喜的情感难写。古今作家中，能将喜情写得逼真的，除却杜集《闻官军收河南河北》外，怕没有第二首。那诗道：

剑外忽闻收蓟北，初闻涕泪满衣裳。却看妻子愁何在，漫卷诗书喜欲狂。白日放歌须纵酒，青春结伴好还乡。即从巴峡穿巫峡，便下襄阳向洛阳。

那种手舞足蹈情形，从心坎上奔迸而出，我说他和古乐府的《公无渡河》是同一样笔法。彼是写忽然剧变的悲情，此是写忽然剧变的喜情，都是用快光镜照相照得的。

七

工部流连风景的诗比较少，但每有所作，一定于所咏的景物观察入微，便把那景物做象征，从里头印出情绪。如：

> 竹凉侵卧内，野月满庭隅。重露成涓滴，稀星乍有无。暗飞萤自照，水宿鸟相呼。万事干戈里，空悲清夜徂。（《倦夜》）

题目是"倦夜"，景物从初夜写到中夜后夜，是独自一个人有心事睡不着疲倦无聊中所看出的光景，所写环境，句句和心理反应。又如：

> 风急天高猿啸哀，渚清沙白鸟飞回。无边落木萧萧下，不尽长江滚滚来。……（《登高》）

虽然只是写景，却有一位老病独客秋天登高的人在里头，便不读下文"万里悲秋常作客，百年多病独登台"两句，已经如见其人了。又如：

> 细草微风岸，危樯独夜舟。星垂平野阔，月涌大江流。……（《旅夜书怀》）

从寂寞的环境上领略出很空阔很自由的趣味。末两句说："飘飘何所似，天地一沙鸥。"把情绪一点便醒。

所以工部的写景诗，多半是把景做表情的工具。像王、孟、韦、柳的写景，固然也离不了情，但不如杜之情的分量多。

八

诗是歌的笑的好呀，还是哭的叫的好？换一句话说，诗的任务在赞美自然之美呀，抑在呼诉人生之苦？再换一句话说，我们应该为做诗而做诗呀，抑或应该为人生问题中某项目的而做诗？这两种主张，各有极强的理由，我们不能作极端的左右袒，也不愿作极端的左右袒。依我所见，人生目的不是单调的，美也不是单调的。为爱美而爱美，也可以说为的是人生目的。因为爱美本来是人生目的的一部分。诉人生苦痛，写人生黑暗，也不能不说是美。因为美的作用，不外令自己或别人起快感。痛楚的刺激，也是快感之一。例如肤痒的人，用手抓到出血，越抓越畅快。像情感恁么热烈的杜工部，他的作品，自然是刺激性极强，近于哭叫人生目的那一路，主张人生艺术观的人，固然要读他。但还要知道，他的哭声，是三板一眼的哭出来，节节含着真美，主张唯美艺术观的人，也非读他不可。我很惭愧，我的艺术素养浅薄，这篇讲演，不能充分发挥"情圣"作品的价值，但我希望这位情圣的精神，和我们的语言文字同其寿命，尤盼望这种精神有一部分注入现代青年文学家的脑里头。

（1922 年 5 月 21 日诗学研究会讲演稿。
原刊《晨报副镌》1922 年 5 月 28—29 日。）

精彩一句：

人生目的不是单调的，美也不是单调的。

金雅品鉴：

杜甫在中国古代文学史上，尊称为"诗圣"，是为定论。但任公却慧眼独具，以杜甫为中国文学史上无人可及的写情圣手，誉其为"情圣"。

此文和《屈原研究》《陶源明之文艺及其品格》《中国韵文里头所表现的情感》等文，可以互读互参。

论文必论情，乃任公的重要特点。文章细赏杜甫的诗作，对其真实、丰富、深刻的情感内容，和纯熟、独到、高超的表情方法，进行了具体而精要的评析。

此文借鉴了西方文论"浪漫派"、"写实派"的概念。文中，任公还创造性地提出了一个"半写实派"的概念。任公说，所谓"半写实派"，既不似浪漫派以幻构抒情为主，也不似写实派以忠实描写为主，而是既暴露诗人主观情感，又运用第三者的视角和详密的刻画。他认为，这种方法，不一定是杜甫首创，但他却是用得最多最妙的。其妙处即在，真事愈写得详，真情愈发得透。

从杜诗的写情之妙，任公提出，好诗抒情的内容和方法不拘一格。诉人生痛苦、写人生黑暗的作品，也可予人美感。痛楚的刺激，可以成就审美的快感。人生艺术观和唯美艺术观，在真与美的统一上，是可以融通的。

陶渊明之文艺及其品格

一

批评文艺有两个着眼点，一是时代心理，二是作者个性。古代作家能够在作品中把他的个性活现出来的，屈原以后，我便数陶渊明。

汉朝的文学家——司马相如、扬雄、班固、张衡之类，大抵以作"赋"著名。最传诵的几篇赋，都带点子字书或类书的性质，很难在里头发见出什么性灵。五言诗和乐府，虽然在汉时已经发生，但那些好的作品，大半不能得作者主名。李陵、苏武唱和诗之靠不住，固不消说，《玉台新咏》里头所载枚乘傅毅各篇，《文选》便不记撰人名氏，可见现存的汉诗十有九和《诗经》的《国风》一样，连撰人带时代都不甚分明。我们若贸贸然据后代选本所指派的人名，认定某首诗是某人所作，我觉得很危险，就令有几首可以证实，然而片鳞单爪，也不能推定作者面目。所以两汉四百年间文学界的个性作品，我虽不敢说是没有，但我也不敢说有哪几家我们确实可以推论。

诗的家数应该从"建安七子"以后论起，七子中曹子建、王仲宣作品，比较的算最多，往后便数阮嗣宗、陆士衡、潘安仁、陶渊明、谢康乐、颜延年、鲍明远、谢玄晖……等，这些人都有很丰富的资料供我们研究，但我以为想研究出一位文学家的个性，却要他作品中含有下列两种条件。第一，要"不共"。怎样叫做不共呢？要他的作品完全脱离摹仿的套调，不是能和别人共有。就这一点论，像"建安七子"，就难看出各人个性，曹子植子建兄弟、王仲宣、阮元瑜彼此都差不多（也许是我学力浅看不出他们的分别）。我们读了只能看出"七子的诗风"，很难看出哪一位的诗格。第二，要"真"。怎样才算真呢？要绝无一点矫揉雕饰，把作者的实感，赤裸裸地全盘表现。就这一点论，像潘、陆、鲍、谢，都太注重词藻了，总有点像涂脂抹粉的佳人，把真面目藏去几分。所以我觉得唐以前的诗人，真能把他的个性整个端出来和我们相接触的，只有阮步兵和陶彭泽两个人，而陶尤为甘脆鲜明。所以我最崇拜他而且大著胆批评他。但我于批评之前尚须声明一句，这位先生身分太高了，原来用不著我们恭维，从前批评的人也很多，我所说的未必有多少能出古人以外，至于对不对更不敢自信了。

二

陶渊明生于东晋咸安二年壬申，卒于宋元嘉四年丁卯（西纪三七二——四二七）。他的曾祖是历史上有名的陶侃，官至八州都督封长沙郡公，在东晋各位名臣里头，算是气魄最大品格最高的一个人，渊明《命子诗》颂扬他的功德，说道："功遂辞归，临宠不忒，孰谓斯心，而近可得。"陶侃有很烜赫的功名，这诗却专崇拜他"功遂辞归"这一点，可以见渊明少年志趣了（《命子诗》是少作）。他祖父和父亲都做过太守，《命子诗》说他父亲"寄迹风云，冥兹愠喜"，想来也是一位胸襟很阔的人。他的外祖父孟嘉是陶侃女婿，——他的外祖母也即他的祖姑。渊明曾替孟嘉作传，说他"行不苟合，言无夸矜，未尝有喜愠之容，好酣饮，逾多不乱，至于任怀得意，融然远寄，傍若无人"。我们读这篇传，觉得孟嘉活是一个渊明小影。渊明父母两系都有这种遗传，可见他那高尚人格，是从先天得来了。——以上说的是陶渊明的家世。

东晋一代政治，常常有悍将构乱，跟着也有名将定乱，所以向来政象虽不甚佳，也还保持水平线以上的地位。到渊明时代却不同了，谢安、谢玄一辈名臣相继凋谢。渊明二十岁到三十岁这十年间，都是会稽王司马道子和他的儿子元显柄国，很像清末庆亲王奕劻和他儿子载振一般，招权纳贿，弄得政界混浊不堪，各地拥兵将帅，互争雄长。到渊明三十一岁时，桓玄把道子杀了，明年便篡位，跟著刘裕起兵讨灭桓玄，像有点中兴气象，中间平南燕平姚秦，把百余年间五胡蹂躏的山河，总算恢复一大半转来。可惜刘裕做皇帝的心事太迫切，等不到完全成功，便引军南归，中原旋复陷没。渊明五十岁那年，刘裕篡晋为宋。过六年，渊明便死了。

渊明少年，母老家贫，想靠做官得点俸禄。当桓玄未篡位以前，曾做过刘牢之的参军，约摸三年，和刘裕是同僚。到刘裕讨灭桓玄之后，又曾做过刘敬宣的参军，又做过彭泽令，首尾仅一年多，从此便浩然归去，终身不仕。有名的《归去来辞》，便是那年所作，其时渊明不过三十四岁。萧统作渊明传谓："自以曾祖晋世宰辅，耻复屈身后代，自宋高祖王业渐隆，不复肯仕。"其实渊明只是看不过当日仕途的混浊，不屑与那些热官为伍，倒不在乎刘裕的王业隆与不隆。若说专对刘裕吗？渊明辞官那年，正是刘裕拨乱反正的第二年，何以见得他不能学陶侃之功遂辞归，便料定他二十年后会篡位呢？本集《感士不遇赋》的序文说道："自真风告逝，大伪斯兴，闾阎懈廉退之节，市朝驱易进之心。"当时士大夫浮华奔竞，廉耻扫地，是渊明最痛心的事。他纵然没有力量移风易俗，起码也不肯同流合污，把自己人格丧掉。这是渊明弃官最主要的动机，从他的诗文中到处都看得出。若说所争在什么姓司马的姓刘的，未免把他看小了。——以上说的是陶渊明的时代。

北襟江，东南吸鄱阳湖，有"以云为衣"、"万古青濛濛"的五老峰，有"海风吹不断，山月照还空"的香炉瀑布，到处溪声，像卖弄他的"广长舌"，无日无夜，几千年在那里说法，丹的黄的紫的绿的……杂花，四时不断，像各各抖擞精神替山容打扮，清脆美丽的小鸟儿，这里一群，那里一队，成天价合奏音乐，却看不见他们的歌舞剧场在何处，呵呵，这便是——一千多年来诗人讴歌的天国——庐山了。山麓的西南角——离归宗寺约摸二十多里，一路上都是"沟塍刻镂，原隰龙鳞，五谷垂颖，桑麻铺棻"。三里五里一个小村庄，那庄稼人老的少的丑的俏的，早出晚归做他的工作，像十分感觉人生的甜美。中间有一道温泉，泉边的草，像是有人天天梳剪他，葱蒨整齐得可爱，那便是栗里——便是南村了。再过十来里，便是柴桑口，是那"雄姿英发"的周郎谈笑破曹的策源地，也即绝代佳人陶渊明先生生长、钓游、永藏的地方了。我们国里头四川和江西两省，向来是产生大文学家的所在，陶渊明便是代表江西文学第一个人。——以上说的是陶渊明的乡土。

三国两晋以来之思想界，因为两汉经生破碎支离的反动，加以时世丧乱的影响，发生所谓谈玄学风，要从《易经》、老庄里头找出一种人生观。这种人生观有点奇怪，一面极端的悲观，一面从悲观里头找快乐，我替他起一个名叫做"厌世的乐天主义"。这种人生观批析到根柢到底有无好处，另是一个问题。但当时应用这种人生观的人，很给社会些不好影响。因为万事看破了，实际上仍找不出个安心立命所在，十有九便趋于颓废堕落一途。两晋社会风尚之坏，未始不由此。同时另外有一种思潮从外国输入的，便是佛教。佛教虽说汉末已经传到中国，但认真研究教理组成系统，实自鸠摩罗什以后。罗什到中国，正当渊明辞官归田那一年（晋义熙元年苻秦光始五年）。同时有一位大师慧远在庐山的东林结社说法三十多年。东林与渊明住的栗里，相隔不过二十多里。渊明和慧远方外至交，常常来往。渊明本是儒家出身，律己甚严，从不肯有一毫苟且卑鄙放荡的举动，一面却又受了当时玄学和慧远一班佛教徒的影响，形成他自己独得的人生见解，在他文学作品中充分表现出来。——以上说的是陶渊明那时的时代思潮。

三

陶渊明之冲远高洁，尽人皆知，他的文学最大价值也在此。这一点容在下文详论。但我们想觑出渊明整个人格，我以为有三点应先行特别注意。

第一须知他是一位极热烈极有豪气的人。他说：

> 忆我少壮时，无乐自欣豫。猛志逸四海，骞翮思远翥。（《杂诗》）

又说：

> 少时壮且厉，抚剑独行游。（《拟古》）

这些诗都是写自己少年心事，可见他本来意气飞扬不可一世。中年以后，渐渐看得这恶社会没有他施展的余地了，他发出很感慨的悲音道：

> 日月掷人去，有志不获骋。感此怀悲凄，终晓不能静。（《杂诗》）

直到晚年，这点气概也并不衰减，在极闲适的诗境中，常常露出些奇情壮思来，如《读〈山海经〉》十三首里说道：

> 精卫衔微木，将以填沧海。刑天舞干戚，猛志固常在。（《读〈山海经〉》）

又说：

> 夸父诞宏志，乃与日竞走。……余迹寄邓林，功竟在身后。（同上）

《读〈山海经〉》是集中最浪漫的作品，所以不知不觉把他的"潜在意识"冲动出来了。又如《拟古》九首里头的一首：

> 辞家夙严驾，当往至无终。问君今何行，非商复非戎。闻有田子泰，节义为士雄。其人久已死，乡里习其风。生有高世名，既没传无穷。不学狂驰子，直在百年中。

又如《咏荆轲》那首：

> 燕丹善养士，志在报强嬴。招集百夫良，岁暮得荆卿。君子死知
> 己，提剑出燕京。素骥鸣广陌，慷慨送我行。雄发指危冠，猛气冲长缨。
> 饮饯易水上，四座列群英。渐离击悲筑，宋意唱高声。萧萧哀风逝，淡
> 淡寒波生。商音更流涕，羽奏壮士惊。心知去不归，且有后世名。登车
> 何时顾，飞盖入秦庭。凌厉越万里，逶迤过千城。图穷事自至，豪主正
> 怔营。惜哉剑术疏，奇功遂不成。其人虽已没，千载有余情。

他所崇拜的是田畴、荆轲一流人，可以见他的性格是哪一种路数了。朱晦庵说："陶却是有力，但诗健而意闲，隐者多是带性负气之人。"此语真能道着痒处，要之渊明是极热血的人，若把他看成冷面厌世一派，那便大错了。

第二须知他是一位缠绵悱恻最多情的人。读集中《祭程氏妹文》《祭从弟敬远文》《与子俨等疏》，可以看出他家庭骨肉间的情爱热烈到什么地步。因为文长，这里不全引了。

他对于朋友的情爱，又真率，又浓挚。如《移居篇》写的：

> 春秋多佳日，登高赋新诗。过门更相呼，有酒斟酌之。农务各自
> 归，闲暇辄相思。相思则披衣，言笑无厌时。……

一种亲厚甜美的情意，读起来真活现纸上。他那"闲暇辄相思"的情绪，有《停云》一首写得最好。

> 停云，思亲友也。罇湛新醪，园列初荣，愿言弗从，叹息弥襟。
> 霭霭停云，濛濛时雨。八表同昏，平路伊阻。静寄东轩，春醪独
> 抚。良朋悠邈，搔首延伫。
> 停云霭霭，时雨濛濛。八表同昏，平陆成江。有酒有酒，闲饮东
> 窗。愿言怀人，舟车靡从。
> 东园之树，枝条再荣。竞用新好，以招余情。人亦有言，日月于

征。安得接席，说彼平生。

翩翩飞鸟，息我庭柯。敛翮闲止，好声相和。岂无他人，念子实
多。愿言不获，抱恨如何。

这些诗真算得温柔敦厚情深文明了。

集中送别之作不甚多，内中如答庞参军的结句："情通万里外，形迹滞江
山。君其爱体素，来会在何年。"只是很平淡的四句，读去觉得比千尺的桃花潭
水还情深哩。

集中写男女情爱的诗，一首也没有，因为他实在没有这种事实。但他却不
是不能写，《闲情赋》里头，"愿在衣而为领……"底下一连叠十句"愿在……
而为……"，熨贴深刻，恐古今言情的艳句，也很少比得上。因为他心苗上本来
有极温润的情绪，所以要说便说得出。

宋以后批评陶诗的人，最恭维他"耻事二姓"，几乎首首都是眷念故君之
作。这种论调，我们是最不赞成的。但以那么高节那么多情的陶渊明，看不上
那"欺人孤儿寡妇取天下"的新主，对于已覆灭的旧朝不胜眷恋，自然是情理
内的事。依我看，《拟古》九首，确是易代后伤时感事之作。内中两首：

荣荣窗下兰，密密堂前柳。初与君别时，不谓行当久。出门万里
客，中道逢嘉友。未言心相醉，不在接杯酒。兰枯柳亦衰，遂令此言
负。多谢诸少年，相知不忠厚。意气倾人命，离隔复何有。

仲春遘时雨，始雷发东隅。众蛰各潜骇，草木从横舒。翩翩新来
燕，双双入我庐。先巢故尚在，相将还旧居。自从分别来，门庭日荒
芜。我心固匪石，君情定何如。

这些诗都是从深痛幽怨发出来，个个字带着泪痕，和《祭妹文》一样的情
操。顾亭林批评他道："淡然若忘于世，而感愤之怀，有时不能自止而微见其情
者，真也。"这话真能道出渊明真际了。

第三须知他是一位极严正——道德责任心极重的人，他对于身心修养，常
常用功，不肯放松自己。集中有《荣木》一篇，自序云："荣木，念将老也。日

月推迁，已复九夏，总角闻道，白首无成。"那诗分四章，末两章云：

> 嗟予小子，禀兹固陋。徂年既流，业不增旧。志彼不舍，安此日富。我之怀矣，怛焉内疚。
>
> 先师遗训，余岂云坠。四十无闻，斯不足畏。脂我名车，策我名骥。千里虽遥，孰敢不至。

这首诗从词句上看来，当然是四十岁以后所作，又《饮酒篇》"少年罕人事，游好在六经。行行向不惑，淹留竟无成"，《杂诗》"前途当几许，未知止泊处。古人惜寸阴，念此使人惧"，也是同一口吻。渊明得寿仅五十六岁，这些诗都是晚年作品，你看他进德的念头，何等恳切，何等勇猛。许多有暮气的少年，真该愧死了。

他虽生长在玄学佛学氛围中，他一生得力处和用力处，却都在儒学。《饮酒篇》末章云：

> 羲农去我久，举世少复真。汲汲鲁中叟，弥缝使其淳。凤鸟虽不至，礼乐暂得新。洙泗辍微响，漂流逮狂秦。诗书复何罪，一朝成灰尘。区区诸老翁，为事诚殷勤。如何绝世下，六籍无一亲。终日驰车走，不见所问津。……

当时那些谈玄人物，满嘴里清静无为，满腔里声色货利。渊明对于这班人，最是痛心疾首，叫他们做"狂驰子"，说他们"终日驰车走，不见所问津"。简单说，就是可怜他们整天价说的话丝毫受用不着。他有一首诗，对于当时那种病态的思想表示怀疑态度。说道：

> 苍苍谷中树，冬夏常如兹。年年见霜雪，谁谓不知时。厌闻世上语，结友到临淄。稷下多谈士，指彼决吾疑。装束既有日，已与家人辞。行行停出门，还坐更自思。不畏道里长，但畏人我欺。万一不合意，永为世笑嗤。伊怀难具道，为君作此诗。（《拟古》）

这首诗和屈原的《卜居》用意差不多，只是表明自己有自己的见解，不愿意随人转移。他又说：

> 行止千万端，谁知非与是。是非苟相形，雷同共誉毁。三季多此事，达者似不尔。咄咄俗中愚，且当从黄绮。（《饮酒》）

这是对于当时那些"借旷达出风头"的人施行总弹劾，他们是非雷同，说的天花乱坠，在渊明眼中，只算是"俗中愚"罢了。渊明自己怎么样呢？他只是平平实实将儒家话身体力行。他说：

> 先师有遗训，忧道不忧贫。瞻望邈难逮，转欲志长勤。（《癸卯岁始春怀古田舍》）

又说：

> 历览千载书，时时见遗烈。高操非所攀，谬得固穷节。（《癸卯岁十二月中作与从弟敬远》）

他一生品格立脚点，大略近于孟子所说"有所不为"、"不屑不洁"的狷者，到后来操养纯熟，便从这里头发现出人生真趣味来，若把他当作何晏、王衍那一派放达名士看待，又大错了。

以上三项，都是陶渊明全人格中潜伏的特性。先要看出这个，才知道他外表特性的来历。

四

渊明一世的生活，真算得最单调的了。老实说，他不过庐山底下一位赤贫的农民，耕田便是他唯一的事业。他这种生活，虽是从少年已定下志趣，但中间也还经过一两回波折，因为他实在穷得可怜，所以也曾转念头想做官混饭吃，但这种勾当，和他那"不屑不洁"的脾气，到底不能相容。他精神上很经过一番交战，结果觉得做官混饭吃的苦痛，比捱饿的苦痛还厉害，他才决然弃彼取此，有名的《归去来兮辞序》，便是这段事实和这番心理的自白。其全文如下：

> 余家贫，耕植不足以自给。幼稚盈室，缾无储粟，生生所资，未见其术，亲故多劝余为长吏，脱然有怀，求之靡途，会有四方之事，诸侯以惠爱为德。家叔以余贫苦，遂见用于小邑，于时风波未静，心惮远役。彭泽去家百里，公田之利，足以为润，故便求之。少日，眷然有归与之情。何则？质性自然，非矫厉所得。饥冻虽切，违己交病，尝从人事，皆口腹自役，于是怅然慷慨，深愧平生之志，犹望一稔，当敛裳宵逝，寻程氏妹丧于武昌，情在骏奔，自免去职。仲秋至冬，在官八十余日。因事顺心，命篇曰归去来兮。乙巳岁十一月也。

这篇小文，虽极简单极平淡，却是渊明全人格最忠实的表现。苏东坡批评他道："欲仕则仕，不以求之为嫌。欲隐则隐，不以去之为高。"这话对极了。古今名士，多半眼巴巴盯着富贵利禄，却扭扭捏捏说不愿意干，《论语》说的"舍曰欲之而必为之辞"，这种丑态最为可厌。再者，丢了官不做，也不算什么稀奇的事，被那些名士自己标榜起来，说如何如何的清高，实在适形其鄙。二千年来文学的价值，被这类人的鬼话糟塌尽了。渊明这篇文，把他求官弃官的事实始末和动机赤裸裸照写出来，一毫掩饰也没有。这样的人，才是"真人"，这样的文艺，才是"真文艺"。后人硬要说他什么"忠爱"，什么"见几"，什么"有托而逃"，却把妙文变成"司空城旦书"了。

乙巳年之弃官归田，确是渊明全生涯中之一个大转折，从前他的生活，还在漂摇不定中，到这会才算定了。但这个"定"字，实属不易，他是经过一番精神生活的大奋斗才换得来。他说："怅然慷慨，深愧平生之志。"《归去来辞》本文中又说："既自以心为形役，奚惆怅而独悲。"可见他当做官的时候，实感觉无限痛苦。他当头一回出佐军幕时作的诗，说道："望云惭高鸟，临水愧游鱼。"到晚年追述旧事的诗，也说道："畴昔苦长饥，投耒去学仕。将养不得节，冻馁固缠己。是时向立年，志意多所耻。遂尽介然分，拂衣归田里。"就常人眼光看来，做官也不是什么对不住人的事，有什么可惭可愧可耻可悲呀。呵呵，大文学家真文学家和我们不同的就在这一点。他的神经极锐敏，别人不感觉的苦痛他会感觉。他的情绪极热烈，别人受苦痛搁得住，他却搁不住。渊明在官场里混那几年，像一位"一生儿爱好是天然"的千金小姐，强逼着去倚门卖笑，那种惭耻悲痛，真是深刻入骨。一直到摆脱过后，才算得着精神上解放了。所以他说："觉今是而昨非。"

何以见得他的生活是从奋斗得来呢？因为他物质上的境遇，真是难堪到十二分，他却能始终抵抗，没有一毫退屈。他集中屡屡实写饥寒状况，如《杂诗》云：

> 代耕本所望，所业在田桑。躬亲未曾替，寒馁常糟糠。岂期过满腹，但愿饱粳粮。御冬足大布，粗缔以应阳。政尔不能得，哀哉亦可伤。……

《有会而作》篇的序文云：

> 旧谷既没，新谷未登。颇为老农，而值年灾。日月尚悠，为患未已。登岁之功，既不可希。朝夕所资，烟火裁通。旬日已来，始念饥乏。岁云夕矣，慨然永怀。今我不述，后生何闻哉。

诗云：

> 弱年逢家乏，老至更长饥。……馁也已矣夫，在昔余多师。

《怨诗楚调》篇云：

> ……炎火屡焚如，螟蜮恣中田。风雨纵横至，收敛不盈廛。夏日长抱饥，寒夜无被眠。造夕思鸡鸣，及晨愿乌迁。（按此二语，言夜则愿速及旦，旦则愿速及夜，皆极写日子之难过。）……

寻常诗人，叹老嗟卑，无病呻吟，许多自己发牢骚的话，大半言过其实，我们是不敢轻信的。但对于陶渊明不能不信，因为他是一位最真的人。我们从他全部作品中可以保证他真是穷到彻骨，常常没有饭吃。那《乞食》篇说的：

> 饥来驱我去，不知竟何之。行行至斯里，叩门拙言辞。主人知余意，投赠副虚期。谈谐终日夕，觞至辄倾卮。情欣新知欢，兴言遂赋诗。感子漂母惠，愧我非韩才。衔戢知何谢，冥报以相贻。

乞食乞得一顿饭，感激到他"冥报相贻"的话，你想这种情况，可怜到什么程度。但他的饭肯胡乱吃吗？哼哼，他决不肯。本传记他一段故事道："江州刺史檀道济往候之，偃卧瘠馁有日矣。道济谓曰：'贤者处世，天下无道则隐，有道则至。今子生文明之世，奈何自苦如此？'对曰：'潜也何敢望贤，志不及也。'道济馈以梁肉，麾而去之。"他并不是好出圭角的人，待人也很和易，但他对于不愿意见的人不愿意做的事，宁可饿死，也不肯丝毫迁就。孔子说的"志士不忘在沟壑"，他一生做人的立脚，全在这一点。《饮酒》篇中一章云：

> 清晨闻叩门，倒裳往自开。问子为谁欤，田父有好怀。壶浆远见候，疑我与时乖。"褴缕茅庐下，未足为高栖。一世皆尚同，愿君汩其泥。"深感父老言，禀气寡所谐。纡辔诚可学，违己讵非迷。且共欢此饮，吾驾不可回。

这些话和屈原的《卜居》《渔父》一样心事，不过屈原的骨鲠显在外面，他却藏在里头罢了。

五

檀道济说他"奈何自苦如此"！他到底苦不苦呢？他不惟不苦，而且可以说是世界上最快乐的一个人。他最能领略自然之美，最能感觉人生的妙味。在他的作品中，随处可以看得出来。如《读〈山海经〉》十三首的第一首：

孟夏草木长，绕屋树扶疏。众鸟欣有托，吾亦爱吾庐。既耕亦已种，时还读我书。门巷隔深辙，颇迥故人车。欢然酌春酒，摘我园中蔬。微雨从东来，好风与之俱。泛览周王传，流观山海图。俯仰终宇宙，不乐复何如？

如《和郭主簿》二首的第一首：

蔼蔼堂前林，中夏贮清阴。凯风因时来，回飙开我襟。息交游闲业，卧起弄书琴。园蔬有余滋，旧谷犹储今。营己良有极，过足非所钦。春秣作美酒，酒熟吾自斟。弱子戏我侧，学语未成音。此事真复乐，聊用忘华簪。遥遥望白云，怀古一何深。

如《饮酒》二十首的第五首：

结庐在人境，而无车马喧。问君何能尔？心远地自偏。采菊东篱下，悠然见南山。山气日夕佳，飞鸟相与还。此中有真意，欲辩已忘言。

如《移居》二首：

昔欲居南村，非为卜其宅。闻多素心人，乐与数晨夕。怀此颇有年，今日从兹役。敝庐何必广，取足蔽床席。邻曲时时来，抗言谈在昔。奇文共欣赏，疑义相与析。

春秋多佳日，登高赋新诗。过门更相呼，有酒斟酌之。农务各自归，闲暇辄相思。相思则披衣，言笑无厌时。此理将不胜，无为忽去兹。衣食须当纪，力耕不吾欺。

如《饮酒》的第十三首：

故人赏我趣，挈壶相与至。班荆坐松下，数斟已复醉。父老杂乱言，觞酌失行次。不觉知有我，安知物为贵。悠悠迷所留，酒中有深味。

集中像这类的诗很多，虽写穷愁，也含有翛然自得的气象。他临终时给他儿子们的遗嘱——《与子俨等疏》，内中有一段写自己的心境，说道：

少学琴书，偶爱闲静。开卷有得，便欣然忘食。见树木交荫，时鸟变声，亦复欢然有喜。常言五六月中北窗下卧，遇凉风暂至，自谓是羲皇上人。

读这些作品，便可以见出此老胸中，没有一时不是活泼泼地，自然界是他爱恋的伴侣，常常对着他微笑，他无论肉体上有多大苦痛，这位伴侣都能给他安慰。因为他抓定了这位伴侣，所以在他周围的人事，也都变成微笑了。他说："即事多所欣。"据我们想来，他终日所接触的，果然全是可欣的资料。因为这样，所以什么饥咧寒咧，在他全部生活上，便成了很小的问题。《拟古》九首的第五首云：

东方有一士，被服常不完。三旬九遇食，十年著一冠。辛苦无此比，常有好容颜。我欲观其人，晨去越河关。青松夹路生，白云宿檐端。知我故来意，取琴为我弹。上弦惊别鹤，下弦操孤鸾。愿留就君住，从今到岁寒。

"辛苦无此比，常有好容颜。"这两句话，可算得他老先生自画"行乐图"。我们可以想象出一位冷若冰霜艳如桃李的绝代佳人，你说他像当时那一派"放浪形骸之外"的名士吗？那却是大大不然。他的快乐不是从安逸得来，完全从勤劳得来。

《庚戌岁九月中于西田获早稻篇》云：

> 人生归有道，衣食固其端。孰是都不营，而以求自安。开春理常业，岁功聊可观。晨出肆微勤，日夕负耒还。山中饶霜露，风气亦先寒。田家岂不苦，不获辞此难。四体诚乃疲，庶无异患干。盥濯息檐下，斗酒散襟颜。遥遥沮溺心，千载乃相关。但愿长如此，躬耕非所叹。

近人提倡"劳作神圣"，像陶渊明才配说懂得劳作神圣的真意义哩。"四体诚乃疲，庶无异患干"两句话，真可为最合理的生活之准鹄。曾文正说："勤劳而后休息，一乐也。"渊明一生快乐，都是从勤劳后的休息得来。

渊明是"农村美"的化身。所以他写农村生活，真是入妙。如：

> ……方宅十余亩，草屋八九间。榆柳荫后园，桃李罗堂前。暧暧远人村，依依墟里烟。狗吠深巷中，鸡鸣桑树颠。……（《归田园居》）
>
> 野外罕人事，穷巷寡轮鞅。白日掩荆扉，虚室绝尘想。时复墟曲中，披草共来往。相见无杂言，但道桑麻长。……（同上）
>
> ……漉我新熟酒，只鸡招近局，日入室中暗，荆薪代明烛。欢来苦夕短，已复至天旭。（同上）
>
> ……秉耒欢时务，解颜劝农人。平畴交远风，良苗亦怀新。……（《怀古田舍》）
>
> ……饥者欢初饱，束带候鸣鸡。扬楫越平湖，汎随清壑回。郁郁荒山里，猿声闲且哀。悲风爱静夜，林鸟喜晨开。……（《下潠田舍获稻》）

后来诗家描写田舍生活的也不少，但多半像乡下人说城市事，总说不到真际。生活总要实践的才算，养尊处优的士大夫，说什么田家风味，配吗？渊明只把他的实历实感写出来，便成为最亲切有味之文。

渊明有他理想的社会组织，在《桃花源记》和诗里头表现出来。《记》云：

> 晋太元中，武陵人捕鱼为业。缘溪行，忘路之远近。忽逢桃花林，夹岸数百步，中无杂树，芳草鲜美，落英缤纷，渔人甚异之。复前行，欲穷其林，林尽水源，便得一山。山有小口，仿佛若有光，便舍船从口入。初极狭，才通人，复行数十步，豁然开朗，土地平旷，屋舍俨然，有良田美池桑竹之属。阡陌交通，鸡犬相闻。其中往来种作男女衣著，悉如外人。黄发垂髫，并怡然自乐。见渔人乃大惊，问所从来，具答之。便要还家，设酒杀鸡作食，村中闻有此人，咸来问讯。自云先世避秦时乱，率妻子邑人来此绝境，不复出焉，遂与外人间隔。问今是何世，乃不知有汉，无论魏晋。此人一一为具言，所闻皆叹惋。余人各复延至其家，皆出酒食，停数日，辞去。此中人语云：不足为外人道也。既出，得其船，便扶向路，处处志之，及郡下，诣太守说如此。太守即遣人随其往，寻向所志，遂迷不复得路。南阳刘子骥，高尚士也。闻之，欣然亲往，未果。寻病终，后遂无问津者。

诗云：

> 赢氏乱天纪，贤者避其世。黄绮之商山，伊人亦云逝。往迹浸复湮，来径遂芜废。相命肆农耕，日入从所憩。桑竹垂余荫，菽稷随时艺。春蚕收长丝，秋熟靡王税。荒路暧交通，鸡犬互鸣吠。俎豆犹古法，衣裳无新制。童孺纵行歌，班白欢游诣。草荣识节和，木衰知风厉。虽无纪历志，四时自成岁。怡然有余乐，于何劳智慧。奇纵隐五百，一朝敞神界。淳薄既异源，旋复还幽蔽。借问游方士，焉测尘嚣外。愿言蹑轻风，高举寻吾契。

这篇记可以说是唐以前第一篇小说，在文学史上算是极有价值的创作。这一点让我论小说沿革时再详细说他。至于这篇文的内容，我想起他一个名叫做东方的 Utopia（乌托邦），所描写的是一个极自由极平等之爱的社会。荀子所谓"美善相乐"，惟此足以当之。桃源，后世竟变成县名。小说力量之大，也无出其右了。后人或拿来附会神仙，或讨论他的地方年代，真是痴人前说不得梦。

六

渊明何以能有如此高尚的品格和文艺，一定有他整个的人生观在背后。他的人生观是什么呢？可以拿两个字包括他，"自然"。他替他外祖孟嘉做传说道："……又问（桓温问孟嘉）听妓，丝不如竹，竹不如肉。答曰：渐近自然。……"（《晋故征西大将军长史孟府君传》）

《归田园居》诗云：

> 久在樊笼里，复得返自然。

《归去来辞序》云：

> 质性自然，非矫厉所得，饥冻虽切，违己交病。

他并不是因为隐逸高尚有什么好处才如此做，只是顺著自己本性的自然。"自然"是他理想的天国，凡有丝毫矫揉造作，都认作自然之敌，绝对排除。他做人很下坚苦功夫，目的不外保全他的"自然"。他的文艺只是"自然"的体现，所以"容华不御"恰好和"自然之美"同化。后人用"斫雕为朴"的手段去学他，真可谓"刻画无盐唐突西子"了。

爱自然的结果，当然爱自由。渊明一生，都是为精神生活的自由而奋斗。斗的什么？斗物质生活。《归去来辞》说："尝从人事，皆口腹自役。"又说：

"以心为形役。"他觉得做别人奴隶，回避还容易，自己甘心做自己的奴隶，便永远不能解放了。他看清楚耳目口腹……等等，绝对不是自己，犯不着拿自己去迁就他们。他有一首诗直写这种怀抱云：

> 在昔曾远游，直至东海隅。道路迥且长，风波阻中途。此行谁使然，似为饥所驱。倾身营一饱，少许便有余。恐此非名计，息驾归闲居。

因为"倾身营一饱，少许便有余"，所以"求己良有极，过足非所钦"。他并不是对于物质生活有意克减，他实在觉得那类生活，便丰赡也用不着。宋铚说："人之情欲寡而皆以为己之情欲多，过也。"渊明正参透这个道理，所以极刻苦的物质生活，他却认为"复归于自然"。他对于那些专务物质生活的人有两句诗批评他们道：

> 客养千金躯，临化消其宝。(《饮酒》)

这两句名句，可以抵七千卷的《大藏经》了。

集中有形影神三首，第一首《形赠影》，第二首《影答形》，第三首《神释》。这三首诗正写他自己的人生观，那《神释》篇的末句云：

> 纵浪大化中，不喜亦不惧。应尽便须尽，无复独多虑。

《杂诗》里头亦说：

> 壑舟无须臾，引我不得住。前途当几许，未知止泊处。

《归去来辞》末句亦说：

> 聊乘化以归尽，乐夫天命复奚疑。

就佛家眼光看来，这种论调，全属断见，自然不算健全的人生观。但渊明却已够自己受用了，他靠这种人生观，一生能够"酣饮赋诗，以乐其志"，"忘怀得失，以此自终"（《五柳先生传》）。一直到临死时候，还是翛然自得，不慌不忙的留下几篇自祭自挽的妙文。那《自挽诗》云：

有生必有死，早终非命促。昨暮同为人，今旦在鬼录。魂气散何之，枯形寄空木。娇儿索父啼，良友抚我哭。得失不复知，是非安能觉。千秋万岁后，谁知荣与辱。但恨在世时，饮酒不得足。

在昔无酒饮，今但湛空觞。春醪生浮蚁，何时更能尝。肴案盈我前，亲旧哭我傍。欲语口无音，欲视眼无光。昔在高堂寝，今宿荒草乡。一朝出门去，归来良未央。

荒草何茫茫，白杨亦萧萧。严霜九月中，送我出远郊。四面无人居，高坟正嶕峣。马为仰天鸣，风为自萧条。幽室一已闭，千年不复朝。千年不复朝，贤达无奈何。向来相送人，各自还其家。亲戚或余悲，他人亦已歌。死去何所道，托体同山阿。

《自祭文》云：

岁惟丁卯，律中无射，天寒夜长，风气萧索，鸿雁于征，草木黄落，陶子将辞逆旅之馆，永归于本宅。故人凄其相悲，同祖行于今夕。羞以嘉蔬，荐以清酌。候颜已冥，聆音愈漠。呜呼哀哉，茫茫大块，悠悠苍旻，是生万物，余得为人。自余为人，逢运之贫，箪瓢屡罄，绤绤冬陈，含欢谷汲，行歌负薪，翳翳柴门，事我宵晨，春秋代谢，有务中园，载耘载耔，乃育乃繁，欣以素牍，和以七弦，冬曝其日，夏濯其泉，勤靡余劳，心有常闲，乐天委分，以至百年。惟此百年，夫人爱之，惧彼无成，愒日惜时，存为世珍，殁亦见思，嗟我独迈，曾是异兹，宠非己荣，涅岂吾缁，捽兀穷庐，酣饮赋诗，识运知命，畴能罔眷，余今斯化，可以无恨，寿涉百龄，身慕肥遁，从老得终，奚所复恋，寒暑逾迈，亡既异存，外姻晨来，良友宵奔，葬之中野，以安其魂。宵宵我行，萧萧墓门，奢耻宋臣，俭笑王孙，廓兮已灭，慨焉以遐，不封不树，日月遂过，匪贵前誉，孰重后歌，人生实难，死如之何？呜呼，哀哉！

这三首诗一篇文，绝不是像寻常名士平居游戏故作达语，的确是临死时候所作。因为所记年月，有传记可以互证。古来忠臣烈士慷慨就死时几句简单的绝命诗词，虽然常有，若文学家临死留下很有理趣的作品，除渊明外像没有第二位哩。我想把文中"勤靡余劳，心有常闲，乐天委分，以至百年"十六个字，作为渊明先生人格的总赞。

（1923 年作，节选自《陶渊明》。
收入《饮冰室合集》第 12 册，中华书局 1936 年版。）

精彩一句：

批评文艺有两个着眼点，一是时代心理，二是作者个性。

金雅品鉴：

陶渊明历来是中国文人不慕荣华俗名的清高人格的一种象征，因为他有辞官归田之佳话。同样是这段故事，任公着眼的不是渊明的清高，而是他的真性真情。任公说，归去来兮，乃是渊明全人格最忠实的写照。渊明不是天生免俗，他也曾转过念头，想去做官混口饭吃。但结果是，做了官混饭吃的痛苦，比捱饿的痛苦更甚。所以，终自免去职，弃官归田。

任公说，渊明的可贵，不在弃官之清高，而在人格之自然和精神之自由。不象好些古今名士，眼巴巴盯着富贵利禄，却扭扭捏捏说不愿意干，最为可厌。即便去官不做，也没有什么稀奇，不需要自我标榜。源明把自己求官弃官的始末动机照实写出，毫不掩饰，这才是真人真文艺，才是可以赏会之处。

书法在美术上的价值

爱美是人类的天性，美术是人类文化的结晶，所以凡看一国文化的高低，可以由他的美术表现出来。美术，世界所公认的为图画、雕刻、建筑三种。中国于这三种之外，还有一种，就是写字。外国人写字，亦有好坏的区别，但是以写字作为美术看待，可以说绝对没有。因为所用工具不同，用毛笔可以讲美术，用钢笔铅笔，只能讲便利。中国写字有特别的工具，就成为特别的美术。

写字比旁的美术不同，而仍可以称为美术的原因，约有四点。

一、线的美。这种美的要素，欧美艺术家，讲究得极为精细。作张椅子，也要看长短、疏密、粗细、弯直，作得好就美，作得不好就不美。线的美，在美术中，为最高等，不靠旁物的陪衬，专靠本身的排列。譬如一个美人，专讲涂脂傅粉，只能算第二三等脚色，要五官端正，身材匀称，才算头等脚色。假如鼻大眼小，那就是丑，五官凑在一块，亦是丑。真正的美，在骨格的摆布，四平八稳，到处相称。在真美中，线最重要。西洋美术，是讲究线。

黑白相称，如电灯照出来一样，这种美术，以前不发达，近来才发达。这种美术，最能表示线的美，而且以线为主。写字就是要黑白相称。同是天地玄黄几个字，王羲之这样写，我们亦这样写，他写得好，我们写得丑，就是他的字黑白相称，我们的字黑白不相称。向来写字的人，最主要的，有一句话："计白当黑。"写字的时候，先计算白的地方，然后把黑的笔画嵌上去，一方面从白的地方看美，一方面从黑的地方看美。

一个字的解剖，要计白当黑。一行字，一幅字，全部分的组织，亦要计白当黑。譬如方才讲的天地玄黄几个字，王羲之摆得好，我们摆得不好。但是让王羲之写天字，欧阳询写地字，颜鲁公写玄字，苏东坡写黄字，合在一起，一定不好。因为大家下笔不同，计算黑白不同，所以混合起来，就不美了。线的美，固然要字字计算，同时又要全部计算。

做椅子如此，写字如此，全屋子的摆设，亦是如此。譬如这间屋子，本来是宴会厅，现在暂时作为讲演室，桌子椅子，横七竖八的凑在一起，就不美了，因为线的排列不好。真的美，一部分的线，要妥帖，全部分的线，亦要妥帖。如果绘画，要用很多的线，表示最高的美。字不比画，只需几笔，也就可以表示最高的美了。

二、光的美。绘画要调颜色，红绿相间，才能算美。就是墨笔画，不用颜色，但是亦有浓淡，才能算美。写字这件事，说来奇怪，不必颜色，不必浓淡，就是墨，而且很匀称的墨，就可以表现美出来。写得好的字，墨光浮在纸上，看去很有精神。好的手笔，好的墨汁，几百年，几千年，墨光还是浮起来的。这种美，就叫着光的美。

西洋的画，亦讲究光，很带一点神秘性。对于看画，我自己是外行，实在不容易分出好坏。但是也曾被人指点过，说某幅有光，某幅无光。我自己虽不大懂，总觉得号称有光那几幅，真是光彩动人。不过西洋画所谓有光，或者因为颜色，或者因为浓淡，那是自然的结果。中国的字，黑白两色相间，光线即能浮出。在美术界类似这样的东西，恐怕很少。

三、力的美。写字完全仗笔力，笔力的有无，断定字的好坏。而笔力的有无，一写下去，立刻可以看出来。旁的美术，可以填，可以改。如像图画，先打底稿，再画，画得不对再改。油画，尤其可以改，先画一幅人物，在上面可以改一幅山水。如像雕刻，虽亦看腕力，然亦可改，并不是一下去就不动。建筑，更可以改，建得不美，撤了再建。无论何美术，或描或填或改，总可以设法补救。

写字，一笔下去，好就好，糟就糟，不能填，不能改，愈填愈笨，愈改愈丑。顺势而下，一气呵成，最能表现真力。有力量的飞动、遒劲、活跃，没有力量的呆板、委靡、迟钝。我们看一幅画，不易看出作者的笔力。我们看一幅字，有力无力，很容易鉴别。纵然你能模仿，亦只能模仿形式，不能模仿笔力；只能说学得像，不容易说学得一样的有力。

四、个性的表现。美术有一种要素，就是表现个性。个性的表现，各种美术都可以。即如图画、雕刻、建筑，无不有个性存乎其中。但是表现得最亲切，最真实，莫如写字。前人曾说："言为心声，字为心画。"这两句话，的确不错。放荡的人，说话放荡，写字亦放荡；拘谨的人，说话拘谨，写字亦拘谨。一点不能做作，不能勉强。

旁的可假，字不可假。一个人有一个人的笔迹，旁人无论如何模仿不来。不必要毛笔，才可以认笔迹，就是钢笔铅笔，亦可以认笔迹，是谁写的，一看就知道。因为各人个性不同，所以写出来的字，也就不同了。美术一种要素，是在发挥个性。而发挥个性最真确的，莫如写字。如果说能够表现个性，就是最高美术，那么各种美术，以写字为最高。

写字有线的美，光的美，力的美，表现个性的美，在美术上，价值很大。或者因为我喜欢写字，有这种偏好，所以说各种美术之中，以写字为最高。旁的所没有的优点，写字有之；旁的所不能表现的，写字能表现出来。

（作于 1927 年，节选自《书法指导》。清华学校教职员书法研究会讲演稿，周传儒笔记。收入《饮冰室合集》第 4 册，中华书局 1936 年版。）

精彩一句：

爱美是人类的天性。

金雅品鉴：

爱美是人类的天性，这不是任公第一个说，也不只他一个人说。

任公与王国维、蔡元培并列中国现代美学的三大奠基人，对后学影响甚大。如任公就明显影响到朱光潜。朱光潜在 20 世纪 40 年代初写作的《谈美感教育》中，也谈到"爱美是人类天性"，"求知、想好、爱美，三者都是人类天性"。朱光潜说自己酷爱《饮冰室文集》，毫不讳言自己是任公先生的热烈的崇拜者。朱光潜美学中的核心词"情趣"，也明显受到任公美学的核心词"趣味"的影响。

本文节选自任公的《书法指导》。此文指出，书法是中国独有的特别美术。因为用钢笔铅笔写字，只能讲便利；用毛笔写字，才可以讲美术。文章具体探讨了书法的线、光、力、个性四个方面的美。比如说"线"：在真美中，线最重要。说"光"：写得好的字，墨光浮在纸上，看去很有精神。说"力"：纵然你能模仿，亦只能模仿形式，不能模仿笔力。可谓扼要精到。

苦痛中的小玩意儿

《晨报》每年纪念增刊，我照例有篇文字，今年真要交白卷了，因为我今年受环境的酷待，情绪十分无俚。我的夫人从灯节起，卧病半年，到中秋日，奄然化去。他的病极人间未有之苦痛，自初发时，医生便已宣告不治。半年以来，耳所触的只有病人的呻吟，目所接的只有儿女的涕泪。

丧事初了，爱子远行，中间还夹着群盗相噬，变乱如麻，风雪蔽天，生人道尽，块然独坐，几不知人间何世。哎，哀乐之感，凡在有情，其谁能免。平日意态活泼兴会淋漓的我，这会也嗒然气尽了。提笔属文，非等几个月后，心上的创痕平复，不敢作此想。《晨报》记者索我的文，比催租还凶狠，我没有法儿对付，只好撒个烂污，写这篇没有价值的东西给他。

我在病榻旁边这几个月，拿什么事消遣呢？我桌子上和枕边摆着一部汲古阁的《宋六十家词》，一部王幼霞刻的《四印斋词》，一部朱古微刻的《彊村丛书》，除却我的爱女之外，这些"词人"便是我唯一的伴侣。我在无聊的时候，把他们的好句子集句做对联闹着玩。久而久之，竟集成二、三百副之多。其中像很有些好的，待我写出来。写出以前，请先说几句空论。骈俪对偶之文，近来颇为青年文学家所排斥，我也表相当的同意，但以我国文字的构造，结果当然要产生这种文学。而这种文学，固自有其特殊之美，不可磨灭。我以为爱美的人，殊不必先横一成见，一定是丹非素，徒削减自己娱乐的领土。楹联起自宋后，在骈俪文中，原不过附庸之附庸，然其佳者，也能令人起无限美感。我闹这种玩意儿，虽不过自适其适，但像野人献曝似的公诸同好，谅来还不十分讨厌。

对联集诗句，久已盛行，但所集都是五七言句，长联便不多见。清末始有数副传诵之作，如彭雪琴游泰山集联：

> 我本楚狂人，五岳寻山不辞远。
> 地犹鄹氏邑，万方多难此登临。

以湖南人当内乱扰攘时代，游五岳之一山东的泰山，所集为李、杜两家名句，真算佳极了。又如吾粤观音山上有三君祠，祀虞仲翔、韩昌黎、苏东坡，皆迁谪来粤的人。张香涛撰一联云：

> 海气百重楼，岂独浮云能蔽日。
> 文章千古事，萧条异代不同时。

所集亦是李、杜句，把地方风景、诸贤身份，都包举在里头，亦算杰构。此外集句虽多，能比上这两副的不多见。诗句被人集得稀烂了，词句却还没有。去年在陈师曾追悼会，会场展览他的作品，我看见一副篆书的对：

> 歌扇轻约飞花，高柳垂阴，春渐远汀洲自绿。
> 画桡不点明镜，芳莲坠粉，波心荡冷月无声。

所集都是姜白石句，我当时一见，叹其工丽。今年我做这个玩意儿，可以说是受他冲动。

我所集最得意的是赠徐志摩一联：

临流可奈清癯，第四桥边，呼棹过环碧。

此意平生飞动，海棠影下，吹笛到天明。

（吴梦窗《高阳台》、姜白石《点绛唇》、陈西麓《秋霁》、辛稼轩《清平乐》、洪平斋《眼儿媚》、陈简斋《临江仙》。）

此联极能表出志摩的性格，还带着记他的故事。他曾陪泰戈尔游西湖，别有会心。又尝在海棠花下做诗做个通宵。

我又有赠蹇季常一联：

最有味，是无能，但醉来还醒，醒来还醉。

本不住，怎生去，笑归处如客，客处如归。

（朱希真《江城子》、张梅厓《水龙吟》、刘须溪《贺新郎》、柴仲山《齐天乐》。）

此联若是季常的朋友看见，我想无论何人，都要拍案叫绝，说能把他的情绪全盘描出。

此外专赠某人之作却没有了。但我把几百副录出，请亲爱的朋友们选择，选定了便写给他。内中刘崧生挑了一副，四句都是集姜白石：

忽相思，更添了几声啼鴂。

屡回顾，最可惜一片江山。

（《江梅引》、《琵琶仙》、《法曲献仙音》、《八归》。）

林宰平挑的一副是：

酒酣鼻息如雷，叠鼓清笳，迤逦渡沙漠。

万里夕阳垂地，落花飞絮，随意绕天涯。

（刘后村《沁园春》、周草窗《高阳台》、姜白石《凄凉犯》、朱希真《相见欢》、秦少游《如梦令》、赵令畤《乌夜啼》。）

胡适之挑的是：

蝴蝶儿，晚春时，又是一般闲暇。

梧桐树，三更雨，不知多少秋声。

（张泌《蝴蝶儿》、辛稼轩《丑奴儿近》、温飞卿《更漏子》、张玉田《清平乐》。）

丁在君挑的是：

春欲暮，思无穷，应笑我早生华发。

语已多，情未了，问何人会解连环。

（温飞卿《更漏子》、苏东坡《念奴娇》、牛希济《生查子》、辛稼轩《汉宫春》。）

舍弟仲策挑的是：

曲岸持觞，记当时送君南浦。

朱门映柳，想如今绿到西湖。

（辛稼轩《念奴娇》、姜白石《玲珑四犯》、秦少游《满庭芳》、张玉田《渡江云》。）

此外还有各人挑去的，不能尽记了。以下只把我自己认为惬心的汇录几十副：

春瘦三分，轻阴便成雨。

月明千里，高处不胜寒。

（□□《一剪梅》、梦窗《祝英台近》。）

独上西楼，天淡银河垂地。

高斟北斗，酒酣鼻息如雷。

（李重光《相见欢》、范希文《御街行》、张子湖《念奴娇》、刘后村《沁园春》。）

西子湖边，遥山向晚更碧。

清明时节，骤雨才过还晴。

（徐囤子《瑞鹤仙令》、清真《浪淘沙慢》、稼轩《念奴娇》、淮海《满庭芳》。）

水殿风来，冷香飞上诗句。

芳径雨歇，流莺唤起春醒。

（东坡《洞仙歌》、白石《念奴娇》、梦窗《选冠子》、梦窗《高阳台》。）

满地横斜，梅花政自不恶。

一春憔悴，杜鹃欲劝谁归。

（碧山《高阳台》、稼轩《汉宫春》、赵长卿《临江仙》、稼轩《新荷叶》。）

宿鹭圆沙，又是一般闲暇。

乱鸦斜日，古今无此荒寒。

（玉田《声声慢》、稼轩《丑奴儿近》、梦窗《八声甘州》、草窗《高阳台》。）

春水满塘生，鹧鸪还相趁。

蝴蝶上阶飞，风帘自在垂。

（张泌《醉花间》、陈子高《菩萨蛮》。）

银汉是红墙，一带遥相隔。

鸾镜与花枝，此情谁得知。

（毛文锡《醉花间》、温庭筠《菩萨蛮》。）

满身花影倩人扶，我欲醉眠芳草。

几日行云何处去，除非问取黄鹂。

（小山《虞美人》、东坡《西江月》、六一《蝶恋花》、山谷《清平乐》。）

月满西楼，独鹤自还空碧。

日烘晴昼，流莺唤起春醒。

（李易安《一剪梅》、奚秋崖《念奴娇》、梅溪《柳梢青》、竹屋《风入松》。）

今夕是何年，霜娥相伴孤照。

轻阴便成雨，海棠不分春寒。

（东坡《水调歌头》、梦窗《花犯》、梦窗《祝英台近》、李滨洲《清平乐》。）

燕子不归，几日行云何处去。

海棠依旧，去年春恨却时来。

（谢勉仲《浪淘沙》、六一《蝶恋花》、漱玉《如梦令》、小山《临江仙》。）

燕子来时，更能消几番风雨。

夕阳无语，最可惜一片江山。

（王晋卿《忆故人》、稼轩《摸鱼儿》、张文潜《风流子》、白石《八归》。）

一晌销凝，帘外晓莺残月。

无限清丽，雨余芳草斜阳。

（子野《卜算子慢》、飞卿《更漏子》、清真《花犯》、淮海《画堂春》。）

笑索红梅，香乱石桥南北。

醉眠芳草，梦随蝴蝶西东。

（玉田《木兰花慢》、梦窗《解连环》、东坡《清平乐》、西麓《木兰花慢》。）

春水满塘生，鹭鹚还相趁。

东岸绿阴少，杨柳更须栽。

（张泌《醉花间》、辛稼轩《水调歌头》。）

芳草接天涯，几重山几重水。

坠叶飘香砌，一番雨一番风。

（清真《浣溪沙》、子野《碧牡丹》、希文《御街行》、耘叟《木兰花慢》。）

玉宇无尘，时见疏星度河汉。

春心如酒，暗随流水到天涯。

（耆卿《醉蓬莱》、东坡《洞仙歌》、白石《角招》、淮海《望海潮》。）

日暮更移舟，望江国渺何处。

明朝又寒食，见梅枝忽相思。

（白石《杏花天影》、白石《清波引》、白石《淡黄柳》、白石《江梅引》。）

小楼吹彻玉笙寒，自怜幽独。

水殿风来暗香满，无限思量。

（李煜《摊破浣溪沙》、清真《大酺》、东坡《洞仙歌》、淮海《画堂春》。）

千里归艎，山映斜阳天接水。

一声长笛，雁横南浦月当楼。

（高竹屋《后庭宴》、范希文《踏莎行》、刘龙洲《忆秦娥》、张芦川《浣溪沙》。）

有约不来，空怅望兰舟容舆。

劝春且住，几回凭双燕丁宁。

（张君衡《清平乐》、叶石林《贺新郎》、洪叔屿《永遇乐》、贺方回《薄幸》。）

遥夜相思更漏残，不如休去。

群芳过后西湖好，曾有诗无。

（韦庄《浣溪沙》、周邦彦《少年行》、欧阳修《采桑子》、辛弃疾《汉宫春》。）

欲寄此情，鸿雁在云鱼在水。

偷摧春暮，青梅如豆柳如丝。

（毛滂《玉楼春》、晏殊《清平乐》、史邦卿《绮罗香》、冯延巳《阮郎归》。）

软语商量，海燕飞来窥画栋。

冷香摇动，绿荷相倚满横塘。

（梅溪《双双燕》、六一《临江仙》、白石《念奴娇》、顾夐《虞美人》。）

酒醒帘幕低垂，烛影摇红夜将半。

雨过园林如绣，东风吹柳日初长。

（晏小山《临江仙》、蔡伸道《洞仙歌》、□□□《念奴娇》、淮海《画堂春》。）

小院春寒，燕子飞来窥画栋。

空江岁晚，柳花无数送舟归。

（谢勉仲《浪淘沙》、冯正中《蝶恋花》、草窗《三姝媚》、淮海《虞美人》。）

寒雁先还，为我南飞传我意。

江梅有约，爱他风雪耐他寒。

（辛稼轩《汉宫春》、韦端己《归国谣》、程观过《满江红》、朱希真《鹧鸪天》。）

亦爱吾庐，买陂塘旋栽杨柳。

顿成轻别，问后约空指蔷薇。

（稼轩《水调歌头》、晁无咎《摸鱼儿》、贺方回《柳色黄》、白石《解连环》。）

高处不胜寒，见姮娥瘦如束。

无情应笑我，搂虚空睡到明。

（东坡《水调歌头》、梦窗《一寸金》、东坡《念奴娇》、希真《减兰》。）

小楼昨夜东风，吹皱一池春水。

梧桐更兼细雨，能消几个黄昏。

（重光《虞美人》、冯延巳《谒金门》、漱玉《声声慢》、赵德麟《清平乐》。）

细草和烟尚绿，遥山向晚更碧。

黄叶无风自落，秋云不雨长阴。

（清真《浪淘沙慢》、孙巨源《河满子》。）

试凭他流水寄情，却道海棠依旧。

但镇日绣帘高卷，为妨双燕归来。

（碧山《琐窗寒》、漱玉《如梦令》、蒲江《倦寻芳》、次膺《清平乐》。）

楼上几日春寒，杜鹃声里斜阳暮。

西窗又吹暗雨，红藕香残玉簟秋。

（李易安《壶中天慢》、少游《踏莎行》、白石《齐天乐》、易安《一剪梅》。）

垂杨还袅万丝金，又恐被西风惊绿。

断红尚有相思字，试凭他流水寄情。

（白石《一萼红》、东坡《贺新郎》、清真《六丑》、碧山《琐窗寒》。）

冷照西斜，正极目空寒，故国渺天北。

大江东去，问苍波无语，流恨入秦淮。

（草窗《高阳台》、玉田《忆旧时》、白石《惜红衣》、东坡《念奴娇》、梦窗《八声甘州》、西里《八声甘州》。）

泣残红，谁分扫地春空，十日九风雨。

举大白，为问旧时月色，今夕是何年。

（李珣《西溪子》、碧山《庆清朝》、稼轩《祝英台近》、于湖《贺新郎》、白石《暗香》、东坡《水调歌头》。）

呼酒上琴台，把吴钩看了，阑干拍遍。

明朝又寒食，正海棠开后，燕子来时。

（梦窗《八声甘州》、稼轩《水龙吟》、白石《淡黄柳》、晋卿《忆故人》。）

罗衣特地春寒，细雨梦回，犹自听鹦鹉。

殊乡又逢秋晚，江上望极，休去采芙蓉。

（冯延巳《清平乐》、李中主《浣溪沙》、梅溪《青玉案》、清真《齐天乐》、梅溪《绮罗香》、陈允平《唐多令》。）

戏抛莲菂种横塘，新绿生时，水佩风裳无数。

猛拍阑干呼鸥鹭，五湖旧约，烟蓑雨笠相过。

（稼轩《浣溪沙》、梅溪《绮罗香》、白石《念奴娇》、浦江《贺新郎》、白石《湘月》、刘龙洲《破阵子》。）

笑倦游犹是天涯，万里乾坤，不如归去。

惊客里又过寒食，一椿心事，曾有诗无。

（草窗《高阳台》、白石《玲珑四犯》、耆卿《安公子》、赵立之《满江红》、白石《小重山令》、稼轩《汉宫春》。）

以上所录，约占原来所集之半，有些七言八言的也还好，懒得抄了。此外有些不满意的，打算拉杂摧烧他。

我做这顽意儿，免不了孔夫子骂的"好行小慧"，但是"人生愁恨谁能免"？我在伤心时节寻些消遣，我想无论何人也该和我表点同情。十二年十二月三日。

（作于 1923 年。收入《饮冰室合集》第 5 册，中华书局 1936 年版。）

精彩一句：

　　我以为爱美的人，殊不必先横一成见，一定是丹非素，徒削减自己娱乐的领土。

鹏飞品鉴：

　　梁启超夫人生病住院，他在医院照料了半年，直到夫人去世。夫人的重病及至去世，给他沉重打击。然而，在这样的苦痛中，他仍强自为乐。在病床前集诗词名家的妙句，成"骈俪对偶之文"，也就是我们今天的对联。

　　梁启超从来都是一个乐观的人，一向主张做事应该"为趣味而趣味"，不要带上急功近利的色彩，这是一种对待人生的审美态度。以审美态度优游人生者，也就是梁所谓"爱美的人"。

　　功利的人生不是趣味的人生，这样的生活不是幸福的生活。幸福的生活不能离开美，健全的人生不能没有自己精神诗性的领土。人生缺少诗意，少了美和趣味，就好比春天少了色彩，鲜花没了芬芳。让我们在生活中摆脱功利主义的桎梏，去欣赏体味空气中种子静静的发芽，春风中蝴蝶翩翩的翻飞，暮霭中青草淡淡的香气，陶醉于芬芳多姿的人生吧！

在陈师曾追悼会之演说

　　诸君，我们想不到有今天的悲痛如此，前次日本的地震，大家深为惋惜，以为文化损失甚大，如今陈师曾之死，可说是中国文化的地震。我们期望陈师曾对于中国文化界尽力的时间甚长，想不到忽然逝世，所以陈师曾之死，如同意外之天灾地变一样。陈师曾之家世，及平生的行状与夫美术上之价值，另有到会诸君报告，予对于陈君几代世交，略知其家世，至于其作品，自以为不谙书法，不便批评，不过亦可略说几句。无论何种艺术，不是尽从模仿得来。真有不朽之价值，全在个人自己发挥创造之天才。此种天才，不尽是属于艺术方面，乃个人人格所表现，有高尚优美的人格，斯有永久的价值。试看我国过去美术家，凡可以成为名家，传之永远，没有不是个人富于优美的感情，再以艺术发表其个性与感想。过去之人，且不论，如今有此种天才者，或者甚多，以所知者论，陈师曾在现代美术界，可称第一人。无论山水花草人物，皆能写出他的人格，以及诗词雕刻，种种方面，许多难以荟萃的美才，师曾一人皆能融会贯通之。而其作品之表现，都有他的精神，有真挚之情感，有强固之意志，有雄浑之魄力。而他的人生观，亦很看得通达。处于如今浑浊社会中，表面虽无反抗之表示，而不肯随波逐流，取悦于人，在其作品上，处处皆可观察得出。又非有矫然独异剑拔弩张之神气，此正是他的高尚优美人格可以为吾人的模范。所以极希望大家于极悲痛之中，将陈师曾此种精神，由其遗迹影响于将来社会，受很大之感化，不仅在艺术上加进，乃至使社会风气因其艺术影响而提高向上。大众如于此点注意努力，庶可慰陈师曾在天之灵，此是我之一点诚意供献于诸君。

（作于 1923 年 10 月 17 日。原刊《晨报》1923 年 10 月 18 日。）

精彩一句：

无论何种艺术，不是尽从模仿得来。真有不朽之价值，全在个人自己发挥创造之天才。此种天才，不只是属于艺术方面，乃个人人格所表现，有高尚优美的人格，斯有永久的价值。

金雅品鉴：

优秀的艺术，内蕴高尚优美的人格。这个观点，任公在很多文章中提及，是他一生极力倡扬的。

任公称赞陈师曾的人格乃真挚之感情、强固之意志、雄浑之魄力，与他的人生观之处浊世而不随波、非弩张而不取悦于人相和合，这就是高尚而优美的人格。

国学入门书要目及其读法（节选）

（戊）随意涉览书类

学问固贵专精，又须博涉以辅之。况学者读书尚少时，不甚自知其性所近者为何，随意涉猎，初时并无目的，不期而引起问题，发生趣味，从此向某方面深造研究，遂成绝业者，往往而有也。吾固杂举有用或有趣之各书，供学者自由翻阅之娱乐。

读此者不必顺页次，亦不必求终卷也。（各书亦随忆想所杂举，无复诠次。）

《四库全书总目提要》：

清乾隆间四库馆，董其事者皆一时大学者，故所作《提要》，最称精审，读之可略见各书内容。（中多偏至语自亦不能免。）宜先读各部类之叙录，其各书条下则随意抽阅。

有所谓《存目》者，其书被屏，不收入《四库》者也。内中颇有怪书，宜稍注意读之。

《世说新语》：

将晋人谈玄语分类纂录，语多隽妙，课余暑假之良伴侣。

《水经注》：郦道元撰，戴震校。

六朝人地理专书，但多描风景，记古迹，文辞华妙，学作小品文最适用。

《文心雕龙》：刘勰撰。

六朝人论文书，论多精到，文亦雅丽。

《大唐三藏慈恩法师传》：慧立撰。

此为玄奘法师详传。玄藏为第一位留学生，为大思想家，读之可以增长志气。

《徐霞客游记》：

霞客晚明人，实一大探险家。其书极有趣。

《梦溪笔谈》：沈括。

宋人笔记中含有科学思想者。

《困学纪闻》：王应麟撰，阎若璩注。

宋人始为考证学者，顾亭林《日知录》颇仿其体。

《通艺录》：程瑶田撰。

清代考证家之博物书。

《癸巳类稿》：俞正燮撰。

多为经学以外之考证，如考棉花来历，考妇人缠足历史，辑李易安事迹等。又多新颖之论，如论妒非妇人恶德等。

《东塾读书记》：陈沣撰。

此书仅五册，十余年乃成。盖合数十条笔记之长编，乃成一条笔记之定稿，用力最为精苦，读之可识搜集资料，及驾驭资料之方法。书中论郑学、论朱学、论诸子、论三国，诸卷最善。

《庸庵笔记》：薛福成。

多记清咸丰、同治间掌故。

《张太岳集》：张居正。

江陵为明名相，其信札益人神智，文章亦美。

《王心斋先生全书》：王艮。

吾常名心斋为平民的理学家，其人有生气。

《朱舜水遗集》：朱之瑜。

舜水为日本文化之开辟人，唯一之国学输出者，读之可见其人格。

《李恕谷文集》：李塨。

恕谷为习斋门下健将，其文劲达。

《鲒埼亭集》：全祖望。

集中记晚明掌故甚多。

《潜研堂集》：钱大昕。

竹汀在清儒中最博洽者，其对伦理问题，亦颇有新论。

《述学》：汪中。

容甫为治诸子学之先登者，其文格在汉晋间，极遒美。

《洪北江集》：洪亮吉。

北江之学长于地理，其小品骈体文，描写景物，美不可言。

《定庵文集》：龚自珍。

吾少时心醉此集，今颇厌之。

《曾文正公全集》：曾国藩。

《胡文忠公集》：胡林翼。

右（指上，编者注）二集信札最可读，读之见其治事条理及朋友风义。曾涤生文章尤美，桐城派之大成。

《苕溪渔隐丛话》：胡仔。

丛话中资料颇丰富者。

《词苑丛谈》：徐釚。

唯一之词话，颇有趣。

《语石》：叶昌炽。

以科学方法治金石学，极有价值。

《书林清话》：叶德辉。

论列书源流及藏书掌故，甚好。

《广艺舟双辑》：康有为。

论写字，极精博，文章极美。

《剧说》：焦循。

《宋元戏曲史》：王国维。

二书论戏剧，极好。

即谓之涉览，自然无书不可涉，无书不可览。本不能胪举书目，若举之非累数十纸不可。右所列不伦不类之寥寥十余种，随杂忆所及当坐谭耳。若绳以义例，则笑绝冠缨矣。

（作于 1923 年。收入《饮冰室合集》专集第十五册，

中华书局 1936 年版。）

精彩一句：

学问固贵专精，又须博涉以辅之。况学者读书尚少时，不甚自知其性所近者为何，随意涉猎，初时并无目的，不期而引起问题，发生趣味，从此向某方面深造研究，遂成绝业者，往往而有也。

鹏飞品鉴：

读书该精还是博，这是个老问题。但于初学者，是该先博而后精的，因为只有博览，你才容易发现哪个知识点最有趣。梁启超说，读书尚少时，博览可以让你对不期而遇的问题发生趣味，进而明确以后专攻的方向。这样讲是有道理的，不过原因我们还需深究。为什么初涉某个问题，"不期而遇"间就会发生趣味？因为世间万物，初见之时，多是美好的，涉猎不深，大多会让你觉得很有趣。比如你见别人弹钢琴行云流水，自己上阵学了半天，竟然也弹全了一首流行歌，于是发生趣味；你见别人画画，素描栩栩如生，跟着学了几个小时，竟然也描出了大略的人体，于是觉得有趣。但是，这只是初涉之时，深入下去，怕就没刚接触时那般有趣了。纳兰性德说："人生若只如初见，何事秋风悲画扇。"比之于人，初见时总是很友善的，初恋时总是很可爱的，但时间长了，你可能才发现朋友的有趣只是表面，而热恋的对象其实非常难相处。世间万事，难的不是初见时让你

觉得有趣，真正困难的，是如何持之以恒，并在坚持中发现更多的趣味。

　　做学问、读书也是这样。泛读时，发现某个知识点很有趣，这不难，凡知识，总有它可爱的地方，哪怕是冰冷的数学，有时也会有趣，比如你学会了某个好玩的数学游戏，就会迫不及待地想跟朋友、家人一起分享。但有趣归有趣，想要就此深入下去，象梁启超说的那样"遂成绝业"，恐怕就没那么容易，你还需要有足够的恒心，足够的耐力，甚至是足够的健康与其它投入，才能终成绝业。

《晚清两大家诗钞》题辞

一

晚清两大家诗是甚么？一部是元和金亚匏先生的《秋蟪吟馆诗》，一部是嘉应黄公度先生的《人境庐诗》。我认这两位先生是中国文学革命的先驱，我认这两部诗集是中国有诗以来一种大解放。这诗钞是我拿自己的眼光，将两部集里头最好的诗——最能代表两先生精神，而且可以为解放模范的，钞将下来。所钞约各占原书三分一的光景。

我为甚么忽然编起这部书来呢？我想，文学是人生最高尚的嗜好，无论何时，总要积极提倡的。即使没有人提倡他，他也不会灭绝。不惟如此，你就想禁遏他，也禁遏不来。因为稍有点子的文化的国民，就有这种嗜好。文化越高，这种嗜好便越重。但是若没有人往高尚的一路提倡，他却会委靡堕落，变成社会上一种毒害。比方男女情爱，禁是禁不来的，本质原来又是极好的，但若不向高尚处提，结果可以流于丑秽。还有一义，文学是要常常变化更新的，因为文学的本质和作用，最主要的就是"趣味"。趣味这件东西，是由内发的情感和外受的环境交媾发生出来。就社会全体论，各个各个时代趣味不同。就一个人而论，趣味亦刻刻变化。任凭怎么好的食品，若是顿顿照样吃，自然讨厌。若是将剩下来的嚼了又嚼，那更一毫滋味都没有了。我因为文学上高尚和更新两种目的，所以要编这部书。

我又想，文学是无国界的。研究文学，自然不当限于本国。何况近代以来，欧洲文化，好像万流齐奔，万花齐茁。我们侥幸生在今日，正应该多预备"敬领谢"的帖子，将世界各派的文学尽量输入。就这点看来，研究外国文学，实在是比研究本国的趣味更大益处更多。但却有一层要计算到，怎么叫做输入外国文学呢？第一件，将人家的好著作，用本国语言文字译写出来。第二件，采了他的精神，来自己著作，造出本国的新文学。要想完成这两种职务，必须在本国文学上有相当的素养。因为文学是一种"技术"，语言文字是一种"工具"。要善用这工具，才能有精良的技术；要有精良的技术，才能将高尚的情感和理想传达出来。所以讲别的学问，本国的旧根柢浅薄些，都还可以。讲到文学，却是一点儿偷懒不得。我因为在新旧文学过渡期内，想法教我们把向来公用的工具，操练纯熟，而且得有新式运用的方法，来改良我们的技术，所以要编这部书。

二

我要讲这两部诗的价值，请先将我向来对于诗学的意见，略略说明。

诗，不过文学之一种，然确占极重要之位置，在中国尤甚。欧洲的诗，往往有很长的。一位大诗家，一生只做得十首八首，一首动辄数万言。我们中国却没有。有人说是中国诗家才力薄的证据，其实不然。中国有广义的诗，有狭义的诗。狭义的诗，"三百篇"和后来所谓"古近体"的便是。广义的诗，则凡有韵的皆是，所以赋亦称"古诗之流"，词亦称"诗余"。讲到广义的诗，那么从前的"骚"咧，"七"咧，"赋"咧，"谣"咧，"乐府"咧，后来的"词"咧，

"曲本"咧，"山歌"咧，"弹词"咧，都应该纳入诗的范围。据此说来，我们古今所有的诗，短的短到十几个字，长的长到十几万字，也和欧人的诗没甚么差别。只因分科发达的结果，"诗"字成了个专名，和别的有韵之文相对待，把诗的范围弄窄了。后来做诗的人在这个专名底下，摹仿前人，造出一种自己束缚自己的东西，叫做什么"格律"，诗却成了苦人之具了。如今我们提倡诗学，第一件是要把"诗"字广义的观念恢复转来，那么自然不受格律的束缚。为甚么呢？凡讲格律的，诗有诗的格律，赋有赋的格律，词有词的格律。专就诗论，古体有古体的格律，近体有近体的格律。这都是从后起的专名产生出来。我们既知道赋呀词呀……呀都是诗，要作好诗，须把这些的精神都容纳在里头，这还有什么格律好讲呢！只是独往独来，将自己的性情，和所感触的对象，用极淋漓极微妙的笔力写将出来，这才算是真诗。这是我对于诗的头一种见解。

格律是可以不讲的，修辞和音节却要十分注意。因为诗是一种技术，而且是一种美的技术。若不从这两点着眼，便是把技术的作用，全然抹杀，虽有好意境，也不能发挥出价值来。所谓修辞者，并非堆砌古典僻字，或卖弄浮词艳藻，这等不过不会作诗的人，借来文饰他的浅薄处。试看古人名作，何一不是文从字顺，谢去雕凿？何尝有许多深文谜语来？虽然，选字运句，一巧一拙，而文章价值，相去天渊。白香山诗，不是说"老妪能解"吗？天下古今的老妪，个个能解。天下古今的诗人，却没有几个能做。说是他的理想有特别高超处吗？其实并不见得。只是字句之间，说不出来的精严调协，令人读起来，自然得一种愉快的感受。古来大家名作，无不如是，这就是修辞的作用。所谓音节者，亦并非讲究"声病"。这种浮响，实在无足重轻。但"诗"之为物，本来是与"乐"相为体用。所以《尚书》说："诗言志，歌永言，声依永，律和声。"古代的好诗，没有一首不能唱的。那"不歌而诵"之赋，所以势力不能和诗争衡，就争这一点。后来乐有乐的发达，诗有诗的发达，诗乐不能合一。所以乐府咧，词咧，曲咧，层层继起，无非顺应人类好乐的天性。今日我们做诗，虽不必说一定要能够入乐，但最少也要抑扬抗坠，上口琅然。近来欧人，倡一种"无韵诗"，中国人也有学他的。旧诗里头，我只在刘继庄的《广阳杂记》，见过一首，系一位和尚做的，很长，半有韵，半无韵。继庄说他是天地间奇文，我笨得很，却始终不能领会出他的好处。但我总以为音节是诗的第一要素，诗之所以能增人美感，全赖乎此。修辞和音节，就是技术方面两根大柱。想作名诗，是要实质方面和技术方面都下工夫。实质方面是什么？自然是意境和资料。若没有好意境好资料，算是实质亏空，任凭怎样好的技术，也是白用。若仅有好意境好资料，而词句冗拙，音节饾饤，自己意思，达得不如法，别人读了，不能感动，岂不是因为技术不够，连实质也遭蹋了吗？这是我对于诗的第二种见解。

因这种见解，我要顺带着评一评白话诗问题。我并不反对白话诗，我当十七年前，在《新民丛报》上做的《诗话》，因为批评招子庸粤讴，也曾很说白话诗应该提倡。其实白话诗在中国并不算什么稀奇，自寒山拾得以后，邵尧夫《击壤集》全部皆是，《王荆公集》中也不少，这还是狭意的诗。若连广义的诗算起来，那么周清真柳屯田的词，十有九是全首白话。元明人曲本，虽然文白参半，还是白多。最有名的《琵琶记》，佳处都是白话。在我们文学史上，白话诗的成绩，不是已经粲然可观吗？那些老先生忽然把他当洪水猛兽看待起来，只好算少见多怪。至于有一派新进青年，主张白话为唯一的新文学，极端排斥文言，这种偏激之论，也和那些老先生不相上下。就实质方面论，若真有好意境好资料，用白话也做得出好诗，用文言也做得出好诗。如其不然，文言诚属可厌，白话还加倍可厌。这是大众承认，不必申说了。就技术方面论，却很要费一番比较研究。我不敢说白话诗永远不能应用最精良的技术，但恐怕要等到国语经几番改良蜕变以后。若专从现行通俗语底下讨生活，其实有点不够。第一，凡文以词约义丰为美妙，总算得一个原则。拿白话和文言比较，无论在文在诗，白话总比文言冗长三分之一。因为名词动词，文言只用一个字的，白话非用两个字不能成话。其他转词助词等，白话也格外用得多。试举一个例：杜工部《石壕吏》的"存者且偷生，死者长已矣"，译出白话来是："活着的捱一天是一天，死过的算永远完了。"我这两句还算译得对吗，不过原文十字变成十七字了。所以讲到修洁两个字，白话实在比文言加倍困难。第二，美文贵含蓄，这原则也该大家公认。所谓含蓄者，自然非廋词谜语之谓，乃是言中有意，一种匣剑帷灯之妙，耐人寻味。这种技术，精于白话的人，固然也会用，但比文言总较困难。试拿宋代几位大家的词一看，同是一人，同写一样情节，白话的总比文言的浅露寡味。可见白话本身，实容易陷入一览无余的毛病。（容易二字注意，并不是说一定。）更举一个切例：本书中黄公度的《今别离》四首，大众都认他是很有价值的创作。试把他翻成白话，或取他的意境自做四首白话，不惟冗长了许多，而且一定索然无味。白话诗含蓄之难，可以类推。第三，字不够用，这是作"纯白话体"的人最感苦痛的一桩事。因为我们向来语文分离，士大夫不注意到说话的进化。"话"的方面，却是绝无学问的多数人，占了势力。凡传达稍高深思想的字，多半用不着。所以有许多字，文言里虽甚通行，白话里却成僵弃。我们若用纯白话体做说理之文，最苦的是名词不够。若一一求其通俗，一定弄得意义浅薄，而且不正确。若作英文，更添上形容词动词不够的苦痛。陶渊明的"暧暧远人村，依依墟里烟"，李太白的"黄河从西来，窈窕入远山"，这种绝妙的形容词，我们话里头就没有方法找得出来。杜工部的"欲觉闻晨钟，令人发深省"。"深省"两个字，白话要用几个字呢？字多也罢了，意味却还是不对。这不过随手举一两个例，若细按下去，其实触目皆是。所以我觉得极端的"纯白话诗"，事实上算是不可能。若必勉强提倡，恐怕把将来的文学，反趋到笼统浅薄的方向，殊非佳兆。以上三段，都是从修辞的技术上比较研究。第四，还有音节上的技术。我不敢说白话诗不能有好音节，因为音乐节奏，本发于人性之自然，所以山歌童谣，亦往往琅琅可听，何况文学家刻意去做，哪里有做不到的事！现在要研究的，还是难易问题。我也曾读过胡适之的《尝试集》，大端很是不错，但我觉得他依着词家旧调谱下来的小令，格外好些。为什么呢？因为五代两宋的大词家，大半都懂音乐，他们所创的调，都是拿乐器按拍出来。我们依着他填，只要意境字句都新，自然韵味双美。我们自创新音，何尝不能？可惜我们不懂音乐，只成个"有志未逮"。而纯白话体有最容易犯的一件毛病，就是枝词太多，动辄伤气。试看文言的诗词，"之乎者也"，几乎绝对的不用。为什么呢？就因为他伤气，有妨音节。如今做白话诗的人，满纸"的么了哩"，试问从哪里得好音节来？我常说"做白话文有个秘诀"，是"的么了哩"越少用越好，就和文言的"之乎者也"，可省则省，同一个原理。现在报章上一般的白话文，若叫我点窜，最少也把他的"的么了哩"删去一半。我们看《镜花缘》上君子国的人掉书包，满嘴"之乎者也"，谁不觉得头巾俗气，可厌可笑。如今做白话文的人，却是"新之乎者也"不离口，还不是一种变相的头巾气。做文尚且不可，何况拿来入诗！字句既不修饰，加上许多滥调的语助辞，真成了诗的"新八股腔"了。

　　以上所说，是专就技术上研究白话诗难工易工的问题，并不是说白话诗没有价值。我想白话诗将来总有大成功的希望，但须有两个条件：第一，要等到国语进化之后，许多文言，都成了"白话化"。第二，要等到音乐大发达之后，做诗的人，都有相当音乐智识和趣味。这却是非需以时日不能。现在有人努力去探辟这殖民地，自然是极好的事。但绝对的排斥文言，结果变成奖励俗调，相习于粗糙浅薄，把文学的品格低下了，不可不虑及。其实文言白话，本来就没有一定的界限。"暮投石壕村，有吏夜捉人。老翁逾墙走，老妇出门看"，算文言呀，还是算白话？"浔阳江头夜送客，枫叶荻花秋瑟瑟。主人下马客在船，举酒欲饮无管弦"，算文言呀，还是算白话？再高尚的，"行行重行行，与君生别离"，"采菊东篱下，悠然见南山"，算文言呀，还是算白话？就是在律诗里头，"尚想旧情怜婢仆，也曾因梦送钱财。情知此恨人人有，贫贱夫妻百事哀"，算文言呀，还是算白话？那最高超雄浑的，"吴楚东南坼，乾坤日夜浮。亲朋无一字，老病有孤舟"，算文言呀，还是算白话？若说是定要满纸"的么了咧"……定要将《石壕吏》三、四两句改作"有一位老头子爬墙头跑了，一位老婆子出门口张望张望"才算白话，老实说，我就不敢承教。若说我刚才所举出的那几联都算得白话，那么白话文言，毕竟还有什么根本差别呢？老实讲一句，我们的白话文言，本来就没有根本差别。最要紧的，不过语助词有些变迁或是单字不便上口，改为复字。例如文言的"之""者"，白话变为"的"；文言的"矣"，白话变为"了"；文言的"乎""哉"，白话变为"么""吗"；文言单用"因"字"为"字，白话总要"因为"两字连用；文言"故"字"所以"字随便用，白话专用"所以"。"的""了""么""吗"，固然是人人共晓；"之""者""矣""乎""哉"，何尝不也是人人共晓？《论语》只用"斯"字，不用"此"字。后人作文，若说定要把"此"改作"斯"才算古雅，固然可笑。若说"斯"字必不许用，又安有此理？"能饮一杯无"，古文应作"能饮一杯乎"？白话应作"能饮一杯么"？其实"乎""无""么"三字原只是一字，不过口音微变，演成三体。用"乎"用"无"用"么"，尽听人绝对的自由选择，读者一样尽人能解。近来有人将文言比欧洲的希腊文拉丁文，将改用白话体比欧洲近世各国之创造国语文学，这话实在是夸张太甚，违反真相。希腊拉丁语和现在的英法德语，语法截然不同，字体亦异，安能不重新改造？譬如我中国人治佛学的，若使必要诵习梵文，且著作都用梵文写出，思想如何能普及？自然非用本国通行文字写他不可。中国文言、白话的差别，只能拿现在英国通俗文和索士比亚时代英国古文的差别做个比方，绝不能拿现在英法德文和古代希腊拉丁文的差别做个比方。现代英国人，排斥希腊拉丁，是应该的，是可能的；排斥《索士比亚集》，不惟不应该，而且不可能。因为现代英文和《索士比亚集》并没有根本不同，绝不能完全脱离了他，创成独立的一文体。我中国白话之与文言，正是此类。何况文字不过一种工具，他最要紧的作用：第一，是要把自己的思想和感情完全传达出来；第二，是要令对面的人读下去能确实了解。就第二点论，读"活着的捱一天是一天，死过的算永远完了"这两句话能够了解的人，读"存者且偷生，死者长已矣"这两句话，亦自会了解。质言之，读《水浒传》《红楼梦》能完全了解字句的人，读《论语》、《孟子》也差不多都了解；《论语》《孟子》一字不解的，便《水浒》《红楼》亦哪里读得下去！——这专就普通字句论。若书中的深意，自然是四种书各各都有难解处；又字句中仍有须特别注释的，四种书都有。——就第一点论，却是文言白话，各有各的特长。例如描写社会实状委曲详尽，以及情感上曲折微妙传神之笔，白话最擅长；条约法律等条文，非文言不能简明正确；普通说理叙事之文，两者皆可。全视作者运用娴熟与否为工拙。我这段话自问总算极为持平，所以我觉得文言白话之争，实在不成问题。一两年来，大家提倡白话，我是极高兴。高兴甚么？因为文学界得一种解放。若翻过来极端的排斥文言，那不是解放，却是别造出一种束缚了。标榜白话文的格律义法，还不是"桐城派第二"？这总由脱不了二千年来所谓"表章甚么罢黜甚么"的劣根性，我们今日最宜切戒。依我的主张，是应采绝对自由主义。除了用艰僻古字，填砌陈腐典故，以及古文家缛笔肤语，应该排斥外，只要是朴实说理，恳切写情，无论白话文言，都可尊尚，任凭作者平日所练习以及一时兴会所到，无所不可。甚至一篇里头，白话文言，错杂并用，只要调和得好，也不失为名文。这是我对于文学上一般的意见。

专就讨论：第一，押险韵，用僻字，是要绝对排斥的。第二，用古典作替代语，变成"点鬼簿"，是要绝对排斥的。第三，美人芳草，托兴深微，原是一种象征的作用，做得好的自应推尚，但是一般诗家陈陈相袭，变成极无聊的谜语，也是要相对排斥的。第四，律诗有篇幅的限制，有声病的限制，束缚太严，不便于自由发擿性灵，也是该相对的排斥。然则将来新诗的体裁该怎么样呢？第一，四言，五言，七言，长短句，随意选择。第二，骚体，赋体，词体，曲体，都拿来入诗，在长篇里头，只要调和得好，各体并用也不妨。第三，选词以最通行的为主，俚语俚句，不妨杂用，只要能调和。第四，纯文言体或纯白话体，只要词句显豁简炼，音节谐适，都是好的。第五，用韵不必拘拘于《佩文诗韵》，且至唐韵古音，都不必多管，惟以现在口音谐协为主，但韵却不能没有，没有只好不算诗。白话体自然可用，但有两个条件，应该注意：第一，凡字而及句法有用普通文言可以达意者，不必定换俚字俗语，若有意如此，便与旧派之好换僻字自命典雅者，同属一种习气，徒令文字冗长惹厌。第二，语助辞愈少用愈好，多用必致伤气，便像文言诗满纸"之乎者也"，还成个甚么诗呢？若承认这两个条件，那么白话诗和普通文言诗，竟没有很显明的界线。寒山、拾得、白香山，就是最中庸的诗派。我对于白话诗的意见大略如此。

因为研究诗的技术方面，涉及目前一个切要问题，话未免太多了，如今要转向实质方面。我们中国诗家有一个根本的缺点，就是厌世气味太重。我的朋友蒋百里曾有一段话，说道："中国的哲学，北派占优势；可是文学的势力，实在是南派较强。南派的祖宗，就是那怀石沉江的屈子。他的一个厌世观，打动了多少人心。所以贾长沙的哭，李太白的醉，做了文人一种模范。到后来末流，文人自命清高，对于人生实在生活，成一种悲观的态度，好像'世俗'二字，和'文学'是死对头一般。"（《改造》第一号《谈外国文学之先决条件》）这段话真是透辟。我少年时亦曾有两句诗，说道："平生最恶牢骚语，作态呻吟苦恨谁。"（《饮冰室诗稿》）我想，我们若不是将这种观念根本打破，在文学界断不能开拓新国土。第二件，前人都说，诗到唐朝极盛。我说，诗到唐朝始衰。为甚么呢？因为唐以诗取士，风气所趋，不管什么人都学诌几句，把诗的品格弄低了。原来文学是一种专门之业，应该是少数天才俊拔而且性情和文学相近的人，摒弃百事，专去研究它，做成些优美创新的作品，供多数人赏玩。那多数人只要去赏玩它，涵养自己的高尚性灵便够了，不必人人都作，这才是社会上人才经济主义。如今却好了，科举既废，社会对于旧派的词章家，带一种轻薄态度，做诗不能换饭吃。从今以后，若有喜欢做诗的人，一定是为文学而研究文学，根柢已经是纯洁高尚了。加以现代种种新思潮输入，人生观生大变化，往后做文学的人，一定不是从前那种消极理想。所以我觉得，中国诗界大革命，时候是快到了。其实就以中国旧诗而论，那几位大名家所走的路，并没有错。其一，是专玩味天然之美，如陶渊明、王摩诘、李太白、孟襄阳一派。其二，是专描写社会实状，如杜工部、白香山一派。中国最好的诗，大都不出这两途，还要把自己真性情表现在里头，就算不朽之作。往后的新诗家，只要把个人叹老嗟卑，和无聊的应酬交际之作一概删汰，专从天然之美和社会实相两方面着力，而以新理想为之主干，自然会有一种新境界出现。至于社会一般人，虽不必个个都做诗，但诗的趣味，最要涵养，如此然后在这实社会上生活，不至干燥无味，也不至专为下等娱乐所夺，致品格流于卑下。这是我对于诗的第三种见解。

金、黄两先生的诗，能够完全和我理想上的诗相合吗？还不能，但总算有几分近似了。我如今要把两先生所遭值的环境和他个人历史，简单叙述，再对于他的诗略下批评。（未完）

（作于 1920 年。收入《饮冰室合集》第 5 册，中华书局 1936 年版。）

精彩一句：

文学的本质和作用，最主要的就是"趣味"。趣味这件东西，是由内发的情感和外受的环境交媾发生出来。

金雅品鉴：

这篇短文不是严格意义上的文学研究论文，但任公对文学问题的主要见解，体现得比较集中，值得我们关注。

文章开篇即提出，文学是人生最高尚的嗜好，总要积极往高尚提倡，不致其委靡堕落。类似意思，任公在稍后两年讲演的《美术与生活》中也说过，中国多数人把美术看作奢侈品，不以为是生活之必需，这是国人生活不能向上的重要原因。即文学艺术的情趣格调与人生生活的趣味品格息息相关。

如何将高尚的情感理想和精良的文字技术相结合？这是文章主要讨论的具体问题。任公主张诗可解放格律，但须注意修辞和音节；以修洁含蓄之文字，传达真性情，塑造新境界。

文章强调：趣味的发生，是主客双方的交互作用。社会一般人，虽不必个个都作诗，但诗的趣味，最要涵养。

《秋蟪吟馆诗钞》序

　　昔元遗山有"诗到苏黄尽"之叹，诗果无尽乎？自《三百篇》而汉魏而唐而宋，途径则既尽开，国土则既尽辟，生千岁后而欲自树壁垒于古人范围以外，譬犹居今世而思求荒原于五大部洲中，以别建国族，夫安可得？诗果有尽乎？人类之识想若有限域，则其所发宜有限域。世法之对境若一成不变，则其所受宜一成不变。而不然者，则文章千古其运无涯，谓一切悉已函孕于古人。譬言今之新艺术新器可以无作，宁有是处？大抵文学之事，必经国家百数十年之平和发育，然后所积受者厚，而大家乃能出乎其间。而所谓大家者，必其天才之绝特，其性情之笃挚，其学力之深博，斯无论已。又必其身世所遭值有以异于群众，甚且为人生所莫能堪之境。其振奇磊落之气，百无所寄泄，而壹以迸集于此一途，其身所经历，心所接构，复有无量之异象以为之资。以此为诗，而诗乃千古矣。唐之李杜，宋之苏黄，欧西之莎士比亚、戛狄尔（今通译歌德，编者注），皆其人也。余尝怪前清一代，历康雍乾嘉百余岁之承平，蕴蓄深厚，中更滔天大难，波诡云谲，一治一乱，皆极有史之大观。宜于其间有文学界之健者，异军特起，以与一时之事功相辉映。然求诸当时之作者，未敢或许也。

及读金亚匏先生集，而所以移我情者，乃无涯畔。吾于诗所学至浅，岂敢妄有所论列？吾惟觉其格律无一不轨于古，而意境气象魄力，求诸有清一代未睹其偶，比诸远古，不名一家，而亦非一家之境界所能域也。呜呼！得此而清之诗史为不寥寂也已。集初为排印本，余校读既竟，辄以意有所删选，既复从令子仍珠假得先生手写稿帙，增若干首为今本，仍珠乃付精椠，以永其传。先生自序述其友束季荀之言，谓其诗他日必有知者。夫启超则何足以知先生，然以李杜万丈光焰，韩公犹有群儿多毁之叹，岂文章真价必易世而始章也。噫嘻！乙卯十月新会梁启超。

（作于 1915 年。收入《饮冰室合集》第 4 册，中华书局 1936 年版。）

精彩一句：

文章千古其运无涯，谓一切悉已函孕于古人。

金雅品鉴：

任公一生所作序跋以百计。本文所序之金亚匏诗，深为任公所赞。前文所论晚清两大家，其一就是金亚匏。

本文主要讨论文学之大家何以成就？任公强调了继承与创新的关系。所谓大家，须有性情学力之绝特深厚处，有身世国运之异象积厚处，还要情通古今，思接中西，如此才可成就于今于古未睹其偶亦非一家之境所能域之大家。

《曾刚父诗集》序

　　刚父之诗凡三变。早年近体宗玉溪，古体宗大谢，峻洁遒丽，芳馨悱恻，时作幽咽凄断之声，使读者醺醺如醉。中年以降，取径宛陵，摩垒后山斫雕为朴，能皲能折能瘦能涩，然而腴思中含，劲气潜注，异乎貌袭江西，以狞态向人者矣。及其晚岁，直凑渊微，妙契自然，神与境会，所得往往入陶柳圣处。生平于诗不苟作，作必备极锤炼。炼辞之功十二三，炼意之功十八九。洗伐糟魄，至于无复可洗伐，而犹若未餍。所存者则光晶炯炯，惊心动魄，一字而千金也。故为诗数十年，而手自写定者仅此。孟子曰："诵其诗不知其人可乎？"善读刚父诗者，盖可以想其为人，抑得其为人，然后其所以为诗者乃益可见也。刚父与物无竞，而律己最严。自出处大节，乃至一话一言之细，靡不以先民为之法程，从不肯藉口于俗人所即安者，降格焉以自恕。其于事有所不为也，于其所当为者，及所可为者，则为之不厌，且常精力弥满以赴之，以求其事之止于至善。不屑不洁，其天性也，顾未尝立崖岸焉以翘异于众，而世俗之秽累，自不足以入之。其择友至严峻，非心所期许者弗与亲也。其所亲者，则挚爱久敬，如其处父母昆弟之间者然，壹以真性情相见。当其盛年，鞅掌度支，起曹郎迄卿贰，历二纪余，综理密微，一部之事皆取办，盖在清之季，谙悉食货掌故，能究极其利病症结也，舍刚父无第二人。及清鼎潜移，则于逊位诏书未下之前一日，毅然致其仕而去，盖稍一濡滞忽已处于致无可致之地，烛先机以自洁，如彼其明决也。鼎革之际，神奸张毅以弄一世才智之士，彼固夙知刚父，则百计思所以縻之。刚父不恶而严，异词自免，而凛然示之以不可辱。自刚父之在官也，俸入外既一介不取，且常以所俭蓄者周恤姻族，急朋友之难，故去官则无复余财以自活，刚父泊然安之，斥卖其所藏图籍画书陶瓦之属以易米，往往不得宿饱，而斗室高歌，不怨不尤不歆不畔者十五年。呜呼！刚父之所蕴蓄以发而为诗者，其本原略如此。昔太史公之序屈子也，曰其志洁，故其称物芳，蝉蜕于浊秽，以浮游尘埃之外，喻此志也，可以读刚父之诗矣。刚父长余六岁，其举乡试，于余为同年。余计偕京师，日与刚父游，时或就其所居之潮州馆共住。每瀹茗谈艺，达夜分为常。春秋佳日，辄策蹇并辔出郊外，揽翠微潭柘之胜，谓此乐非褦襶子所能晓也。甲午丧师后，各忧伤憔悴，一夕对月坐碧云寺门之石桥，语国事相抱恸哭。既而余南归，刚父送以诗，曰："前路残春亦可惜，柳条藤蔓有啼莺"，又曰："他年独自亲调马，愁见山花故故红。"念乱伤离，恻然若不能为怀也。余亡命十余年而归，归后屡值世难，不数数相见。刚父虽谢客，顾以余为未汩于世俗也，视之日益亲。去岁六月刚父六十生日，余造焉。甫就坐，则出一卷相属，曰："手所写诗，子为我定之"。余新病初起，疗于海滨，将以归后卒读而有所论列。归则刚父病已深，不复能相谈笑矣。刚父既没，余与叶玉虎暨二三故旧襄治其丧。玉虎曰："此一卷者，刚父精神寓焉，且手泽也，宜景印以传后，子宜为序。"乃序如右。刚父讳习经，亦号蛰庵居士，潮之揭阳人，光绪己丑举人，庚寅进士，起家户部主事，历官至度支部左丞，卒时年六十。其卒后一年，岁在丁卯三月之望。新会梁启超序。

（作于 1927 年。收入《饮冰室合集》第 5 册，中华书局 1936 年版。）

精彩一句：

善读刚父诗者，盖可以想其为人，抑得其为人，然后其所以为诗者乃益可见也。

金雅品鉴：

诗与人互见，是本文的核心观点。曾刚父为任公至交。此序简述了两人的交谊，刚父的性情经历，其诗的风格变化，简洁明晰。刚父形象，跃然纸上。

《郑襃裳画》引

　　论画于今，盖极风会之变矣。魏晋云邈，靡得而窥。六朝暨唐，传播盖寡。逮宣和院画导源谢赫，区佛道人物山川鸟兽竹花屋木凡六科，其布局取势，运笔赋色，规矩峻整，而神理内完，专门之艺，此惟精能。尔时王延嗣揣情于鬼神，僧修范擅名于湖石，道士刘贞白审美于梅雀，童祥、许中正穷态于人物，并有流传，允称名笔。南渡而后，四家继轨，而世谓工巧过甚，梁楷倡为减笔，偏趁气韵，学者乐其夷易，流播同风，正法衰微，兹其始也。元人意匠，始肇西来，但有主宾，无关坛坫。盖松雪、大痴、叔明、圣予诸人，去宋匪远，当时院体，有足称者。沿明迄清，六法浸缺，朝无供奉之司，野鲜专家之业。士夫偶托遁逃，贤于博弈，始事临摹，渐多蜕变。然灵迹罕觏，买王倘其得羊，偏师出奇，拔赵讵云易汉。又自短幅盛行，画壁之工绝，水墨夺研，炼色之秘失，故其山水小景，足当附庸。至圣贤仙佛鬼神士女之图，蔬果鱼鸟屋木舟车之作，渐失传头，辄讥匠手，是以画家上品，道释山川，诸科咸备。今学所羡，山水方滋，盖象物每穷于写生，而即景可传于远致，贵耳贱目，有同然矣。其间名迹斑斑，或以人传，或缘物罕，语夫丹青之生面，艺能之极则，百家腾跃，颡首宋元。洎乎晚近，外学乘之，运缀致其密，皴染研其精，小道可观，殆将夺席，斯亦运之极乎？美利坚人有夏德者，游艺东方，穷极理法，尝语余曰：中土绘事，自然秀深挹诸胸次，其或笔余墨外，不称壮阔之观，墨聚笔端，未穷生动之致，过求脱悟，故形神不全。西洋别体细微，由乎科学。若其量价申纸，计值添毫，意在利市，则气韵不举。去市与脱，假汝高衢，此可谓知趣者也。郑生聚裳负笈扶桑，秉秀腾实，彼邦绘画，受法于中夏，竞采于欧洲，传习之初，由博而一，先以几何物质解剖动植通其方，继以美术文史金石教育风俗昭其趣，渐成非顿，资深逢源，盖若是其难也。子云千赋之言，小山四知之论，昔贤已发，宁谓迁谈。然则上下数百年间，就画学画，以涂附涂，谓得圜中，讵知濠上，其于灵襟独逞，矩蠖弗由，轮扁莫能运斤，伊挚不求负鼎，厥蔽均也。生冥心妙造，历逾岁纪，沿流沂源，众长奄备。莫不细入毫发，而意惬飞动，务极规矩，归于自然。宋元家法，往往而合，其诸擅高往策，独秀当时者欤！东京市新古博览会，大正博览会，美国巴拿马博览会，竞致褒题，翕然精诣，东方学者，未能或之先也。自顷应聘归国，将之京师，维舟天津，丐辞于余。燕京帝王旧宅，首善奥区，名利崇朝，伎巧鳞萃，内府之所供，方家之所庋。词人佚老，豪贵巨猾，并富收藏。各矜元赏，于生之至，有不厚礼倒屣，以相友教者乎？竺于旧则得所折衷，劚于新则资以濡染。嘉哉此行，可以游处矣！乙卯九月梁启超。

（作于 1915 年。收入《饮冰室合集》第 4 册，中华书局 1936 年版。）

精彩一句：

务极规矩，归于自然。

金雅品鉴：

本文为推介郑聚裳的画作，行文恣肆自如。文章对国画自魏至清及晚近的流变，作了精要梳理。并对中西画之特质予以比较，指出中画之弊在笔余墨外过求脱悟，西画之弊在别体细微气韵不举。赞郑生之画，受法日本，沿流沂源，中西奄备。贵在细入毫发而意惬飞动，达到了务极规矩而归于自然之美。

务极规矩，归于自然，即戴着镣铐跳舞，是艺术不可或缺的辩证法。

《金石跋》遴录

梁《始兴忠武王碑》

　　魏、晋禁立碑，南朝沿之，故石墨少传世。至梁始兴忠武王萧憺，以帝室懿亲，盖在禁外。碑之庞大，吾见其罕。隋以前碑版有书人名氏者，北朝以郑道昭为称首，南朝则此碑之贝义渊也。乾道以前，论书者宗贴贱碑，动以山阴法乳，皋劳一切，诚为目论。及碑学渐昌，竞尊魏、齐。南碑本自希见，有齿及者，则亦附庸视之。诸家论此碑，多以其波磔森悐，谓与北碑同体。其实不然。北碑派别虽多，皆归于凝重道健；南碑廑存数四，莫不流美风华。以此碑与北碑之《晖福寺》、《马鸣寺》、《张猛龙》等细校，可见也。此碑与《马鸣寺》面目相似处甚多，互勘最易见南北书风差别。故吾以为阮文达南北书派之论，最不可易。而南派代表，端推此碑。入唐以后，则《等慈寺》一派，其法嗣也。此拓为牛金波旧藏，毡腊尚精，不易多得。乙丑正月十九跋藏。

魏《元倪墓志》

风华旖旎，近开《等慈》，远启《赵董》。正光间书派，真如万壑争流，使人目眩。乙丑正月。

东魏《东安王陆太妃墓志》

别体字几居半，书势亦有意作诡异，衰世艺术之表征也。乙丑正月。

魏《皇甫驎志》

此刻在前期魏志中为别调，拟诸盛唐诗，《张猛龙》《高贞》等为李、杜，此则王、孟耶。用笔细处如游丝，欲断不断，而握透纸背，有力如虎，可谓以俊得逸。乙丑正月。

魏《耿贵嫔墓志》

与《司马景和妻志》同年立，书风亦略相近。彼较逸，此较道，可并美也。乙丑正月。

魏《马鸣寺碑》

极峭紧而极排奡，两者相反而能兼之，得未曾有也。小欧学之，有其峭紧而无其排奡。癸亥小除夕。

支道林爱蓄马，或问之，曰，吾赏其神俊。吾生平酷嗜根法师碑，亦以此。乙丑元宵再题。

魏《元演墓志》

结体极崝紧，而用笔拙处，反似有斧凿痕。乙丑正月。

魏《元苌振兴温泉颂》

此刻无年月，陆氏《金石补正》附入延昌末，虽不中不远也。此与《张猛龙》皆足代表北魏盛时书风，已脱孝文以前之朴塞，而无东西分立以后之奇袤。堂哉皇哉，一代轨范已。《猛龙》龙跳虎卧，固非此刻所及。此刻结体极平，顿笔极重，学书者若从此入，永不堕剽薄倾侧一路。其北碑中子鲁男子也与？乙丑正月二十一日。

碑额字数之多，罕见其比。用棋子格亦增姿态。结体间螯于六书，则北朝通蔽，不足苛责也。同日又跋。

北齐《刘忻墓志》

志不标姓，观文中"八采龙颜，则天斩蛇"诸语，必刘氏也。字谨严，少别体，结体平直，用笔含蓄。与《朱岱林志》，可称齐碑二杰。

石曾藏端午桥家，《匋斋藏石记》所谓《中坚将军张忻志》者是也。但细译志辞，无张氏故实，想匋斋粗心误题耳。乙丑正月。

北齐《朱君山墓志》

北碑易伤钝滞，此独雄秀飞动，如饥鹰将击，侧翅作势。无怪包安吴激赏也。此拓为王廉生旧藏，移赠王孝禹，且有刘燕廷藏印，其与通人作缘也久矣。乙丑正月。

梁《陶迁造象》

南朝造象极希，此刻若非赝，则殊可宝矣。字体不朴茂，颇可疑。然造象书，固非多共也。戊戌四月晦。

（收入《饮冰室文集点校》第六集，云南教育出版社 2001 年版。）

精彩一句：

用笔细处如游丝，欲断不断，而握透纸背，有力如虎，可谓以俊得逸。

金雅品鉴：

任公金石跋共 150 多则。此遴录 11 则。任公艺术感觉锐敏精湛，文字练达跳脱。以"凝重道健"、"流美风华"、"雄秀飞动"、"以俊得逸"、"剽薄倾侧"等评点概括，精要生动。读之，似珠玉琳琅。

《家书》选录

1926 年 10 月 4 日给孩子们书

我昨天做了一件极不愿意做之事，去替徐志摩证婚。他的新妇是王受庆夫人，与志摩恋爱上，才和受庆离婚，实在是不道德之极。我屡次告诫志摩而无效。胡适之、张彭春苦苦为他说情，到底以姑息志摩之故，卒徇其请。我在礼堂演说一篇训词，大大教训一番，新人及满堂宾客无一不失色，此恐是中外古今所未闻之婚礼矣。今把训词稿子寄给你们一看。青年为感情冲动，不能节制，任意决破礼防的罗网，其实乃是自投苦恼的罗网，真是可痛，真是可怜！徐志摩这个人其实聪明，我爱他不过，此次看着他陷于灭顶，还想救他出来，我也有一番苦心。老朋友们对于他这番举动无不深恶痛绝，我想他若从此见摈于社会，固然自作自受，无可怨恨，但觉得这个人太可惜了，或者竟弄到自杀。我又看着他找得这样一个人做伴侣，怕他将来苦痛更无限，所以想对于那个人当头一棒，盼望他能有觉悟（但恐甚难），免得将来把志摩累死，但恐不过是我极痴的婆心便了。闻张歆海近来也很堕落，日日只想做官，志摩却是很高洁，只是发了恋爱狂——变态心理——变态心理的犯罪。此外还有许多招物议之处，我也不愿多讲了。品性上不曾经过严格的训练，真是可怕。我因昨日的感触，专写这一封信给思成、徽音、思忠们看看。

民国十五年十月四日

精彩一句：

青年为感情冲动，不能节制，任意决破礼防的罗网，其实乃是自投苦恼的罗网，真是可痛，真是可怜！……品性上不曾经过严格的训练，真是可怕。

鹏飞品鉴：

梁启超向来"兴味"与"责任"并重，在他眼里，个人趣味也好，自我追求也罢，都不能逾越社会责任的底线。在对待徐志摩再婚这件事上，梁启超就表现出了鲜明的爱憎。徐志摩与陆小曼相爱，两人都是离婚再婚。徐志摩再婚时邀请梁启超前去证婚，梁启超再三推脱，无奈胡适等人一致为徐志摩求情，梁难薄情面。但他的结婚证词是这样的："徐志摩，你这个人性情浮躁，所以学问方面没有成就。你这个人用情不专，以致离婚再娶……以后务必痛改前非，重新做人！你们都是离过婚重又结婚的，都是用情不专，今后要痛自悔悟。祝你们这一次是最后一次结婚！"（刘海粟《忆梁启超先生》）证婚词严肃严厉到这个程度，也算是冠绝古今了。在梁启超眼里，大丈夫生于天地间，当时刻牢记自己对他人、对社会应尽的责任。他常说，有多大能力，你就该办多大的事，这是我们不可推卸的责任。如果一个人只顾自己的个人爱好，个人追求，以情感冲动的方式去追逐"兴味"，而忘记个人爱好须与社会责任相契合，那终究会在品性上流于低俗。

1927 年 2 月 16 日给孩子们书

（这几张可由思成保存，但仍须各人传观，因为教训的话于你们都有益的。）

思成和思永同走一条路，将来互得联络观摩之益，真是最好没有了。思成来信问有用无用之别，这个问题很容易解答，试问唐开元、天宝间李白、杜甫与姚崇、宋璟比较，其贡献于国家者孰多？为中国文化史及全人类文化史起见，姚、宋之有无，算不得什么事。若没有了李、杜，试问历史减色多少呢？我也并不是要人人都做李、杜，不做姚、宋。要之，要各人自审其性之所近何如，人人发挥其个性之特长，以靖献于社会，人才经济莫过于此。思成所当自策厉者，惧不能为我国美术界作李、杜耳。如其能之，则开元、天宝间时局之小小安危，算什么呢？你还是保持这两三年来的态度，埋头埋脑做去了。

便对你觉得自己天才不能副你的理想，又觉得这几年专做呆板工夫，生怕会变成画匠。你有这种感觉，便是你的学问在这时期内将发生进步的特征，我听见倒喜欢极了。孟子说："能与人规矩，不能使人巧。"凡学校所教与所学总不外规矩方面的事，若巧则要离了学校方能发见。规矩不过求巧的一种工具，然而终不能不以此为教，以此为学者，正以能巧之人，习熟规矩后，乃愈益其巧耳。不能巧者，依着规矩可以无大过。你的天才到底怎么样，我想你自己现在也未能测定，因为终日在师长指定的范围与条件内用功，还没有自由发掘自己性灵的余地。况且凡一位大文学家、大美术家之成就，常常还要许多环境与及附带学问的帮助。中国先辈说要"读万卷书，行万里路"。你两三年来蛰居于一个学校的图案室之小天地中，许多潜伏的机能如何便会发育出来，即如此次你到波士顿一趟，便发生许多刺激，区区波士顿算得什么，比起欧洲来真是"河伯"之与"海若"，若和自然界的崇高伟丽之美相比，那更不及万分之一了。然而令你触发者已经如此，将来你学成之后，常常找机会转变自己的环境，扩大自己的眼界和胸怀，到那时候或者天才会爆发出来，今尚非其时也。今在学校中只有把应学的规矩，尽量学足，不惟如此，将来到欧洲回中国，所有未学的规矩也还须补学，这种工作乃为一生历程所必须经过的，而且有天才的人绝不会因此而阻抑他的天才，你千万别要对此而生厌倦，一厌倦即退步矣。至于将来能否大成，大成到怎么程度，当然还是以天才为之分限。我生平最服膺曾文正两句话："莫问收获，但问耕耘。"将来成就如何，现在想他则甚？着急他则甚？一面不可骄盈自慢，一面又不可怯弱自馁，尽自己能力做去，做到哪里是哪里，如此则可以无入而不自得，而于社会亦总有多少贡献。我一生学问得力专在此一点，我盼望你们都能应用我这点精神。

民国十六年二月十六日

精彩一句：

我生平最服膺曾文正两句话："莫问收获，但问耕耘。"将来成就如何，现在想他则甚？着急他则甚？一面不可骄盈自慢，一面又不可怯弱自馁，尽自己能力做去，做到哪里是哪里，如此则可以无入而不自得，而于社会亦总有多少贡献。我一生学问得力专在此一点，我盼望你们都能应用我这点精神。

鹏飞品鉴：

"莫问收获，但问耕耘"，是一句广为流传的励志格言。梁启超引用这句话，想说的是两层意思：其一，"但问耕耘"，指每个人面对任何事都应勤奋努力，凭着自己的兴味，而不是一味计较成败得失，只是尽心尽意地干；其二，"莫问收获"，指我们面对努力的结果时，要有良好的心态，成功了不骄盈自慢，失败了也不怯弱自馁。这种处事态度，用一句中国俗语说就是"谋事在人，成事在天"，很多时候，我们只能控制自己努力的过程，但是无法控制努力的结果，世间外因变化万千，倘若我们因外因导致的成败而骄傲或苦恼，就会反过来减弱自己耕耘的动力。

梁启超正因为看到这一点，才告诫孩子们要"莫问收获，但问耕耘"。不问收获的耕耘，也就是孔子说的"知不可而为"和老子说的"为而不有"，不计较事情的结果和得失，这就是以趣味为重、不问功利的审美态度，是诸业成功之本根。若以急功近利的短视态度去行事，就难免或因得利而骄狂，或因失利而颓丧。

1927年3月9日给孩子们书

孩子们：

有件小小不幸事情报告你们，那小同同已经死了。他的病是肺炎，在医院住了六天，死得像很辛苦很可怜。这是近一个月来京津间的流行病，听说因这病死的小孩，每天总有好几个，初起时不甚觉得重大，稍迟已无救了。同同大概被清华医生耽搁了三天，一起病已吃药，但并不对症。克礼来看时已是不行了。我倒没有什么伤感，他娘娘在医院中连着五天五夜，几乎完全没有睡觉，辛苦憔悴极了。还好他还能达观，过两天身体以及心境都完全恢复了，你们不必担心。

当小同同病重时，老白鼻也犯同样的病，当时他在清华，他娘在城里，幸亏发见得早立刻去医，也在德国医院住了四天，现在已经出院四天，完全安心了。克礼说若迟两天医也很危险哩。说起来也奇怪，据老郭说，那天晚上他做梦，梦见你们妈妈来骂他道："那小的已经不行了，老白鼻也危险，你还不赶紧抱他去看，走！走！快走，快走！"就这样的把他从睡梦里打起来了。他那天来和我说，没有说做梦，这些梦话是他到京后和王姨说的。老白鼻夜里咳嗽得厉害，但是胃口很好，出恭很好，谅来没什么要紧罢，本来因为北京空气不好，南长街孩子太多，不愿意他在那边住，所以把他带回清华。我叫到清华医院看，也说绝不要紧，到底有点不放心，那天我本来要进城，于是把他带去，谁知克礼一看说正是现在流行最危险的病，叫在医院住下。那天晚上小同同便死了。他娘还带着老白鼻住院四天，现在总算安心了。你们都知道，我对于老白鼻非常之爱，倘使他有什么差池，我的刺激却太过了，老郭的梦虽然杳茫，但你妈妈在天之灵常常保护他一群心爱的孩子，也在情理之中，这回把老白鼻救转来是老郭一梦。实也功劳不小哩。

使馆经费看着丝毫办法没有，真替思顺们着急，前信说在外国银行自行借垫，由外交部承认担保，这种办法希哲有方法办到吗？望速进行，若不能办到，恐怕除回国外无别路可走，但回国也很难，不惟没有饭吃，只怕连住的地方都没有。北京因连年兵灾，灾民在城圈里骤增十几万，一旦兵事有变动（看着变动很快，怕不能保半年），没有人维持秩序，恐怕京城里绝对不能住，天津租界也不见安稳得多少，因为洋鬼子的纸老虎已经戳穿，那里还能靠租界做避世桃源呢。现在武汉一带，中产阶级简直无生存之余地，你们回来又怎么样呢？所以我颇想希哲在外国找一件职业，暂时维持生活，过一两年再作道理，你们想想有职业可找吗？

前信颇主张思永暑期回国，据现在情形还是不来的好，也许我就要亡命出去了。

这信上讲了好些悲观的话，你们别要以为我心境不好，我现在讲学正讲得起劲哩，每星期有五天讲演，其余办的事，也兴会淋漓，我总是抱着"有一天做一天"的主义（不是"得过且过"却是"得做且做"），所以一样的活泼、愉快，谅来你们知道我的性格，不会替我担忧。

爹爹　民国十六年三月九日

精彩一句：

这信上讲了好些悲观的话，你们别要以为我心境不好，我现在讲学正讲得起劲哩，每星期有五天讲演，其余办的事，也兴会淋漓，我总是抱着"有一天做一天"的主义（不是"得过且过"却是"得做且做"），所以一样的活泼、愉快，谅来你们知道我的性格，不会替我担忧。

鹏飞品鉴：

"得做且做"，是梁启超发明的名词，却也有十分的道理。"得做且做"是什么意思？就是说，面对你应该做的工作，不要采取功利主义的态度，去追求速效，追求立竿见影，把工作当作必须完成的苦差事。相反，将工作看成一种乐趣，带着趣味去做事，高兴时做一点，烦闷时把它放在一边，得闲时做一点，不得闲时放在一边，这就是"得做且做"的态度。好比唱歌，是你的爱好，你的趣味所在，但你不是必须每天都得到卡拉 OK 去唱，而是高兴时唱一回，有空闲时唱一回，得唱就唱，不得机会就下次唱。只有这样，唱歌对你来说才成为生活的乐趣，而不是生活的负担。人生中诸多事情何尝不是如此，当你把"应该"干的事，变成"可以"干的事，把必须干的事变成有趣有闲时才干的事，你的人生就会充满色彩，做事才能兴会淋漓、兴致勃勃了。所以，"得做且做"确实是一种值得学习的人生态度，倘若连工作都变得那么有趣，我们人生的烦恼不是少了很多吗？

1927年5月13日致思顺书

我看见你近日来的信，很欣慰。你们缩小生活程度，暂在坎坷一两年，是最好的。你和希哲都是寒士家风出身，总不要坏自己家门本色，才能给孩子们以磨练人格的机会。生当乱世，要吃得苦，才能站得住（其实何止乱世为然），一个人在物质上的享用，只要能维持着生命便够了。至于快乐与否，全不是物质上可以支配。能在困苦中求出快活，才真是会打算盘哩。何况你们并不算穷苦呢？拿你们（两个人）比你们的父母，已经舒服多少倍了，以后困苦日子，也许要比现在加多少倍，拿现在当做一种学校，慢慢磨练自己，真是最好不过的事，你们该感谢上帝。

你好几封信提小六还债事，我都没有答复。我想你们这笔债权只好算拉倒罢。小六现在上海，是靠向朋友借一块两块钱过日子，他不肯回京，即回京也没有法好想，他因为家庭不好，兴致索然，我怕这个人就此完了。除了他家庭特别关系以外，也是因中国政治太坏，政客的末路应该如此。古人说："择术不可不慎"，真是不错。但亦由于自己修养功夫太浅，所以立不住脚，假使我虽处他这种环境，也断不至像他样子。他还没有学下流，到底还算可爱，只是万分可怜罢了。

我们家几个大孩子大概都可以放心，你和思永大概绝无问题了。思成呢？我就怕因为徽音的境遇不好，把他牵动，忧伤憔悴是容易消磨人志气的（最怕是慢慢地磨）。即如目前因学费艰难，也足以磨人。但这是一时的现象，还不要紧，怕将来为日方长。我所忧虑者还不在物质上，全在精神上。我到底不深知徽音胸襟如何，若胸襟窄狭的人，一定抵挡不住忧伤憔悴，影响到思成，便把我的思成毁了。你看不致如此吧！关于这一点，你要常常帮助着思成注意预防。总要常常保持着元气淋漓的气象，才有前途事业之可言。

思忠呢，最为活泼，但太年轻，血气未定，以现在情形而论，大概不会学下流，我们家孩子断不致下流，大概总可放心。只怕进锐退速，受不起打击。他所择的术——政治军事，又最含危险性，在中国现在社会做这种职务很容易堕落。即如他这次想回国，虽是一种极有志气的举动，我也很夸奖他，但是发动得太孟浪了。这种过度的热度，遇着冷水浇过来，就会抵不住。从前许多青年的堕落，都是如此。我对于这种志气，不愿高压，所以只把事业上的利害慢慢和他解释，不知他听了如何？这种教育方法，很是困难，一面不可以打断他的勇气，一面又不可以听他走错了路，走错了本来没有什么要紧，聪明的人会回头另走，但修养工夫未够，也许便因挫折而堕落。所以我对于他还有好几年未得放心，你要就近常察看情形，帮着我指导他。

今日没有功课，心境清闲得很，随便和你谈谈家常，很是快活。要睡觉了，改天再谈罢。

民国十六年五月十三日

精彩一句：

过度的热度，遇着冷水浇过来，就会抵不住。从前许多青年的堕落，都是如此。

鹏飞品鉴：

梁启超三子思忠，毕业于美国弗吉尼亚陆军学院和西点军校，回国后任国民军十九路军炮兵校官。在美国读书期间，思忠多次要求提前回国，但梁启超均以时机不成熟为由，力劝思忠不要在冲动的情况下回来。其实，对于儿子的职业选择，梁启超打心眼里是不赞同的，他更希望思忠像哥哥姐姐们那样从事学术研究，然而思忠最终还是选择了进军校学习。出于对个人兴趣爱好的尊重，梁启超没有过分反对，但对于儿子希望提前回国参军，梁启超则极不赞成，因此写信给长女思顺，希望她能劝弟弟不要因冲动而回国。

应该说，青年人对于未来的职业各有所好，兴致各异，本在情理之中。但梁启超反对的是这种兴致"发动得太孟浪"。确实，很多青年人有这样的通病：今日看这事有趣，卯足了劲要去学；明日看它事有趣，又拼了命挤进去凑热闹。待热情退却，顿觉诸事无趣，索然寡味。因此，年轻人对于"趣味"之事，最大的问题正在于热情太饱满，情致太高昂，在这样"孟浪"的状态下，一旦遭遇冷水一泼，就容易失去坚持下去的耐心。所以，对于年轻人来说，要想品鉴出一件事真正的"趣味"，做到善始善终，就必得一方面对于它有热情，同时还要等自己最初的热情冷却下来以后，用理性来观照，用责任来鉴别。唯有这样，才能保证自己是一位清醒的趣味主义者，而不只是一个跟风的狂热派。

1927 年 8 月 29 日给孩子们书

一个多月没有写信，只怕把你们急坏了。

不写信的理由很简单，因为向来给你们的信都在晚上写的。今年热得要命，加以蚊子的群众运动比武汉民党还要厉害，晚上不是在院中外头，就是在帐子里头，简直五六十晚没有挨着书桌子，自然没有写信的机会了，加以思永回来后，谅来他去信不少，我越发落得躲懒了。

关于忠忠学业的事情，我新近去过一封电，又思永有两封信详细商量，想早已收到。我的主张是叫他在威士康逊把政治学告一段落，再回到本国学陆军，因为美国决非学陆军之地，而且在军界活动，非在本国有些"同学系"的关系不可以。至于国内何校最好，我在这一年内切实替你调查预备便是。

思成再留美一年，转学欧洲一年，然后归来最好。关于思成学业，我有点意见。思成所学太专向了，我愿意你趁毕业后一两年，分出点光阴多学些常识，尤其是文学或人文科学中之某部门，稍为多用点工夫。我怕你因所学太专门之故，把生活也弄成近于单调，太单调的生活，容易厌倦，厌倦即为苦恼，乃至堕落之根源。再者，一个人想要交友取益，或读书取益，也要方面稍多，才有接谈交换，或开卷引进的机会。不独朋友而已，即如在家庭里头，像你有我这样一位爹爹，也属人生难逢的幸福，若你的学问兴味太过单调，将来也会和我相对词竭，不能领着我的教训，你全生活中本来应享的乐趣也削减不少了。我是学问趣味方面极多的人，我之所以不能专积有成者在此。然而我的生活内容，异常丰富，能够永久保持不厌不倦的精神，亦未始不在此。我每历若干时候，趣味转过新方面，便觉得像换个新生命，如朝旭升天，如新荷出水，我自觉这种生活是极可爱的，极有价值的。

我国古来先哲教人做学问方法，最重"优游涵饮，使自得之"。这句话以我几十年之经验结果，越看越觉得这话亲切有味。凡做学问总要"猛火熬"和"慢火炖"两种工作，循环交互着用去。在慢火炖的时候才能令所熬的起消化作用融洽而实有诸己。思成，你已经熬过三年了，这一年正该用炖的工夫。不独于你身子有益，即为你的学业计，亦非如此不能得益。你务要听爹爹苦口良言。庄庄在极难升级的大学中居然升级了，从年龄上你们姊妹弟兄们比较，你算是最早一个大学二年级生，你想爹爹听着多么欢喜。你今年还是普通科大学生，明年便要选定专门了，你现在打算选择没有？我想你们弟兄姊妹，到今还没有一个学自然科学，很是我们家里的憾事，不知道你性情到底近这方面不？我很想你以生物学为主科，因为它是现代最进步的自然科学，而且为哲学社会学之主要基础，极有趣而不须粗重的工作，于女孩子极为合宜，学回来后本国的生物随在可以采集试验，容易有新发明。截止到今日止，中国女子还没有人学这门（男子也很少），你来做一个"先登者"不好吗？还有一样，因为这门学问与一切人文科学有密切关系，你学成回来可以做爹爹一个大帮手，我将来许多著作还要请你做顾问哩！不好吗？你自己若觉得性情还近，那么就选他，还选一两样和他有密切联络的学科以为辅。你们学校若有这门的好教授，便留校，否则在美国选一个最好的学校转去，姊姊哥哥们当然会替你调查妥善，你自己想想定主意罢。

专门科学之外，还要选一两样关于自己娱乐的学问，如音乐、文学、美术等。据你三哥说，你近来看文学书不少，甚好甚好。你本来有些音乐天才，能够用点功，叫他发荣滋长最好。

姊姊来信说你因用功太过，不时有些病。你身子还好，我倒不十分担心，但做学问原不必太求猛进，像装罐头样子，塞得太多太急不见得便会受益。我方才教训你二哥，说那"优游涵饮，使自得之"，那两句话，你还要记着受用才好。

你想家想极了，这本难怪，但日子过得极快，你看你三哥转眼已经回来了，再过三年你便变成一个学者回来帮着爹爹工作，多么快活呀！

思顺报告营业情形的信已到。以区区资本而获利如此甚丰，实出意外，希哲不知费多少心血了。但他是一位闲不得的人，谅来不以为劳苦。永年保险押借款剩余之部及陆续归还之部，拟随时汇到你们那里经营。永年保险明年秋间便满期。现在借款认息八厘，打算索性不还他，到明年照扣便了。又国内股票公债等，如可出脱者（只要有人买），打算都卖去，欲再凑美金万元交你们（只怕不容易）。因为国内经济界全体破产即在目前，旧物只怕都成废纸了。

我数日前因闹肚子，带着发热，闹了好几天，旧病也跟着发得厉害。新病好了之后，唐天如替我制一药膏方，服了三天，旧病又好去大半了。现在天气已凉，人极舒服。

民国十六年八月二十九日

精彩一句：

专门科学之外，还要选一两样关于自己娱乐的学问，如音乐、文学、美术等。

鹏飞品鉴：

一个人是否受人喜欢，不只在于他是不是某一行的专家，也在于这个人是否"有趣"。"有趣"不能只用幽默与否来衡量，很多人平时不苟言笑，但仍然是个"有趣"的人。比如一个大学男生有很高的艺术天赋，弹得一手超绝的吉它，哪怕平时严肃沉默，也很能讨得女生的欢心。艺术的爱好和修养，是丰富人的内在情趣的重要因素。

梁启超给次女思庄出谋划策，让她在自己钟爱的生物学以外，多些音乐、文学、美术的爱好。假如在一场晚会上，某个经济学教授画了一幅唯美的水墨山水；在一次签名售书活动中，某个医学专家写出了行云流水般的书法；在一场朋友聚会上，一个地质学家卡拉了一首高山流水般的好歌。所有这些，都会让你瞬间感受到趣味，体味到温润美好的情致。

在工作之外，在专业之外，修习一两样娱乐的学问，或琴棋，或书画，都将为你的人生，增添色彩，让你变成一个富有美感与趣味的人。

（收入林洙编《梁启超家书》，中国青年出版社 2009 年版。）